Arbeitsheft

Zahlen und Größen
Klasse 8
Nordrhein-Westfalen

LÖSUNGEN

Cornelsen

Inhaltsverzeichnis

Dieses Heft gehört: Klasse:

Terme umformen und vereinfachen

▶ Grundwissen

Beispiele:

- In Summen und Differenzen dürfen gleichartige Terme zusammengefasst werden. — $3a + a - 2a + 5ab - 2ab - 5b =$ $2a$ $+ 3ab - 5b$
- Ein Produkt aus gleichen Faktoren kann als Potenz geschrieben werden. — $a \cdot a = a^2$ $2a \cdot a \cdot a = 2 \cdot a \cdot a \cdot a =$ $2a^3$
- Faktoren darf man vertauschen und ggf. zusammenfassen. — $4a \cdot a \cdot 3ab \cdot 5c = 4 \cdot 3 \cdot 5 \cdot a \cdot a \cdot a \cdot b \cdot c = 60$ a^3bc

▶ Auftrag: Ergänze die Beispiele.

Trainieren

1 Vereinfache die Summen.

a) $a + a + a + a + b + a + a =$ $6a + b$

b) $a + a + a + a - b - a - a =$ $2a - b$

c) $a + b + a + a + b + a + c =$ $4a + 2b + c$

d) $12a + 7c - 7b - b + 2b - 5a + 3c =$ $7a - 6b + 10c$

e) $a + b + b + ab + ab + ab =$ $a + 2b + 3ab$

f) $6ac + 12ab - 2ab + 2ab - ac =$ $12ab + 5ac$

g) $a + 5a + 6a^3 + 3a^2 + 2a^3 + a^2 =$ $6a + 4a^2 + 8a^3$

h) $a - 11a^2 + 6a^5 + 3a^2 + 2a^3 - 7a^2 =$ $a - 15a^2 + 2a^3 + 6a^5$

2 Ergänze die Additionsmauern.

a)

$11a$			
$6a$	$5a$		
$2a$	$4a$	a	
a	a	$3a$	$-2a$

b)

$7a+2b$			
$3a+2b$	$4a$		
$a+b$	$2a+b$	$2a-b$	
a	b	$2a$	$-b$

c)

$6a+3ab+3b^2$			
$2a+5ab+2b^2$	$4a-2ab+b^2$		
$5ab+b^2$	$2a+b^2$	$2a-2ab$	
$5ab$	b^2	$2a$	$-2ab$

3 Vereinfache die Produkte.

a) $x \cdot x \cdot x \cdot x =$ x^4

b) $x \cdot x \cdot x \cdot x \cdot x \cdot x =$ x^6

c) $7 \cdot x \cdot x \cdot x \cdot x \cdot x \cdot x =$ $7x^6$

d) $x \cdot x \cdot x \cdot 2x \cdot x \cdot 4x =$ $8x^6$

e) $2x \cdot 2x \cdot 2x \cdot 2x =$ $16x^4$

f) $5 \cdot x \cdot x \cdot x \cdot y \cdot y =$ $5x^3y^2$

g) $2 \cdot x \cdot y \cdot x \cdot z \cdot y \cdot 4 =$ $8x^2y^2z$

h) $xy \cdot x^2 \cdot z \cdot 2y^3 \cdot 9 \cdot z =$ $18x^3y^4z^2$

4 Ergänze die Multiplikationsmauern.

a)

$1000x^3$			
$50x$	$20x^2$		
$5x$	10	$2x^2$	
x	5	2	x^2

b)

$250x^5$			
$10x^3$	$25x^2$		
$2x^2$	$5x$	$5x$	
$2x$	x	5	x

c)

$500x^5y^4$			
$20x^3y$	$25x^2y^3$		
$4x^2$	$5xy$	$5xy^2$	
$4x$	x	$5y$	xy

5 Die Figuren wurden aus gleich langen Stäben gelegt.

①
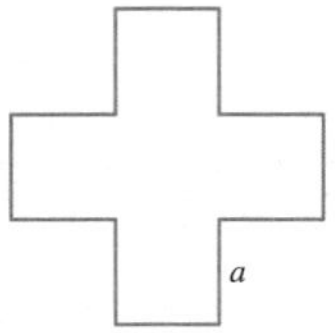

②
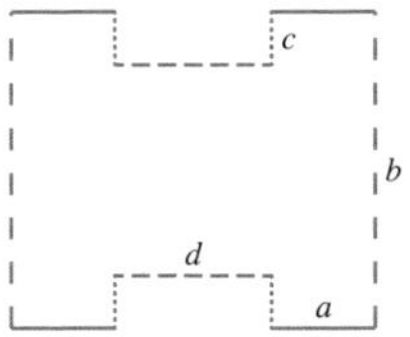

a) Markiere gleich lange Stäbe mit der gleichen Farbe.

b) Umfang und Flächeninhalt der Figuren sind gesucht.
Schreibe hinter jeden Term die Nummer der passenden Figur.
Zusatzaufgabe: Erkläre, wie durch Umformen Terme ineinander überführt werden können. **individuelle Lösung**

Umfang:

- 1 cm + 1 cm + 1 cm + 1 cm + 1 cm + 1 cm + 1 cm + 1 cm + 1 cm + 1 cm + 1 cm + 1 cm ①
- $4 \cdot 1\,\text{cm} + 8 \cdot 1\,\text{cm}$ ①
- $b + a + c + d + c + a + b + a + c + d + c + a$ ②
- $4 \cdot a + 2 \cdot b + 4 \cdot c + 2 \cdot d$ ②
- $a + a + a + a + a + a + a + a + a + a + a + a$ ①
- $4 \cdot 1\,\text{cm} + 2 \cdot 3\,\text{cm} + 4 \cdot 0{,}5\,\text{cm} + 2 \cdot 1{,}5\,\text{cm}$ ②
- $12 \cdot a$ ①

Flächeninhalt:

- $1\,\text{cm} \cdot 1\,\text{cm} + 1\,\text{cm} \cdot 1\,\text{cm} + 1\,\text{cm} \cdot 1\,\text{cm} + 1\,\text{cm} \cdot 1\,\text{cm} + 1\,\text{cm} \cdot 1\,\text{cm}$ ①
- $5 \cdot 1\,\text{cm}^2$ ①
- $2 \cdot 1\,\text{cm} \cdot 3\,\text{cm} + 1{,}5\,\text{cm} \cdot 2\,\text{cm}$ ②
- $a^2 + a^2 + 3a^2$ ①
- $5 \cdot a^2$ ①
- $a \cdot a + a \cdot a + a \cdot a + a \cdot a + a \cdot a$ ①

Anwenden und Vernetzen

6 Gib jeweils zuerst die Länge der Begrenzungslinien und den Flächeninhalt mit einer Summe an.
Ermittle danach die Größen für $a = 1$ cm; $b = 2$ cm; $c = 1{,}5$ cm; $d = 4{,}5$ cm; $e = 0{,}5$ cm; $f = 3{,}5$ cm und $g = 2{,}5$ cm.

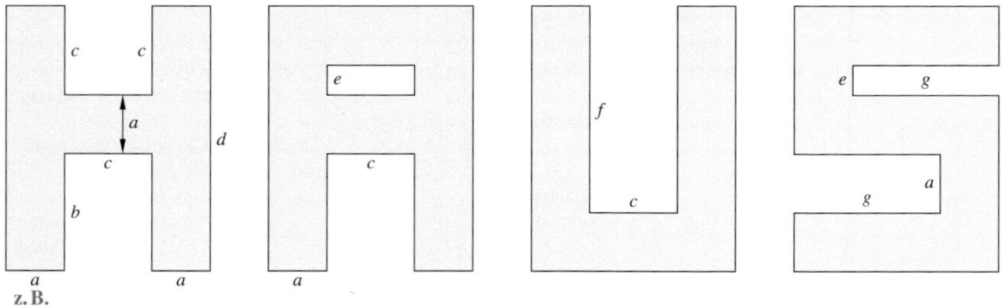

z. B.

H	A	U	S
Begrenzungslinien:	Begrenzungslinien:	Begrenzungslinien:	Begrenzungslinien:
$4a + 2b + 4c + 2d$	$4a + 2b + 4c + 2d + 2e$	$4a + 2c + 2d + 2f$	$4a + 2c + 2d + 4g$
= 23 cm	= 24 cm	= 23 cm	= 26 cm
Flächeninhalt:	Flächeninhalt:	Flächeninhalt:	Flächeninhalt:
$2ad + ac$	$2ad + 2ac$	$2ad + ac$	$2ad + cd - ag - eg$
= 10,5 cm²	= 12 cm²	= 10,5 cm²	= 12 cm²

Klammern auflösen und setzen

▶ Grundwissen

Verteilungsgesetz (Distributivgesetz): Man kann eine Zahl mit einer Summe multiplizieren, indem man diese Zahl mit jedem Summanden multipliziert und die Produkte addiert. Dieses Gesetz kann auch in umgekehrter Richtung angewandt werden.

Verteilungsgesetz: $a \cdot (b+c) = a \cdot b + a \cdot c$ Umkehrung: $a \cdot b + a \cdot c = a \cdot (b+c)$

Beispiele:

$2 \cdot (10+7) =$ **$2 \cdot 10 + 2 \cdot 7$**	$2 \cdot 10 + 2 \cdot 7 =$ **$2 \cdot (10+7)$**
$-2 \cdot (b+c) =$ **$-2b - 2c$**	$-2b - 2c =$ **$-2 \cdot (b+c)$**
$(b+c) \cdot 2x =$ **$2bx + 2cx$**	$2bx + 2cx =$ **$2x \cdot (b+c)$**

▶ **Auftrag:** Vervollständige die Beispiele.

Trainieren

1 Setze „=“ bzw. „≠“ ein und unterstreiche gegebenenfalls im rechten Term den Fehler.

a) $2 \cdot (6+4)$ = $2 \cdot 6 + 2 \cdot 4$ b) $k \cdot (6+4)$ = $4k + 6k$ c) $2k - 8sk$ = $2k(1-4s)$ d) $3x - 2sx$ = $\frac{1}{2}x(6-4s)$

e) $2a + 5b$ ≠ $2 \cdot (a - \underline{b})$ f) $-2k \cdot (3+4)$ ≠ $-6k \underline{+} 8k$ g) $2sk - 4s$ ≠ $2sk(1 - \underline{4})$ h) $-\frac{1}{2}y(-6-s)$ = $3y + \frac{1}{2}sy$

i) $2 + 6b$ ≠ $2 \cdot (1 \underline{-} 3b)$ j) $2k(1+2s) \cdot 2$ = $4k + 8sk$ k) $6sk - 4ks$ ≠ $2sk(3 - \underline{1})$ l) $-\frac{1}{2}y + sy$ = $y\left(s - \frac{1}{2}\right)$

2 Setze wie bei Teilaufgabe **a** in beiden Termen für jede Variable eine andere Zahl ein. Prüfe, ob die Ergebnisse gleich sind.

1 2 5

a) $a \cdot (2b - c)$ = $2ab - ac$

$1 \cdot (2 \cdot 2 - 5) = 2 \cdot 1 \cdot 2 - 1 \cdot 5$

$-1 = -1$

b) $3x \cdot (6y + 4z)$ ≠ $12xy + 6xz$

z. B.
$3 \cdot 1 \cdot (6 \cdot 2 + 4 \cdot 5) \neq 12 \cdot 1 \cdot 2 + 6 \cdot 1 \cdot 5$

$96 \neq 54$

c) $2ml - 8mn$ ≠ $2m(2l - 4m)$

z. B.
$2 \cdot 1 \cdot 2 - 8 \cdot 1 \cdot 5 \neq 2 \cdot 1 \cdot (2 \cdot 2 - 4 \cdot 1)$

$-36 \neq 0$

d) $0{,}3xy - 0{,}2x$ = $\frac{1}{10}x(3y - 2)$

z. B.
$0{,}3 \cdot 1 \cdot 2 - 0{,}2 \cdot 1 = \frac{1}{10} \cdot 1 \cdot (3 \cdot 2 - 2)$

$0{,}4 = 0{,}4$

3 Löse die Klammern auf.

a) $5 \cdot (3x + 4) =$ **$15x + 20$** b) $-20(4a + 4b - 3c) =$ **$-80a - 80b + 60c$**

c) $\frac{1}{3} \cdot (9a - 3b + 300) =$ **$3a - b + 100$** d) $(12z - 1) \cdot 5xy =$ **$60xyz - 5xy$**

e) $-0{,}5h(h - 2f + 4h^2) =$ **$-0{,}5h^2 + fh - 2h^3$** f) $-0{,}2st(8u - 7st) =$ **$-1{,}6stu + 1{,}4s^2t^2$**

4 Ergänze den Faktor.

a) $72 - 45k =$ **9** $\cdot (8 - 5k)$ b) $3y^2 + 3y =$ **$3y$** $\cdot (y + 1)$

c) $-36v + 24v^2 =$ **$-12v$** $\cdot (3 - 2v)$ d) $56a^2b + 112a^3 =$ **$56a^2$** $\cdot (b + 2a)$

e) $0{,}25p^2q^3 - 0{,}75p^3 =$ **$0{,}25p^2$** $\cdot (q^3 - 3p)$ f) $2x^2yz - 8xy^2z + 6xyz^2 =$ **$2xyz$** $\cdot (x - 4y + 3z)$

5 Finde Terme, die durch Ausmultiplizieren bzw. Ausklammern ineinander überführt werden können. Markiere sie mit der gleichen Farbe.
Hinweis: Du benötigst drei Farben.

$3x^2 + 12xy - 36xyz$ A	$3(x^2 - 4xy + 12xyz)$ B
$3x(x + 4y - 12yz)$ A	$xy(3x + 12 - 36z)$ C
$3(x^2 + 4xy - 12xyz)$ A	$x(3x + 12y - 36yz)$ A
$3x^2 - 12xy + 36xyz$ B	$(3x^2y + 12xy - 36xyz)$ C
$(0{,}25x + y - 3yz) \cdot 12x$ A	$-(-3x^2 - 12xy + 36xyz)$ A

6 Klammere einen möglichst großen gemeinsamen Faktor aus.

a) $22x - 22y + 22z =$ **$22(x - y + z)$** b) $22ax - 22ay + 22az =$ **$22a(x - y + z)$**

c) $22x - 33y + 44z =$ **$11(2x - 3y + 4z)$** d) $12bx - 18by + 30bz =$ **$6b(2x - 3y + 5z)$**

e) $32rst - 48stw + 8st =$ **$8st(4r - 6w + 1)$** f) $-48ab - 12ca - 36az =$ **$-12a(4b + c + 3z)$**

g) $-y^3 - y =$ **$-y(y^2 + 1)$** h) $-1{,}2v^2 - 1{,}8v^4 + 7{,}2uv^2 =$ **$-0{,}6v^2(2 + 3v^2 - 12u)$**

Anwenden und Vernetzen

7 Kreuze jeweils alle Terme an, mit denen man den Oberflächeninhalt des Körpers berechnen kann.

a) Würfelnetz

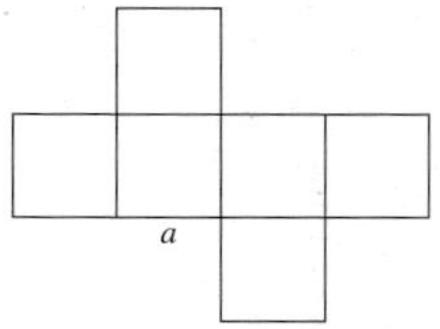

- ☒ $6a^2$
- ☒ $4a^2 + 2a^2$
- ☒ $3(a^2 + a^2)$
- ☐ $6 + (a \cdot a)$
- ☒ $a \cdot (a + a + a + a + a + a)$
- ☐ $6 - (a \cdot a)$
- ☐ $6(a^2 + a^2 + a^2 + a^2 + a^2 + a^2)$

b) Quadernetz

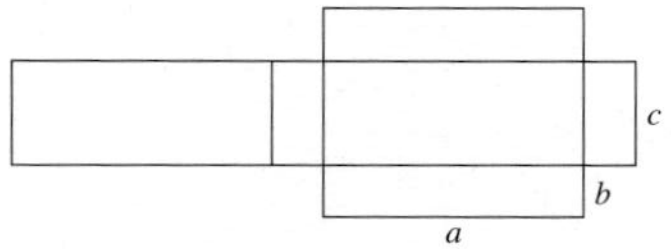

- ☐ $2(a^2 + b^2 + c^2)$
- ☒ $(a + b + a + b) \cdot c + 2ab$
- ☒ $(2a + 2b) \cdot c + 2ab$
- ☒ $2a \cdot b + 2b \cdot c + 2a \cdot c$
- ☒ $(a \cdot b + b \cdot c + a \cdot c) \cdot 2$
- ☐ $a \cdot b + b \cdot c + a \cdot c + a \cdot b + a \cdot b + a \cdot b$
- ☒ $a \cdot b + b \cdot c + a \cdot c + a \cdot b + b \cdot c + a \cdot c$

8 Schreibe zuerst zwei Terme zur Berechnung des Volumens des Körpers auf. Berechne danach das Volumen für $a = 2\,\text{cm}$ mit deinen beiden Termen.

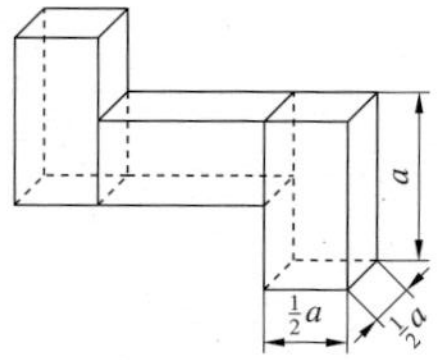

z. B.

Term A: **$3 \cdot \left(\frac{1}{2}a \cdot \frac{1}{2}a \cdot a\right)$** **$3 \cdot \left(\frac{1}{2} \cdot 2\,\text{cm} \cdot \frac{1}{2} \cdot 2\,\text{cm} \cdot 2\,\text{cm}\right) = 6\,\text{cm}^3$**

Term B: **$\frac{3}{4}a^3$** **$\frac{3}{4} \cdot (2\,\text{cm})^3 = 6\,\text{cm}^3$**

Produkte von Summen

▶ Grundwissen

Beim Multiplizieren zweier Summen wird jeder Summand der ersten Summe mit jedem Summanden der zweiten Summe multipliziert. Die dabei entstehenden Produkte werden addiert.

	a	b
c	$a \cdot c$	$b \cdot c$
d	$a \cdot d$	$b \cdot d$

Beispiel: $(a+b)\cdot(c+d) = a \cdot c + a \cdot d + b \cdot c + b \cdot d$

▶ Auftrag: Schreibe die Produkte in die entsprechenden Rechtecke.

Trainieren

1 Gib jeweils zur Berechnung des Flächeninhalts einen Term mit Klammern und einen Term ohne Klammern an. Schreibe die Produkte in die entsprechenden Rechtecke.

a)

	6	$4y$
x	$6x$	$4xy$
3	18	$12y$

$(6+4y)\cdot(x+3) = 6x + 18 + 4xy + 12y$

b)

	b	2
3	$3b$	6
$\frac{1}{2}a$	$\frac{1}{2}ab$	a

$(b+2)\cdot(3+\frac{1}{2}a) = 3b + \frac{1}{2}ab + 6 + a$

c)

	$3t$	7
$3s$	$9st$	$21s$
2	$6t$	14

$(3t+7)\cdot(3s+2) = 9st + 6t + 21s + 14$

d)

	5	$4p$
2	10	$8p$
$\frac{1}{2}o$	$2{,}5o$	$2op$

$(5+4p)\cdot(2+\frac{1}{2}o) = 10 + 2{,}5o + 8p + 2op$

2 Multipliziere.

a) $(1+h)\cdot(5+e) = 5 + e + 5h + eh$

b) $(a+h)\cdot(5+a) = 5a + a^2 + 5h + ah$

c) $(2+b)\cdot(5-g) = 10 - 2g + 5b - bg$

d) $(-h-7)\cdot(4+f) = -4h - hf - 28 - 7f$

e) $(9-z)\cdot(3-2y) = 27 - 18y - 3z + 2yz$

f) $(-1-2h)\cdot(-5h-e) = 5h + e + 10h^2 + 2eh$

g) $(3d+7s)\cdot(8-6s) = 24d - 18ds + 56s - 42s^2$

h) $(-5k-4l)\cdot(-5o-3n) = 25ko + 15kn + 20lo + 12ln$

3 Setze „+“ und „–“ so ein, dass wahre Aussagen entstehen.

a) $(10-l)\cdot(6+2m) = 60 + 20m - 6l - 2lm$

b) $(-5s+3)\cdot(4+5t) = -20s - 25st + 12 + 15t$

c) $(6 - h)\cdot(11-2g) = 66 - 12g - 11h + 2gh$

d) $(-2h - 8)\cdot(9 + 5f) = -18h - 10hf - 72 - 40f$

e) $(2 + a)\cdot(3 - b) = 6 - 2b + 3a - ab$

Rechenzeichen zum Abstreichen:

+	+	+
+	+	+
+	–	–
–	–	–
–	–	–

4 Verbinde zueinander passende Terme mit Linien.

$(7a+5b)\cdot(0{,}5a-7)$	$3{,}5a^2 - 49a + 2{,}5ab - 35b$
$(7a-5b)\cdot(7-0{,}5a)$	$-3{,}5a^2 + 2{,}5ab - 35b + 49a$
$(0{,}5a+5b)\cdot(7a-7)$	$3{,}5a^2 + 35ab - 3{,}5a - 35b$
$(7-5b)\cdot(7a+0{,}5)$	$49a - 35ab - 2{,}5b + 3{,}5$
$(0{,}5a+5b)\cdot(7a+7)$	$3{,}5a^2 + 35ab + 35b + 3{,}5a$

5 Welche Terme wurden vermutlich miteinander multipliziert?

a) $(a + b)\cdot(7 + c) = 7a + ac + 7b + bc$

b) $(12 + a)\cdot(3 + b) = 36 + 12b + 3a + ab$

c) $(2 + b)\cdot(5 - c) = 10 - 2c + 5b - bc$

d) $(8a - 7)\cdot(4 + b) = 32a + 8ab - 28 - 7b$

e) $(9a - b)\cdot(b - 2a) = 9ab - 18a^2 - b^2 + 2ab$

f) $(-a - 2b)\cdot(-9c - e) = 9ac + ae + 18bc + 2be$

g) $(9a + 4b)\cdot(4 - 6b) = 36a - 54ab + 16b - 24b^2$

h) $(-15a - 4c)\cdot(-2b - 2a) = 30ab + 30a^2 + 8bc + 8ac$

Terme zum Abstreichen:

2	3	4
4	5	7
7	12	
a	a	$-a$
b	b	b
b	b	b
c	c	e
$2a$	$2a$	$8a$
$9a$	$9a$	$-15a$
$2b$	$-2b$	$4b$
$6b$	$4c$	$-9c$

Anwenden und Vernetzen

6 Bewerte zuerst die Vorschläge zur Berechnung des Flächeninhaltes des Bildes. Erkläre danach, wie man auf die richtig aufgestellten Terme kommen kann.
Zusatzaufgabe: Ermittle weitere passende Terme.

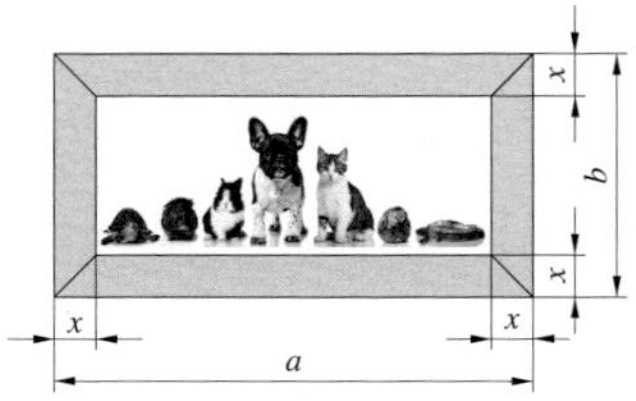

Saskia: $(a-2x)\cdot(b-2x)$ richtig aufgestellter Term

Larissa: $ab - ((a-x)\cdot(b-x))$ falsch aufgestellter Term

Clemens: $ab - (2xb + 2x\cdot(a-2x))$ richtig aufgestellter Term

Tom: $(a+x)\cdot(b-x)$ falsch aufgestellter Term

z. B.
Saskia hat sich überlegt, dass der sichtbare Teil $(a-2x)$ lang und $(b-2x)$ breit ist und somit der Flächeninhalt mit dem Term $(a-2x)\cdot(b-2x)$ berechnet werden kann.

Clemens hat sich überlegt, dass der Flächeninhalt des Bildes mit Rahmen ab ist. Um auf den kleineren Flächeninhalt der sichtbaren Fläche zu kommen, ist der Flächeninhalt des Rahmens $2xb + 2x\cdot(a-x)$ zu subtrahieren.

$(a-2x)\cdot(b-2x) = ab - (2bx + 2x\cdot(a-2x))$

Binomische Formeln

▶ **Grundwissen**

Die drei binomischen Formeln sind Sonderfälle der Multiplikation von Summen.

1. binomische Formel
$(a+b)^2 = a^2 + 2ab + b^2$

2. binomische Formel
$(a-b)^2 = a^2 - 2ab + b^2$

3. binomische Formel
$(a+b)\cdot(a-b) = a^2 - b^2$

Beispiele:

$(7+c)^2 = 49 + 14c + c^2$ $\qquad (7-e)^2 = 49 - 14e + e^2$ $\qquad (7+g)\cdot(7-g) = 49 - g^2$

$(2d + 1)^2 = 4d^2 + 4d + 1$ $\qquad (3f - 2)^2 = 9f^2 - 12f + 4$ $\qquad (3h+9)\cdot(3h-9) = 9h^2 - 81$

▶ Auftrag: Vervollständige die Beispiele.

Trainieren

1 Ergänze mithilfe der 1. binomischen Formel.

a) $(3+h)\cdot(3+h) = 9 + 6h + h^2$

b) $(5x+y)\cdot(5x+y) = 25x^2 + 10xy + y^2$

c) $(z+10)^2 = z^2 + 20z + 100$

d) $(9s + 2t)^2 = 81s^2 + 36st + 4t^2$

2 Ergänze mithilfe der 2. binomischen Formel.

a) $(6-c)\cdot(6-c) = 36 - 12c + c^2$

b) $(2x-4y)\cdot(2x-4y) = 4x^2 - 16xy + 16y^2$

c) $(5a-3b)^2 = 25a^2 - 30ab + 9b^2$

d) $(7y - 2z)^2 = 49y^2 - 28yz + 4z^2$

3 Ergänze mithilfe der 3. binomischen Formel.

a) $(7a-b)\cdot(7a+b) = 49a^2 - b^2$

b) $(3c+10d)\cdot(3c-10d) = 9c^2 - 100d^2$

c) $(0{,}5o - 8p)\cdot(0{,}5o + 8p) = 0{,}25o^2 - 64p^2$

d) $(0{,}2s - 11t)\cdot(0{,}2s + 11t) = 0{,}04s^2 - 121t^2$

4 Wende binomische Formeln an.
Gib im Stern die geeignete Formel mit „1", „2" oder „3" an.

a) $(3+t)^2 = 9 + 6t + t^2$ ☆ 1

b) $(7-a)\cdot(7+a) = 49 - a^2$ ☆ 3

c) $(k-6)^2 = k^2 - 12k + 36$ ☆ 2

d) $(5s-2)^2 = 25s^2 - 20s + 4$ ☆ 2

e) $(4a+2b)^2 = 16a^2 + 16ab + 4b^2$ ☆ 1

f) $(-5+e)\cdot(-5-e) = 25 - e^2$ ☆ 3

g) $(3u-4v)\cdot(3u-4v) = 9u^2 - 24uv + 16v^2$ ☆ 2

h) $(7+9x)\cdot(7+9x) = 49 + 126x + 81x^2$ ☆ 1

5 Ergänze so, dass die Aussagen wahr sind.

a) $x^2 - 6x + 9 = (x - \boxed{3})^2$

b) $(4 - \boxed{x})\cdot(4 + \boxed{x}) = 16 - x^2$

c) $36s^2 + 120s + 100 = (6s + \boxed{10})^2$

d) $16a^2 + \boxed{32ab} + 16b^2 = (4a+4b)^2$

e) $25v^2 - 10vw + w^2 = (5v - \boxed{w})^2$

f) $25 + 4x^2 - \boxed{20x} = (5-2x)^2$

g) $81r^2 - 36s^2 = (\boxed{9r} + 6s)\cdot(\boxed{9r} - 6s)$

h) $49x^2 + \boxed{70}\,xy + 25y^2 = (7x+5y)^2$

6 Markiere gleichwertige Terme mit der gleichen Farbe.
Hinweis: Du benötigst vier Farben.

$(8x+y)^2$ A	$(y-8x)^2$ B	$(-8x+y)^2$ B	$(-y+8x)\cdot(y+8x)$ C	$64x^2 - y^2$ C
$(y-8x)\cdot(y+8x)$ D	$(8x+y)\cdot(8x-y)$ C	$-64x^2 + y^2$ D	$64x^2 + 16xy + y^2$ A	
$-64x^2 - 8xy + 8yx + y^2$ D	$64x^2 + 8xy + 8xy + y^2$ A	$64x^2 - 16xy + y^2$ B		

7 Berechne mithilfe der binomischen Formeln.

a) $97 \cdot 103 = (100-3)\cdot(100+3) = 100^2 - 3^2 = 10000 - 9 = 9991$

b) $85 \cdot 75 = (80+5)\cdot(80-5) = 80^2 - 5^2 = 6400 - 25 = 6375$

c) $69^2 = (70-1)^2 = 70^2 - 2\cdot 70 \cdot 1 + 1^2 = 4900 - 140 + 1 = 4761$

d) $111^2 = (100+11)^2 = 100^2 + 2\cdot 100 \cdot 11 + 11^2 = 10000 + 2200 + 121 = 12321$

e) $107 \cdot 93 = (100+7)\cdot(100-7) = 10000 - 49 = 9951$

f) $398^2 = (400-2)\cdot(400-2) = 160000 - 1600 + 4 = 158404$

Anwenden und Vernetzen

8 Gegeben ist ein Quadrat mit der Seitenlänge c.
Durch Verlängern von c um 2 cm entsteht ein neues Quadrat.
Gib eine Formel zur Berechnung des Flächeninhalts des neuen Quadrates an.

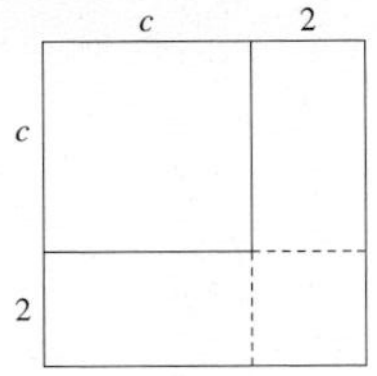

$A = (c+2)^2 = c^2 + 4c + 4$

9 Multipliziere und vereinfache so weit wie möglich.

$(a+b)^3 = (a+b)\cdot(a+b)^2 = (a+b)\cdot(a^2 + 2ab + b^2) = a\cdot a^2 + a\cdot 2ab + a\cdot b^2 + b\cdot a^2 + b\cdot 2ab + b\cdot b^2$

$= a^3 + 3a^2b + 3ab^2 + b^3$

10 Frau Schmidt hat die Wahl zwischen einem quadratischen Grundstück und einem rechteckigen Grundstück.
Das quadratische Grundstück hat eine Seitenlänge von 20 m.
Die eine Seite des rechteckigen Grundstücks ist 7 m länger und die andere Seite 7 m kürzer als die des quadratischen Grundstücks.
Vergleiche die Fläche der beiden Grundstücke.

$A_{qu} = 20\,m \cdot 20\,m = 400\,m^2$

$A_{re} = (20\,m + 7\,m)\cdot(20\,m - 7\,m) = (20\,m)^2 - (7\,m)^2 = 400\,m^2 - 49\,m^2 = 351\,m^2$

Das quadratische Grundstück ist größer.

Gleichungen aufstellen und lösen

▶ Grundwissen

Gleichungen können durch Äquivalenzumformungen gelöst werden.
Man darf auf beiden Seiten
– den gleichen Term subtrahieren,
– den gleichen Term addieren,
– durch den gleichen Term (≠ 0) dividieren,
– mit dem gleichen Term (≠ 0) multiplizieren.

Beispiel:

$5x - 6 = 10 + 3x$	$\mid -3x$
$2x - 6 = 10$	$\mid +6$
$2x = 16$	$\mid :2$
$x = 8$	Lösung: 8

▶ **Auftrag:** Ergänze die Äquivalenzumformungen.

Trainieren

1 Wie viele ◯ sind so schwer wie ein ☒?
Veranschauliche die Lösungsschritte und schreibe passende Gleichungen auf.

a)

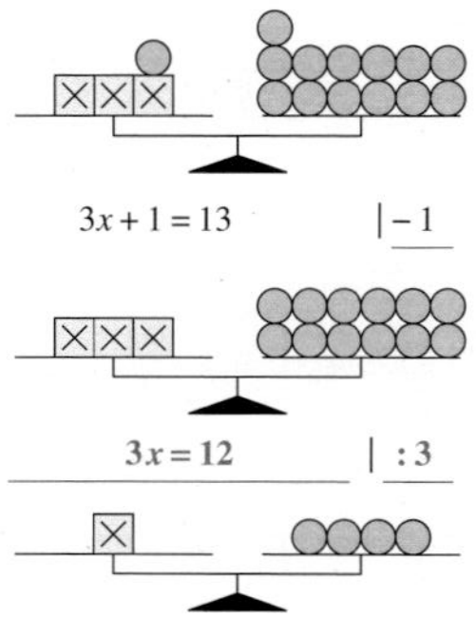

$3x + 1 = 13$ | -1

$3x = 12$ | $:3$

$x = 4$

b)

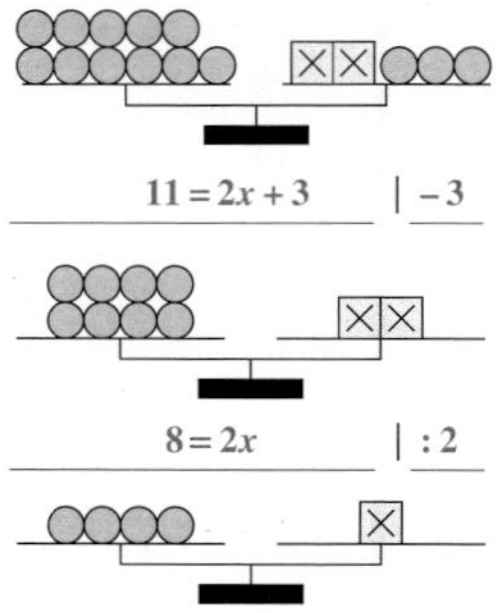

$11 = 2x + 3$ | -3

$8 = 2x$ | $:2$

$4 = x$

c)

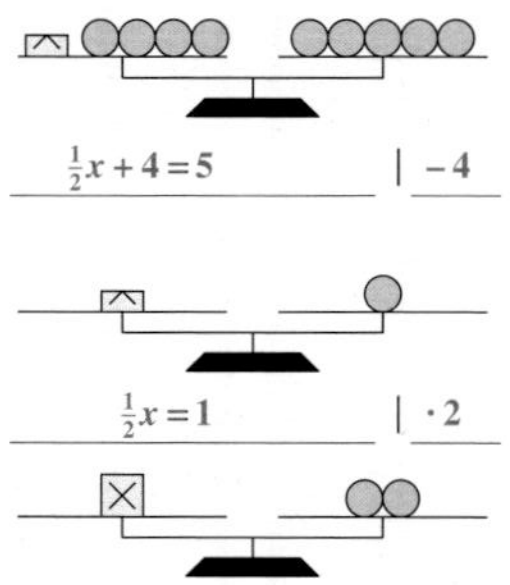

$\frac{1}{2}x + 4 = 5$ | -4

$\frac{1}{2}x = 1$ | $\cdot 2$

$x = 2$

2 Ergänze.

a)

$8x + 3 = 2x + 9$	$\mid -3$
$8x = 2x + 6$	$\mid -2x$
$6x = 6$	$\mid :6$
$x = 1$	

Lösung: 1

b)

$10x - 9 = 6x + 11$	$\mid +9$
$10x = 6x + 20$	$\mid -6x$
$4x = 20$	$\mid :4$
$x = 5$	

Lösung: 5

c)

$2x - 15 + 3x = -x + 15$	$\mid +15$
$5x = -x + 30$	$\mid +x$
$6x = 30$	$\mid :6$
$x = 5$	

Lösung: 5

3 Ermittle die Lösungen.
Hinweis: Bringe zuerst alle „x" auf die Seite, wo bereits mehr „x" sind.

a)

$12x - 9 = 8x + 3$	$\mid -8x$
$4x - 9 = 3$	$\mid +9$
$4x = 12$	$\mid :4$
$3 = x$	

Lösung: 3

b)

$31x - 99 = 6x + 1$	$\mid +99$
$31x = 6x + 100$	$\mid -6x$
$25x = 100$	$\mid :4$
$x = 4$	

Lösung: 4

c)

$7x - 15 + 11x = -2x + 15$	$\mid +15$
$18x = -2x + 30$	$\mid +2x$
$20x = 30$	$\mid :20$
$x = 1{,}5$	

Lösung: 1,5

4 Die folgenden Gleichungen wurden nicht richtig gelöst.
Unterstreiche zuerst alle Fehler. Löse danach die Gleichungen.
Zusatzaufgabe: Führe jeweils die Probe durch.

a)

$8 + 15x = 5x + 8$	$\mid +5x$
$8 + 20x = 8$	$\mid -8$
$20x = 0$	$\mid :20$
$x = 0$	

Lösung: 0

b)

$14x - 81 = 6x + 7 - 6x$	
$14x - 81 = 12x + 7$	$\mid -12x$
$2x - 81 = 7$	$\mid +81$
$2x = 88$	$\mid -2$
$x = 86$	

Lösung: 86

c)

$9x - 9 + 41x = -5x + 11$	
$9 + 50x = -5x + 11$	$\mid +5x$
$9 + 55x = 11$	$\mid +9$
$55x = 20$	$\mid :20$
$x = \frac{55}{20}$	

Lösung: 2,75

a)

$8 + 15x = 5x + 8$	$\mid -5x$
$8 + 10x = 8$	$\mid -8$
$10x = 0$	$\mid :10$
$x = 0$	

Lösung: 0

Probe:
$8 + 15 \cdot 0 \overset{?}{=} 5 \cdot 0 + 8$
$8 = 8$

b)

$14x - 81 = 6x + 7 - 6x$	
$14x - 81 = 7$	$\mid +81$
$14x = 88$	$\mid :14$
$x = \frac{88}{14} = \frac{44}{7} = 6\frac{2}{7}$	

Lösung: $6\frac{2}{7}$

Probe:
$14 \cdot \frac{44}{7} - 81 \overset{?}{=} 6 \cdot \frac{44}{7} + 7 - 6 \cdot \frac{44}{7}$
$7 = 7$

c)

$9x - 9 + 41x = -5x + 11$	
$-9 + 50x = -5x + 11$	$\mid +5x$
$-9 + 55x = 11$	$\mid +9$
$55x = 20$	$\mid :55$
$x = \frac{20}{55} = \frac{4}{11}$	

Lösung: $\frac{4}{11}$

Probe:
$9 \cdot \frac{4}{11} - 9 + 41 \cdot \frac{4}{11} \overset{?}{=} -5 \cdot \frac{4}{11} + 11$
$101 = 101$

Anwenden und Vernetzen

5 Vier Schülerinnen unterhalten sich über ihr Alter. Wie alt sind Janne und die anderen?

a) Kreuze die passende Gleichung an.

☐ $x + (x + 3) + (x + 3) + (2x + 9)$
☒ $x + (x + 3) + (x + 3) + (2x - 9)$
☐ $x + (x + 3) + (2x - 9)$

b) Ermittle das Alter jedes der vier Mädchen.

z. B.
Wenn x das Alter von Janne ist, dann sind die Terme für das Alter der Schülerinnen: x; $x + 3$, $x + 3$ und $2x - 9$.

$x + (x + 3) + (x + 3) + (2x - 9) = 57$	
$5x - 3 = 57$	$\mid +3$
$5x = 60$	$\mid :5$
$x = 12$	

$12 + 3 = 15$
$2 \cdot 12 - 9 = 15$

Janne ist 12 und die anderen drei Schülerinnen sind jeweils 15 Jahre alt.

Formeln

▶ Grundwissen

Formeln sind spezielle Gleichungen. Die Äquivalenzumformungen für Gleichungen gelten somit auch für Formeln.

Beispiel: Ermitteln der Kantenlänge a des abgebildeten Quaders mit insgesamt 96 cm Kantenlänge.

1. Umstellen nach der gesuchten Größe. $16a = k$ $\quad | : 16$

$a = k : 16$

2. Einsetzen der gegebenen Größe(n) und Berechnen der gesuchten Größe. $a = 96\,\text{cm} : 16$

$a = 3\,\text{cm}$

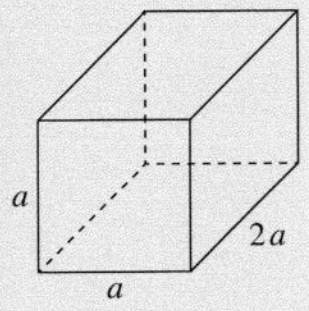

▶ Auftrag: Vervollständige das Beispiel.

Trainieren

1 Einsetzen in Formeln und berechnen von Werten

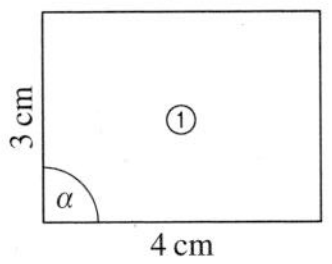

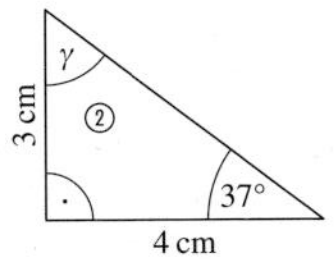

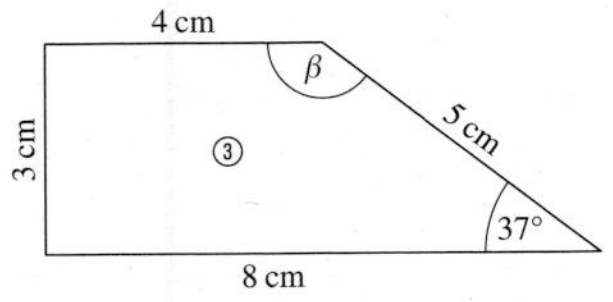

a) Berechne die Flächeninhalte der drei Figuren.

$A_① = a \cdot b$	$A_② = \frac{a \cdot b}{2}$	$A_③ = 1{,}5 \cdot a \cdot b$
$A_① = 4\,\text{cm} \cdot 3\,\text{cm}$	$A_② = \frac{4\,\text{cm} \cdot 3\,\text{cm}}{2}$	$A_③ = 1{,}5 \cdot 4\,\text{cm} \cdot 3\,\text{cm}$
$A_① = 12\,\text{cm}^2$	$A_② = 6\,\text{cm}^2$	$A_③ = 18\,\text{cm}^2$

b) Berechne die Umfänge der drei Figuren.

$u_① = 2a + 2b$	$u_② = a + b + c$	$u_③ = 3a + b + c$
$u_① = 2 \cdot 4\,\text{cm} + 2 \cdot 3\,\text{cm}$	$u_② = 4\,\text{cm} + 3\,\text{cm} + 5\,\text{cm}$	$u_③ = 3 \cdot 4\,\text{cm} + 3\,\text{cm} + 5\,\text{cm}$
$u_① = 14\,\text{cm}$	$u_② = 12\,\text{cm}$	$u_③ = 20\,\text{cm}$

c) Berechne die Winkelgrößen der drei Figuren.

$\alpha_① = 360° : 4$	$\gamma_② = 180° - \alpha - \beta$	$\beta_③ = 90° + \gamma$
$\alpha_① = 90°$	$\gamma_② = 180° - 90° - 37° = 53°$	$\beta_③ = 90° + 53° = 143°$

2 Mit der Formel kann man Flächeninhalte von Trapezen berechnen. Vervollständige die Umformungen nach a und h.

a) Umformen nach h

$A = \frac{1}{2}(a + c) \cdot h \quad |: 2\,(a + c)$

$A : 2\,(a + c) = h$

$h = 2A : (a + c)$

b) Umformen nach a

$A = \frac{1}{2}(a + c) \cdot h$

$A = 0{,}5\,ah + 0{,}5ch \quad | - 0{,}5ch$

$A - 0{,}5ch = 0{,}5ah \quad | : 0{,}5h$

$(A - 0{,}5ch) : 0{,}5h = a$

3 Formeln umstellen und Werte berechnen

Hinweis: Es handelt sich um Flächen wie bei Aufgabe **1**. Die Maße sind jedoch andere.

a) Stelle jeweils zuerst die Formel nach a um.
Setze danach die angegebenen Größen ein und berechne a.

$b = 2\,\text{cm}$ $\quad$ $A = 72\,\text{cm}^2$

1. Umstellen nach a

$A_① = a \cdot b \quad \| : b$	$A_② = \frac{a \cdot b}{2} \quad \| \cdot 2$	$A_③ = 1{,}5 \cdot a \cdot b \quad \| : 1{,}5b$
$A_① : b = a$	$2 \cdot A_② = a \cdot b \quad \| : b$	$A_③ : 1{,}5b = a$
	$2 \cdot A_② : b = a$	

2. Einsetzen und berechnen

$a_① = 72\,\text{cm}^2 : 2\,\text{cm}$	$a_② = 2 \cdot 72\,\text{cm}^2 : 2\,\text{cm}$	$a_③ = 72\,\text{cm}^2 : (1{,}5 \cdot 2\,\text{cm})$
$a_① = 36\,\text{cm}$	$a_② = 72\,\text{cm}$	$a_③ = 24\,\text{cm}$

b) Stelle jeweils zuerst die Formel nach b um.
Setze danach die angegebenen Größen ein und berechne b.

$u = 50\,\text{cm}$ $\quad$ $a = 5\,\text{cm}$ $\quad$ $c = 10\,\text{cm}$

1. Umstellen nach b

$u_① = 2a + 2b \quad \| -2a$	$u_② = a + b + c \quad \| -a$	$u_③ = 3a + b + c \quad \| -3a$
$u_① - 2a = 2b \quad \| : 2$	$u_② - a = b + c \quad \| -c$	$u_③ - 3a = b + c \quad \| -c$
$(u_① - 2a) : 2 = b$	$u_② - a - c = b$	$u_③ - 3a - c = b$

2. Einsetzen und berechnen

$b_① = (50\,\text{cm} - 2 \cdot 5\,\text{cm}) : 2$	$b_② = 50\,\text{cm} - 5\,\text{cm} - 10\,\text{cm}$	$b_③ = 50\,\text{cm} - 3 \cdot 5\,\text{cm} - 10\,\text{cm}$
$b_① = 20\,\text{cm}$	$b_② = 35\,\text{cm}$	$b_③ = 25\,\text{cm}$

Anwenden und Vernetzen

4 Wer mehr als 93 % der erreichbaren Punkte hat, bekommt einen Preis.

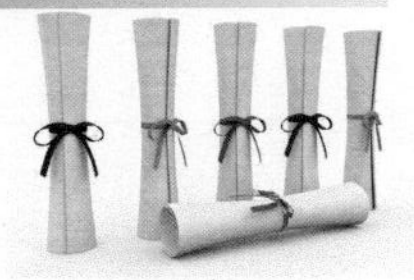

a) Beantworte die Fragen.
Hinweis: Rechne auf einem zusätzlichen Blatt. Nutze den Dreisatz.

Isla fragt: „Gibt es einen Preis, wenn 23 von 26 Punkten erreicht wurden?" **Nein. ($88\frac{6}{13}\,\% < 93\,\%$)**

Oliver fragt: „Ab welcher Punktzahl gibt es einen Preis, wenn 40 Punkte möglich sind?" **ab 38 (37,2) Punkten**

Grace fragt: „23 Punkte sind genau 92 %. Wie viele Punkte können erreicht werden?" **25 Punkte**

b) Ethean sagt: „Im Internet steht: Mit der Gleichung $\frac{W}{p} = \frac{G}{100}$ kann man alle Aufgaben zur Prozentrechnung lösen. Man muss nur umstellen, einsetzen und ausrechnen.
W steht für die Größe des Anteils vom Ganzen. p steht für den Anteil vom Ganzen. G steht für das Ganze."

Stelle zuerst die Gleichung nach W, p und G um.
Prüfe danach, ob du mithilfe der Formeln bei Teilaufgabe **a** zu den gleichen Ergebnissen kommst.

z. B.

$\frac{W}{p} = \frac{G}{100} \quad | \cdot p$

$W = \frac{G}{100} \cdot p$ $\qquad$ $W = \frac{40}{100} \cdot 93$

$W = 37{,}2$

$\frac{W}{p} = \frac{G}{100} \quad | \cdot 100$

$\frac{W}{p} \cdot 100 = G$ $\qquad$ $G = \frac{23}{92} \cdot 100$

$G = 25$

$\frac{W}{p} = \frac{G}{100} \quad | \cdot p$

$W = \frac{G}{100} \cdot p \quad | : \frac{G}{100}$

$W : \frac{G}{100} = p$ $\qquad$ $p = 23 : \frac{26}{100}$

$p = 88\frac{6}{13}$

Funktionen

▶ Grundwissen

Eine Zuordnung, bei der jedem x-Wert genau ein y-Wert zugeordnet wird, heißt Funktion.

Beispiel für eine Funktion: $x \to x^2$

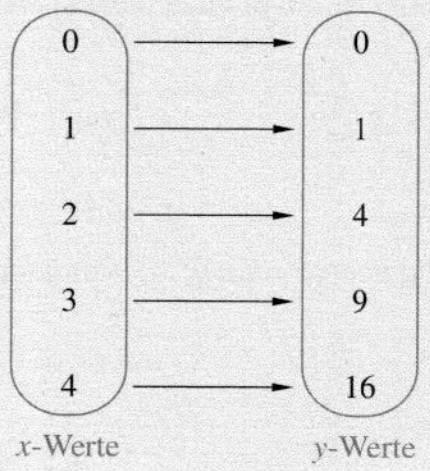

Beispiel für keine Funktion: Abstand zu „0" → Zahlen

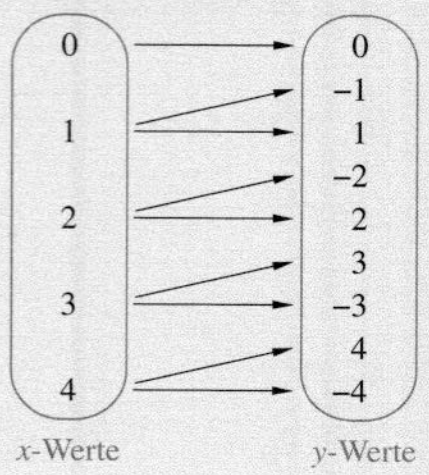

▶ **Auftrag:** Welches Beispiel zeigt eine bzw. keine Funktion?

Trainieren

1 Kreuze die Funktionen an.
Hinweis: Erkläre einer Mitschülerin oder einem Mitschüler, was anders sein müsste, damit es eine Funktion ist.

a) Graphen zu Zuordnungen

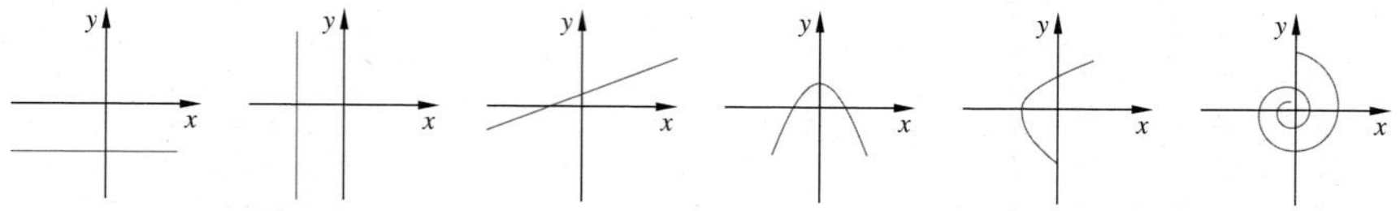

☒ Funktion ☐ Funktion ☒ Funktion ☒ Funktion ☐ Funktion ☐ Funktion

b) Wortvorschriften zu Zuordnungen

Mitschüler → letzte Sportnote ☒ Funktion
Tür → Schlüssel ☐ Funktion
Sternzeichen → Geburtsmonat ☐ Funktion
Ort → Telefonvorwahl ☒ Funktion
Schüler → Klassenlehrer ☒ Funktion
Tageszeit → Ortstemperatur ☒ Funktion

c) Tabellen zu Zuordnungen — **y-Werte stehen in der zweiten Zeile.**

Tageszeit	6:00	8:00	9:00	9:30
Temperatur in °C	7	8	9	9

☒ Funktion

Wochentag	Mo.	Di.	Mi.	Do.
Unterrichtsstunden	7	6	7	7

☒ Funktion

Reisedauer	4 d	5 d	6 d	7 d
Reisepreis in €	200	250	250	280

☒ Funktion

Gäste	1	2	3	2
bestellte Getränke	1	3	3	2

☐ Funktion

2 Gib zwei Funktionen zu Dreiecken an.

Seitenlänge vom Dreieck → **Umfang des Dreiecks**

Seitenlänge vom Dreieck → **Flächeninhalt des Dreiecks**

3 Stelle die Zuordnungen, die keine Funktionen sind, im Koordinatensystem dar.
Markiere im Koordinatensystem die Stellen, an denen du erkennst, dass es sich nicht um Funktionen handelt.

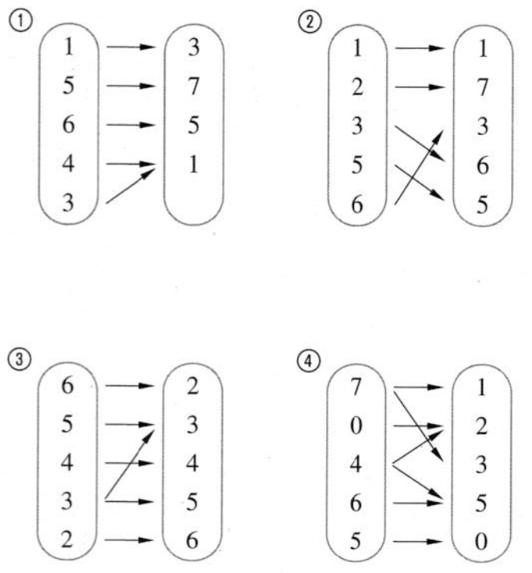

③ und ④ sind keine Funktionen.

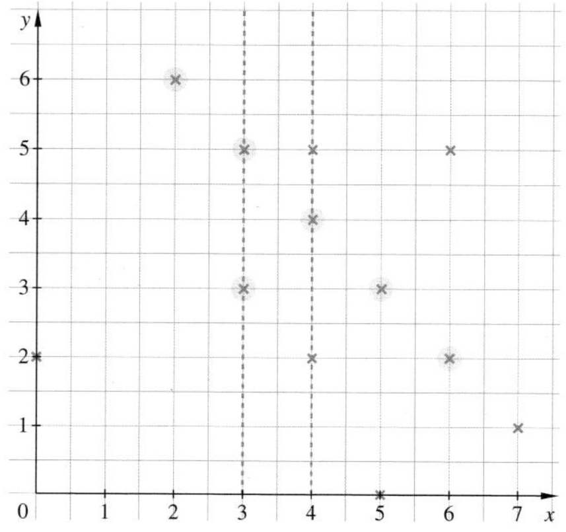

Anwenden und Vernetzen

4 *Leonie, ist die Leichteste und Maja ist kleiner als Leonie, aber sie ist nicht viel schwerer.*
Julia ist kleiner als Amelie, aber schwerer.
Doreen ist 4 cm größer als Julia, und Ulrike ist nur 1 cm kleiner als Julia.
Eine der beiden gleich großen Mädchen muss Kerstin sein.
Die Schwerste ist Doreen, und Amelie sowie Julia unterscheiden sich um 1 kg.
Kerstin ist schlanker als Ulrike, also bestimmt leichter als sie.

a) Trage jeden Namen an der richtigen Stelle ein.
Hinweis: Trage zunächst mit Bleistift die Anfangsbuchstaben der Namen an passenden Stellen ein.

Größe / Masse	161 cm	166 cm	167 cm	168 cm	168 cm	172 cm	174 cm
55 kg		**Leonie**					
59 kg	**Maja**						
64 kg					**Kerstin**		
67 kg							**Amelie**
68 kg				**Julia**			
70 kg			**Ulrike**				
71 kg						**Doreen**	

b) Kreuze die Funktion an.

☐ Größe → Masse ☒ Masse → Größe

Vervollständige die Pfeildiagramme und begründe deine Entscheidung grafisch.

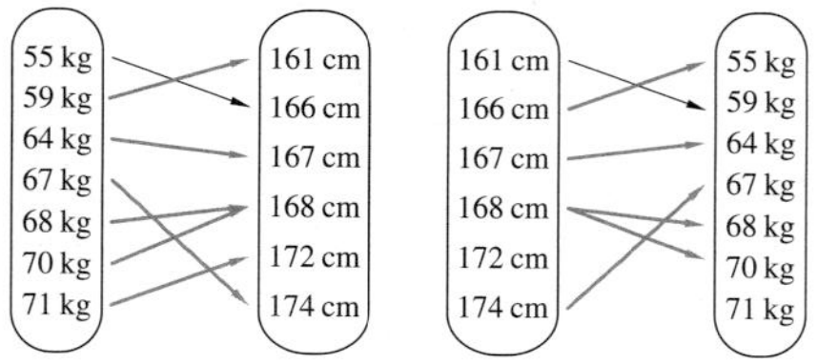

Lineare Funktionen

▶ Grundwissen

Eine Funktion der Form $y = mx + n$ heißt lineare Funktion.
Ihr Graph ist eine Gerade mit der Steigung m und dem Achsenabschnitt n auf der y-Achse.

Beispiele:

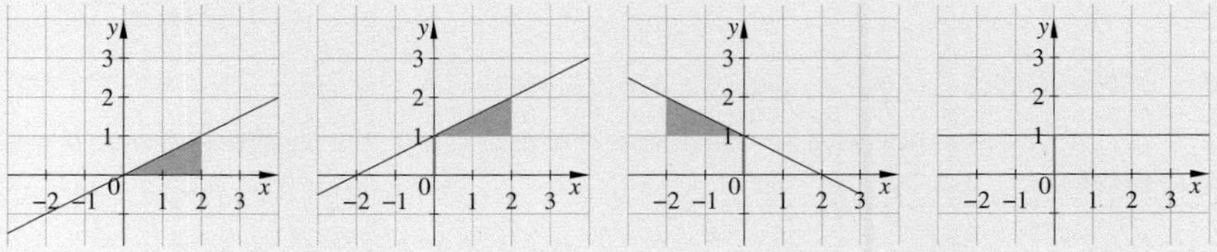

$m = \frac{1}{2}$ $n = 0$	$m = \frac{1}{2}$ $n = 1$	$m = -\frac{1}{2}$ $n = 1$	$m = 0$ $n = 1$
$y = \frac{1}{2}x\ (= \frac{1}{2}x + 0)$	$y = \frac{1}{2}x + 1$	$y = -\frac{1}{2}x + 1$	$y = 1\ (= 0 \cdot x + 1)$

▶ Auftrag: Gib jeweils m, n und die Funktionsgleichung an.

Trainieren

1 Ergänze zuerst den Schnittpunkt mit der y-Achse.
Entscheide danach, ob die Gerade von links nach rechts fällt oder steigt.

a) $y = x + 6$ — $P(0|6)$ ist der Schnittpunkt mit der y-Achse. Die Gerade … ☐ fällt ☒ steigt

b) $y = 2x - 7$ — $P(0|-7)$ ist der Schnittpunkt mit der y-Achse. Die Gerade … ☐ fällt ☒ steigt

c) $y = -3x + 8$ — $P(0|8)$ ist der Schnittpunkt mit der y-Achse. Die Gerade … ☒ fällt ☐ steigt

d) $y = -4x - 9$ — $P(0|-7)$ ist der Schnittpunkt mit der y-Achse. Die Gerade … ☒ fällt ☐ steigt

2 Funktionsgleichungen und Graphen

a) Gib jeweils zuerst m und n an und beschrifte danach die Graphen.

$y_1 = 3x + 6$	$m = 3$	$n = 6$
$y_2 = 3x + 3$	$m = 3$	$n = 3$
$y_3 = 3x - 2$	$m = 3$	$n = -2$
$y_4 = \frac{2}{3}x - 2$	$m = \frac{2}{3}$	$n = -2$

b) Gib jeweils zuerst m und n an und zeichne danach die Graphen.

$y_5 = -2$	$m = 0$	$n = -2$
$y_6 = -2x + 3$	$m = -2$	$n = 3$
$y_7 = -x - 2$	$m = -1$	$n = -2$
$y_8 = -x$	$m = -1$	$n = 0$

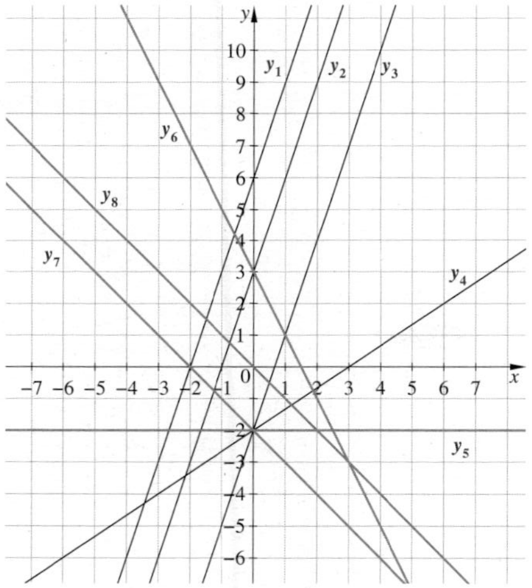

3 Im Koordinatensystem ist der Graph einer linearen Funktion eingezeichnet.

a) Gib die Funktionsgleichung dieser linearen Funktion y_1 an.

$y_1 = 2x - 3$

b) Verschiebe die Gerade y_1 fünf Einheiten nach oben.
Gib die Funktionsgleichung zu dieser Geraden y_2 an.

$y_2 = 2x + 2$

c) Zeichne eine Gerade y_3, die senkrecht zu y_1 verläuft und durch den Punkt $P(1{,}5|0)$ geht. Gib ihre Gleichung an.

$y_3 = -0{,}5x + 0{,}75$

d) Spiegele die Gerade y_1 an der y-Achse und ermittle die zugehörige Funktionsgleichung.

$y_4 = -2x - 3$

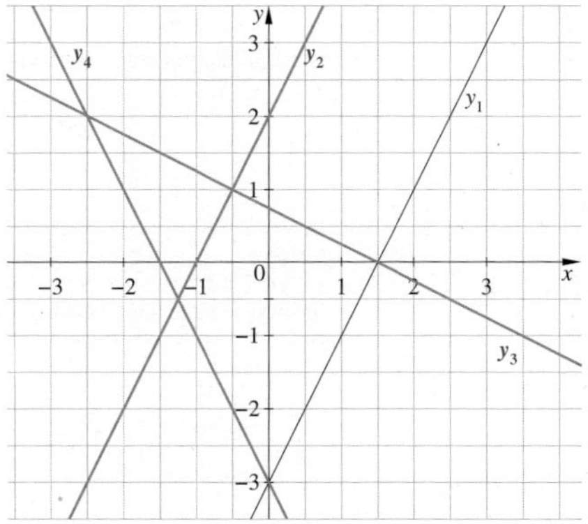

4 Graphen mit Gemeinsamkeiten zu $y = 4{,}6x - 12{,}8$.

a) Gib die Funktionsgleichung des Graphen an, der durch $P(0|0)$ und parallel zu dem von $y = 4{,}6x - 12{,}8$ verläuft. $y = 4{,}6x$

b) Gib die Funktionsgleichung des Graphen an, der durch $P(0|12{,}8)$ verläuft und halb so stark steigt. $y = 2{,}3x + 12{,}8$

Anwenden und Vernetzen

5 Leni verreiste mit ihren Eltern. Sie fuhren zuerst 62 km auf Landstraßen mit sehr unterschiedlichen Geschwindigkeiten und danach durchschnittlich 112,5 Kilometer pro Stunde auf der Autobahn.

a) Vervollständige die Tabelle zur Fahrt auf der Autobahn und trage die Wertepaare in das Koordinatensystem ein.

Zeit in min	Strecke in km
0	62,0
8	77,0
16	92,0
20	99,5
40	137,0
60	174,5

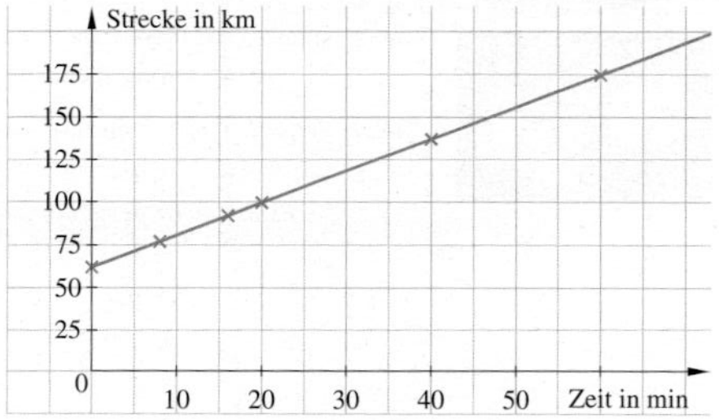

b) Warum ist es angebracht, die Punkte miteinander zu verbinden?

Weil man die Zeit und die zugehörige Strecke mit Dezimalzahlen beliebig genau angeben kann.

c) Schreibe eine Funktionsgleichung zum Graphen bei Teilaufgabe **a** auf.
Gib die praktische Bedeutung beider Variablen an.

Funktionsgleichung: $y = 112{,}5 \cdot x + 62$

y steht für **die auf der Autobahn zurückgelegte Strecke in Kilometern (km).**

x steht für **die Zeit auf der Autobahn in Minuten (min).**

Zufallsexperimente und Wahrscheinlichkeiten

▶ **Grundwissen**

- Nach einer großen Anzahl von Versuchen ändert sich bei einem Zufallsexperiment die relative Häufigkeit durch weitere Versuche nur noch wenig. (Gesetz der großen Zahlen)
- Bei einer großen Anzahl von Versuchen ist die relative Häufigkeit ein Schätzwert für die Wahrscheinlichkeit eines Ausgangs.

Beispiel: „Rot“ würfeln.

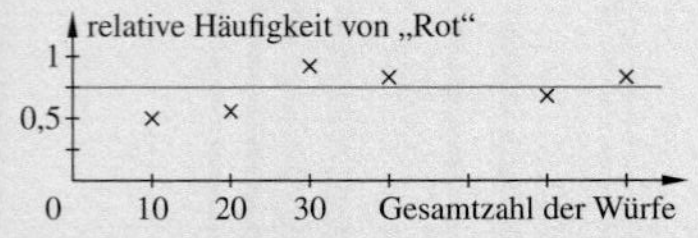

Ein Schätzwert für die Wahrscheinlichkeit von „Rot“ ist 0,75.

▶ **Auftrag:** Gib einen Schätzwert für die Wahrscheinlichkeit von „Rot“ an.

Trainieren

1 Kreuze zuerst die Zufallsexperimente an. Gib danach gegebenenfalls die möglichen Ausgänge an.
Zusatzaufgabe: Sind die Ausgänge eines der Zufallsexperimente gleichwahrscheinlich? **nein**

☒ Kiara schaut, ob die Autoampel „Grün“ zeigt. **„Grün“; „nicht Grün“**

☐ Philip schreibt den Betrag von –13 richtig auf.

☒ Nele schaut aus dem Fenster, ob es regnet. **„ja“, „nein“**

☒ Viktor begegnet Viktoria an einem Wochentag. **alle sieben Wochentage**

2 Würfeln mit zehnseitigen Würfeln

a) Ermittle die relativen Häufigkeiten der „6“.

Anzahl der Versuche	10	50	100	150	200	250	300	350	400
absolute Häufigkeit	0	5	10	18	22	24	29	34	43
relative Häufigkeit	0	0,1	0,1	0,12	0,11	0,096	0,967	0,097	0,1075

b) Veranschauliche zuerst die relativen Häufigkeiten der „6“ im Diagramm.
Schätze danach, mit welcher Wahrscheinlichkeit eine „6“ fällt. Zeichne dazu eine Linie ein.

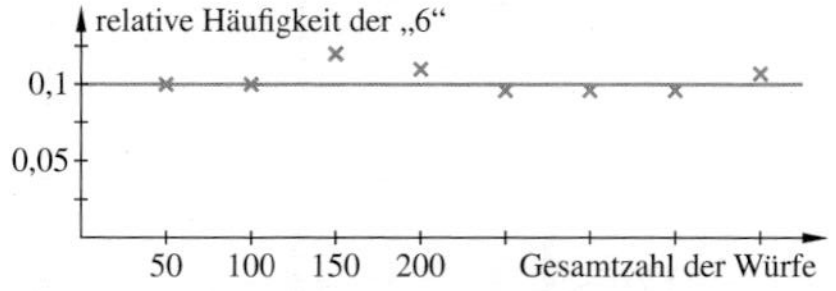

c) Ermittle die relativen Häufigkeiten, „zwei gleiche Augenzahlen“ mit zwei Würfeln zu erhalten.

Anzahl der Versuche	10	50	100	150	200	250	300	350	400
absolute Häufigkeit	1	3	6	10	10	13	15	24	29
relative Häufigkeit	0,1	0,06	0,06	0,067	0,05	0,52	0,05	0,0686	0,0725

d) Veranschauliche zuerst die relativen Häufigkeiten „zweier gleicher Augenzahlen“ im Diagramm.
Schätze danach, mit welcher Wahrscheinlichkeit die Augenzahlen gleich sind. Zeichne dazu eine Linie ein.

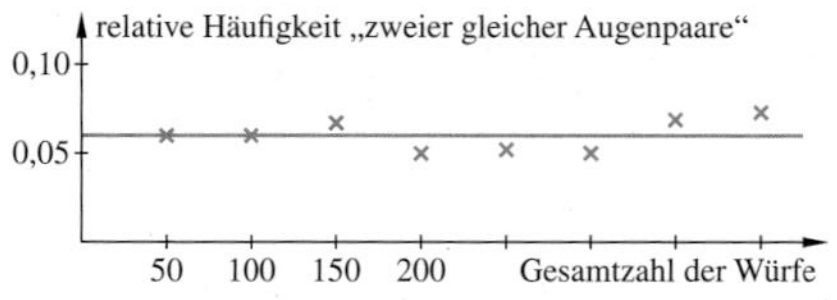

3 Ist die Wahrscheinlichkeit „0“ oder „1“ oder zwischen „0 und 1“?
Kreuze an.

	0 %	50 %	100 %
a) Ein zufällig ausgewählter Schüler hat morgen Geburtstag.	☐	☒	☐
b) Ein zufällig ausgewählter Schüler hat in den nächsten 13 Monaten Geburtstag.	☐	☐	☒
c) Ein zufällig ausgewählter Schüler hat sechs mal Geburtstag in einem Schuljahr.	☒	☐	☐
d) Ein zufällig ausgewählter Schüler hat eine Schwester.	☐	☒	☐
e) Ein zufällig ausgewählter Schüler hat keinen Bruder.	☐	☒	☐
f) Ein zufällig ausgewählter Schüler hat drei Mütter.	☒	☐	☐
g) Ein zufällig ausgewählter Schüler hat heute verschlafen.	☐	☒	☐
h) Ein zufällig ausgewählter Schüler deiner Klasse ist älter als 9 Jahre.	☐	☐	☒

Anwenden und Vernetzen

4 Gleichzeitiges Würfeln mit einem Würfel und einem Quader mit den Ziffern „1“ bis „6“
Hinweis: Nimm als Quader z. B. einen Radiergummi oder einen Baustein. **individuelle Lösung**

a) Ermittle die absoluten Häufigkeiten der Augensummen bei jeweils 50 Versuchen.
Hinweis: Erfasse die Anzahl der Versuche mit einer Strichliste auf einem zusätzlichen Blatt.

	50 Versuche	50 Versuche	50 Versuche	50 Versuche	50 Versuche	50 Versuche	50 Versuche	50 Versuche
„Summe 2“								
„Summe 3“								
„Summe 4“								
„Summe 5“								
„Summe 6“								
„Summe 7“								
„Summe 8“								
„Summe 9“								
„Summe 10“								
„Summe 11“								
„Summe 12“								

b) Ermittle die relativen Häufigkeiten der insgesamt „häufigsten Augensumme“ beider Würfel.

Anzahl der Versuche	50	100	150	200	250	300	350	400
absolute Häufigkeit								
relative Häufigkeit								

c) Stell dir vor, dass das Experiment mit zwei regulären sechsseitigen Würfeln durchgeführt wurde.
Sind die Summen gleichwahrscheinlich? **nein**
Zusatzaufgabe: Vergleiche die Wahrscheinlichkeiten.

$P(„2“) = P(„12“) < P(„3“) = P(„11“) < P(„4“) = P(„10“) < P(„5“) = P(„9“) < P(„6“) = P(„8“) < P(„7“)$

Wahrscheinlichkeiten bei Laplace-Experimenten

▶ **Grundwissen**

Für Zufallsexperimente, bei denen alle Ergebnisse gleichwahrscheinlich sind, gilt:

Wahrscheinlichkeit eines Ereignisses = $\frac{\text{Anzahl der günstigen Ergebnisse}}{\text{Anzahl aller möglichen Ergebnisse}}$

Beispiel: Würfeln keiner „1“; „2“; „3“ oder „4“

Anzahl der für das Ereignis günstigen Ergebnisse: **2 („5“ und „6“)**

Anzahl aller möglichen Ergebnisse: **6 („1“; „2“; „3“; „4“; „5“ und „6“)**

P (Würfeln keiner „1“; „2“; „3“ oder „4“) **$= \frac{2}{6} = \frac{1}{3}$**

▶ **Auftrag:** Ergänze das Beispiel.

Trainieren

1 Die Spieler beim „Mensch ärgere dich nicht“ haben zwei Ziele.
Sie wollen mit dem nächsten Wurf mit einem Mal Würfeln einen Stein ins Ziel bringen oder einen Stein eines Gegners „rauswerfen“. Im Zielbereich darf ein Stein übersprungen werden.

a) Welche Augenzahl ist beim nächsten Wurf demzufolge jeweils ein günstiges Ergebnis?

Günstiges Ergebnis, wenn „Gelb“ als Nächstes würfelt.

Augenzahl: „1“

Günstiges Ergebnis, wenn „Schwarz“ als Nächstes würfelt.

Augenzahl: „6“

Günstiges Ergebnis, wenn „Rot“ als Nächstes würfelt.

Augenzahl: „2“ oder „4“

b) Ermittle die Wahrscheinlichkeiten.

Ein gelber Stein kommt beim nächsten Wurf im Ziel an. **$\frac{1}{6}$**

Ein roter Stein kommt beim nächsten Wurf im Ziel an. **0**

Ein roter Stein wirft beim nächsten Wurf einen schwarzen Stein raus. **$\frac{2}{6} = \frac{1}{3}$**

Kein schwarzer Stein kann beim nächsten Wurf bewegt werden. **$\frac{1}{6}$**

2 Aus einem vollständigen Skatspiel wird eine Karte gezogen.
Gib die Wahrscheinlichkeiten der Ereignisse an.

a) Eine Pik-Karte wird gezogen. **$\frac{8}{32} = \frac{1}{4}$**

b) Ein König wird gezogen. **$\frac{4}{32} = \frac{1}{8}$**

c) Eine Herz-Karte, die kein Ass ist, wird gezogen. **$\frac{7}{32}$**

d) Eine Herz-Karte oder eine Pik-Karte wird gezogen. **$\frac{16}{32} = \frac{1}{2}$**

3 Peter und Paul spielen mit einem 20-seitigen Spielwürfel.
Schreibe jeweils die Wahrscheinlichkeit des Ereignisses auf.
Hinweis: Schreibe die günstigen Ergebnisse auf.

a) Mit welcher Wahrscheinlichkeit fällt eine gerade Zahl?

$\frac{10}{20}$ (günstige Ergebnisse: „2“; „4“; „6“; „8“; „10“; „12“; „14“; „16“; „18“; „20“)

b) Mit welcher Wahrscheinlichkeit fällt eine durch 6 teilbare Zahl?

$\frac{3}{20}$ (günstige Ergebnisse: „6“; „12“; „18“)

c) Mit welcher Wahrscheinlichkeit fällt eine Zahl, die man nicht durch 7 teilen kann?

$\frac{18}{20}$ (günstige Ergebnisse: nicht „7“ und nicht „14“)

d) Mit welcher Wahrscheinlichkeit fällt eine Quadratzahl?

$\frac{4}{20}$ (günstige Ergebnisse: „1“; „4“; „9“; „16“)

e) Mit welcher Wahrscheinlichkeit fällt eine Zahl, die durch 5 oder durch 8 teilbar ist?

$\frac{6}{20}$ (günstige Ergebnisse: „5“, „10“, „15“, „20“, „8“, „16“)

f) Mit welcher Wahrscheinlichkeit fällt eine Primzahl?

$\frac{8}{20}$ (günstige Ergebnisse: „2“; „3“; „5“; „7“; „11“; „13“; „17“; „19“)

Anwenden und Vernetzen

4 Peter und Paul wetten beim Würfeln mit einem 20-seitigen Würfel.
Peter gewinnt, wenn die Zahl größer als 12 ist. Paul gewinnt, wenn die Zahl durch 3 teilbar ist.
Ist das fair? Begründe.

Das Spiel ist nicht fair. Peter gewinnt bei „13“; „14“; „15“; „16“; „17“; „18“; „19“ und „20“.

Die Wahrscheinlichkeit beträgt $\frac{8}{20} = 40\,\%$.

Paul gewinnt bei „3“; „6“; „9“; „12“; „15“ und „18“. Die Wahrscheinlichkeit beträgt $\frac{6}{20} = 30\,\%$.

5 In einer Kiste sind mehrere Karten. Auf 5 Karten ist ein Quadrat, auf 7 Karten ist ein Rechteck, auf 9 Karten ist ein unregelmäßiges Dreieck und auf 4 Karten ist ein Kreis abgebildet.
Es wird jeweils nur eine Karte aus der Kiste gezogen. Danach wird diese zurückgelegt.
Gib jeweils die Wahrscheinlichkeit des Ereignisses in drei unterschiedlichen Schreibweisen an.

a) Die Innenwinkelsumme der Figur auf der Karte beträgt 360°.

$\frac{12}{25} = 0{,}48 = 48\,\%$ (günstige Ergebnisse: 5 Quadrate; 7 Rechtecke)

b) Eine Karte ohne Kreis wird gezogen.

$\frac{21}{25} = 0{,}84 = 84\,\%$ (günstige Ergebnisse: 5 Quadrate; 7 Rechtecke; 9 Dreiecke)

c) Eine Karte mit einer symmetrischen Figur wird gezogen.

$\frac{16}{25} = 0{,}64 = 64\,\%$ (günstige Ergebnisse: 5 Quadrate; 7 Rechtecke; 4 Kreise)

d) Die Wahrscheinlichkeit eines Ereignisses beträgt 56 %. Welches Ereignis kann dies sein?

$56\,\% = \frac{14}{25}$ Da 5 + 9 = 14, ist das Ereignis z. B. „Ziehen eines Quadrats oder Dreiecks“.

Wahrscheinlichkeiten nutzen und deuten

▶ Grundwissen

- Zahlreiche Aussagen zu Wahrscheinlichkeiten beruhen auf **einer großen Anzahl** statistischer Erhebungen oder durchgeführter Versuche. Es sind Durchschnittswerte.
  Für die Vorhersage von Einzelergebnissen sind sie somit nur bedingt geeignet.
- Wahrscheinlichkeiten können auch genutzt werden, um Häufigkeiten **zu schätzen.**

Beispiel: Aussage: 25 % der Schülerinnen und Schüler sind erfahrungsgemäß im November krank.
Frage: Wie viele der 24 Schülerinnen und Schüler einer Klasse sind im November vermutlich krank?
Antwort: 25 % der Klasse sind 6 Schülerinnen und Schüler, die vermutlich im November krank sind. (In diesem Jahr kann trotzdem die gesamte Klasse im November gesund sein.)

▶ Auftrag: Ergänze die Sätze.

Trainieren

1 Ordne wie bei Teilaufgabe **a** mit Pfeilen den Formulierungen passende Bereiche von Wahrscheinlichkeiten zu.

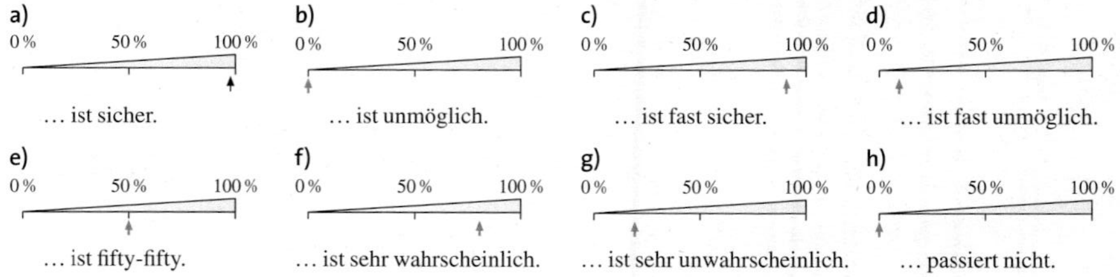

2 Ordne mit Pfeilen den Ereignissen passende Wahrscheinlichkeiten zu.
Hinweis: Unterstreiche die Schlüsselwörter.

a) „Nächste Woche schneit es sicher."

b) „Die Chance, dass der Schnee liegen bleibt, ist fifty-fifty."

c) „Es gewittert vermutlich morgen Abend."

d) „Es regnet morgen sehr wahrscheinlich."

e) „In der nächsten Woche wird es auch Glatteis geben."

f) „Der Wasserstand des Flusses wird unmöglich über 3,8 m steigen."

h) „Es passiert kaum, dass zehnmal in Folge eine „6" gewürfelt wird."

i) „Es ist noch unklar, ob diese Woche Sport vertreten wird."

j) „Die Nachricht ist sicher in 5 Sekunden auf dem Handy zu lesen."

k) „Es ist fast sicher, dass nicht alle pünktlich ankommen."

l) „Den Bus noch pünktlich zu erreichen, ist fast unmöglich."

n) „Es ist sehr unwahrscheinlich, dass man morgen einen Sonnenschutz benötigt."

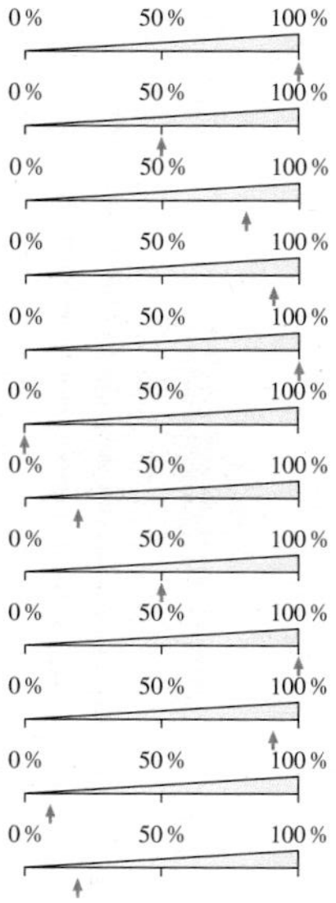

3 Schätze die Häufigkeiten

a) Die Wahrscheinlichkeit, „Zahl" oder „Kopf" zu werfen, ist 50 %.
Wie oft fällt etwa „Zahl" bei 300 Münzwürfen?

50 % von 300 ist 150. **Etwa 150-mal fällt „Zahl".**

b) Die Wahrscheinlichkeit, eine „6" zu würfeln, ist $\frac{1}{6}$.
Wie oft fällt etwa die „6" bei 100-mal Würfeln?

$\frac{1}{6}$ von 100 ist rund 17. **Etwa 17-mal fällt die „6".**

c) Auf einem Flyer steht: „Die Chance, Wale zu sehen, liegt bei 80 %."
Bei wie vielen der 300 Wal-Ausflüge pro Jahr werden Wale gesehen?

80 % von 300 Wal-Ausflügen sind 240 Wal-Ausflüge. **Auf ca. 240 Wal-Ausflügen sind Wale zu sehen.**

d) Man schätzt, dass 10 bis 15 von 100 Personen Linkshänder sind.
Wie viele Linkshänder gehen vermutlich in eine Schule mit 800 Schülerinnen und Schülern?

10 % von 800 sind 80 und 15 % von 800 sind 120. **Etwa 80 bis 120 Linkshänder gehen in die Schule.**

e) Die Wahrscheinlichkeit, bei einem Tipp drei richtige Zahlen anzukreuzen, ist rund $\frac{1}{57}$.
In einem Kiosk wurden 120 Tipps angenommen.
Bei wie vielen der Tipps wurden genau drei richtige Zahlen angekreuzt?

$\frac{1}{57}$ von 120 sind rund 2. **Etwa zweimal wurden genau drei richtige Zahlen angekreuzt.**

Anwenden und Vernetzen

4 Mallorca

a) Eine Familie möchte in den Oktoberferien für zehn Tage nach Mallorca reisen.
Kreuze an, was angebracht ist.

Regenzeug	☒ ja	☐ nein
Sonnencreme	☒ ja	☐ nein
dicke Jacke	☐ ja	☒ nein
dünne Jacke	☒ ja	☐ nein

Wetter auf Mallorca im Oktober

Maximal-Temperatur:	23 °C
Minimal-Temperatur:	14 °C
Sonnenstunden:	7 h
Wassertemperatur:	22 °C
Regentage:	9

b) Beantworte die Fragen.
Begründe deine Antwort, wenn möglich.

① Alina fragt: „Mit wie vielen Regentagen kann man während des Urlaubs im Oktober auf Mallorca rechnen?"

Es ist mit ca. 3 Regentagen zu rechnen. **$\frac{9}{31} \cdot 10 \approx 2{,}9$**

② Matteo fragt: „Kann es sein, dass während des Urlaubs kein Regen fällt?"
z. B. Ja. Es ist nicht klar, ob z. B. nur in den letzten beiden Oktoberwochen i. d. R. Regen fällt. Es kann auch sein, dass in einem Jahr im Oktober an keinem Tag Regen fällt und im darauffolgenden Jahr an doppelt so vielen Tagen.

③ Rebecca fragt: „An wie vielen der zehn Urlaubstage werden voraussichtlich über 20 °C erreicht?"

Kann man nicht sagen.

④ Noah fragt: „Ist es an den zehn Urlaubstagen zu kalt zum Schwimmen im Mittelmeer?"

Nein. **Ost- und Nordsee sind im Sommer kälter.**

c) Zusatzaufgabe: Drucke die Wettervorhersagen deines Wohnortes für die nächsten drei Tage aus dem Internet aus.
Untersuche, wie weit die Vorhersagen zutreffend sind. **individuelle Lösungen**

Begriffe der Prozentrechnung

▶ Grundwissen

In der Prozentrechnung unterscheidet man zwischen
Prozentsatz $p\,\%$, (Anteil eines Ganzen) Prozentwert W (Größe eines Anteils) und Grundwert G. (Größe eines Ganzen)

Beispiele:
Wie viel Prozent sind 7 Schüler von 20 Schülern? | Ermittle 16 % von 50 Schülern. | 50 Schüler sind bereits angemeldet. Das sind 20 %. Gib die Gesamtzahl an.

• Berechnung mit Dreisatz:

	Schüler	Anteil ($p\,\%$)	
: 20	20	100 %	: 20
· 7	1	5 %	· 7
	7	35 %	

	Anteil ($p\,\%$)	Schüler	
: 100	100 %	50	: 100
· 16	1 %	0,5	· 16
	16 %	8	

	Anteil ($p\,\%$)	Schüler	
: 20	20 %	50	: 20
· 100	1 %	2,5	· 100
	100 %	250	

• Berechnung mit Formeln:

$p\,\% = \frac{W}{G}$ $\quad W = \frac{p \cdot G}{100}$ $\quad G = \frac{W \cdot 100}{p}$

$p\,\% = \frac{7}{20} = 0{,}35 = 35\,\%$ $\quad W = \frac{16 \cdot 50}{100} = 8$ $\quad G = \frac{50 \cdot 100}{20} = 250$

▶ **Auftrag:** Ergänze die Berechnungen mit Formeln.

Trainieren

1 Betrachte die eingefärbten Anteile. Ergänze passende Angaben bzw. färbe Teile ein.

	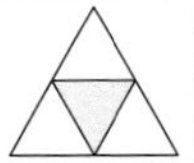	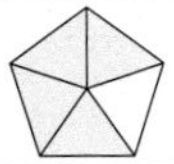	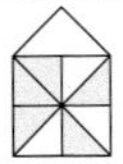	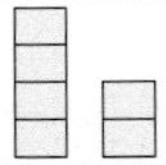		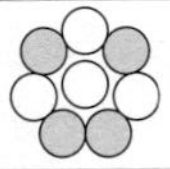	
Prozentsatz $p\,\%$	25 %	80 %	50 %	150 %	20 %	50 %	30 %
Prozentwert W	1	4	5	6	1	4	3
Grundwert G	4	5	10	4	5	8	10

2 Ermittle die Prozentsätze mithilfe des Dreisatzes.

a) Wie viel Prozent sind 7 cm von 20 cm? 35 %

Länge in cm	Anteil
20	100 %
1	5 %
7	35 %

b) Wie viel Prozent sind 150 g von 500 g? 30 %

Masse in g	Anteil
500	100 %
1	0,2 %
150	30 %

c) Wie viel Prozent sind 12 min von 60 min? 20 %

Zeit in min	Anteil
60	100 %
1	$1\frac{2}{3}\,\%$
12	20 %

3 Berechne die Prozentsätze.

a) 9 cm von 45 cm sind 20 %. **b)** 5 kg von 20 kg sind 25 %. **c)** 6 € von 24 € sind 25 %.
d) 17 cm von 50 cm sind 34 %. **e)** 8,7 kg von 10 kg sind 87 %. **f)** 51 g von 300 g sind 17 %.

4 Ermittle die Prozentwerte mithilfe des Dreisatzes.
Zusatzaufgabe: Überprüfe deine Ergebnisse mithilfe von Hundertsteln.

a) 80 % von 200 Karten sind weg.
Das sind 160 Karten.

Anteil	Karten
100 %	200
1 %	2
80 %	160

b) 300 g Ketchup enthalten 22 % Zucker.
Das sind 66 g.

Anteil	Masse
100 %	300 g
1 %	3 g
22 %	66 g

c) 19 % von 110 € gibt es Rabatt.
Das sind 20,90 €.

Anteil	Rabatt
100 %	110,00 €
1 %	1,10 €
19 %	20,90 €

5 Berechne die Prozentwerte.

a) 25 % von 80 m sind 20 m. **b)** 3 % von 200 g sind 6 g. **c)** 10 % von 60 min sind 6 min.
d) 70 % von 8 kg sind 5,6 kg. **e)** 75 % von 2 l sind 0,15 l. **f)** 13 % von 11 s sind 1,43 s.

6 Ermittle die Grundwerte mithilfe des Dreisatzes.

a) 10 Teile (5 %) sind defekt.
Insgesamt sind es 200 Teile.

Anteil	Teile
5 %	10
1 %	2
100 %	200

b) 3,8 % (76 ml) sind Fett.
Insgesamt sind es 2 l Milch.

Anteil	Milch
3,8 %	76 ml
1 %	20 ml
100 %	2 000 ml

c) 30 % (13,5 Punkte)
Insgesamt gab es 45 Punkte.

Anteil	Punkte
30 %	13,5
1 %	0,45
100 %	45

7 Berechne die Grundwerte.

a) 10 % von 70 h sind 7 h. **b)** 15 % von 100 m sind 15 m. **c)** 20 % von 40 s sind 8 s.
d) 19 % von 200 € sind 38 €. **e)** 7 % von 120 € sind 8,4 €. **f)** 1,75 % von 500 ml sind 8,75 ml.

Anwenden und Vernetzen

8 *„Heute geben Ihnen unsere Verkäufer 16 % Rabatt auf alle Möbel und die Kassiererinnen ziehen danach zusätzlich 2 % Skonto bei Barzahlung an der Kasse ab."*

Ein Händler wirbt mit dem Aktionsangebot.
Ein Kunde fragt, wie viel der regulär 270 € teure Schrank heute kostet und wie viel Prozent er insgesamt sparen kann.
Gib passende Antworten.
Verkäufer: 84 % von 270,00 € sind 226,80 €.
Kassiererinnen: 98 % von 226,80 € sind 222,26 €.

270 € – 222,26 € ≈ 47,74 € 47,74 € von 270 € sind rund 17,68 %.
Der Schrank kostet mindestens 222,26 €. Ohne Skonto kostet er 226,80 €.
Der Kunde kann höchstens insgesamt 17,68 % vom regulären Preis sparen.

Begriffe der Zinsrechnung

▶ Grundwissen

In der Zinsrechnung sind die Bezeichnungen anders als in der Prozentrechnung, man unterscheidet zwischen
Zinssatz $p\%$ (p. a.), (Prozentsatz $p\%$) — Jahreszinsen Z (Prozentwert W) und Kapital K. (Grundwert G)

Beispiele:

Für das Leihen von 200 € sind nach einem Jahr 40 € zu zahlen. Berechne den Zinssatz.

Der Zinssatz für geduldete Überziehung beträgt 12 %. Berechne die Jahreszinsen für 50 €.

50 € Zinsen wurden nach einem Jahr gezahlt. Der Zinssatz war 2 % p. a. Berechne das Anfangskapital.

• Berechnung mit Dreisatz:

	Betrag in €	Anteil (p%)	
: 200	200	100 %	: 200
· 40	1	0,5 %	· 40
	40	20 %	

	Anteil (p%)	Betrag in €	
: 100	100 %	50	: 100
· 12	1 %	0,5	· 12
	12 %	6	

	Anteil (p%)	Betrag in €	
: 2	2 %	50	: 2
· 100	1 %	25	· 100
	100 %	2 500	

• Berechnung mit Formeln:

$p\% = \frac{Z}{K}$ — $Z = \frac{p \cdot K}{100}$ — $K = \frac{Z \cdot 100}{p}$

$p\% = \frac{40}{200} = 0{,}2 = 20\,\%$ — $Z = \frac{12 \cdot 50\,€}{100} = 6\,€$ — $K = \frac{50\,€ \cdot 100}{2} = 2500\,€$

▶ Auftrag: Ergänze die Formeln und die Berechnungen mit Formeln.

Trainieren

1 Ergänze die Zinssätze, die Jahreszinsen bzw. das Kapital.

a) Frau Arndt leiht sich für ein Jahr 50 € und zahlt dafür 3,00 € Zinsen bei einem Zinssatz von **6 % p. a.**

b) Frau Clas legt für ein Jahr 4 000 € an und erhält dafür 128,00 € Zinsen bei einem Zinssatz von **3,2 % p. a.**

c) Herr Drake leiht sich für ein Jahr 800 € zu einem Zinssatz von 12,5 % p. a. Seine Jahreszinsen betragen **100 €.**

d) Herr Ernst leiht sich für ein Jahr 300 € zu einem Zinssatz von 11,5 % p. a. Seine Jahreszinsen betragen **34,50 €.**

e) Frau Genz zahlte bei einen Zinssatz von 10 % nach einem Jahr 200 € Zinsen. Sie lieh sich demnach **2 000 €.**

f) Herr John erhielt bei einen Zinssatz von 1,53 % nach einem Jahr 30,60 € Zinsen. Er legte demnach **2 000 €.** an.

2 Ergänze die Tabelle.

Z	520 €	900 €	456,75 €	565,11 €	39,30 €	121,75 €	0,12 €
K	4 000 €	**12 000 €**	8 700 €	**4 186 €**	7 860 €	**48 700 €**	137,50 €
$p\%$	13 %	7,5 %	**5,25 %**	13,5 %	**0,5 %**	0,25 %	**0,09 %**

3 Färbe je zwei gleichartige Formeln gleich ein.

$p\% = \frac{Z}{K}$ A	$Z = \frac{p \cdot K}{100}$ B	$p\% = \frac{G}{W}$ A
$G = \frac{W \cdot 100}{p}$ C	$K = \frac{Z \cdot 100}{p}$ C	$W = \frac{p \cdot G}{100}$ B

4 Bankgeschäfte

a) Frau Schmidt erhielt nach einem Jahr 12,20 € Zinsen für 500 €.
Herr Len bekam bei einer anderen Bank nach einem Jahr 19,52 € Zinsen für 800 €.
Wer hatte den höheren Zinssatz?

Frau Schmidt: $p\% = \frac{12{,}20\,€}{500\,€} = 2{,}44\,\%$ **Herr Len:** $p\% = \frac{19{,}52\,€}{800\,€} = 2{,}44\,\%$

Frau Schmidt und Herr Len haben ihr Geld zum gleichen Zinssatz von 2,44 % angelegt.

b) Frau Bag legt Geld stets für ein Jahr an. Sie lässt sich jeweils am Ende der Laufzeit die Zinsen zusammen mit dem Anfangskapital auszahlen.
Dieses Jahr bekam sie 74,75 € Zinsen bei 2,3 % p. a. und im letzten Jahr waren es 72,00 € bei 2,4 % p. a.
Wie viel hatte sie in den beiden Jahren angelegt?

letztes Jahr: $K = \frac{74{,}75\,€ \cdot 100}{2{,}3} = 3\,250\,€$ **vorletztes Jahr:** $K = \frac{72{,}00\,€ \cdot 100}{2{,}4} = 3\,000\,€$

Sie hatte im letzten Jahr 3 250 € und im vorletzten Jahr 3 000 € angelegt.

c) Herr Reiner leiht sich für ein Jahr 2 599 € für 5,8 % p. a.
Berechne den Betrag, der nach einem Jahr an die Bank zu zahlen ist.

$Z = \frac{5{,}8 \cdot 2599\,€}{100} \approx 150{,}74\,€$ **2 599 € + 150,742 € = 2 749,74 €**

2 749,74 € sind nach einem Jahr an die Bank zu zahlen.

5 Ergänze die Sätze.
Zusatzaufgabe: Prüfe jeweils, ob das Ergebnis stimmen kann, indem du eine gegebene Angabe berechnest.

a) Jana hat 560 € auf ihrem Konto. Sie erhält 3,1 % Zinsen p. a. Nach einem Jahr sind **577,36 €** auf dem Konto.

b) Familie Krüger hat einen Kredit für 7,2 % Zinsen p. a. 108,00 € Zinsen zahlen sie nach einem Jahr für **1 500 €.**

c) Der Zinssatz bei der X-Bank beträgt **4 %** p. a. und die nach einem Jahr zu zahlenden Zinsen 50,40 € bei einer Kreditsumme von 1 000 €. Die Bearbeitungsgebühr ist 1 %. Sie wird auf die Kreditsumme aufgeschlagen.

Anwenden und Vernetzen

6 Profitieren auch Sie von den Gewinnchancen der Börse mit Ihrem Sparkonto. Sie legen Ihr Geld für ein Jahr fest bei uns an. Wir gewähren Ihnen dafür einen Basiszins von einem Prozent.
Wenn die Börse zum Wochenende im Plus schließt (also um einige Prozent gestiegen ist), verzinsen wir Ihren Anlagebetrag zusätzlich mit dem gleichen Prozentsatz für diese sieben Tage rückwirkend am Jahresende, jedoch mit maximal 5 % zu Ihren garantierten 1 %.
Wenn die Börse Verluste macht, bekommen Sie nur den Basiszins.
Ihre dadada-Bank

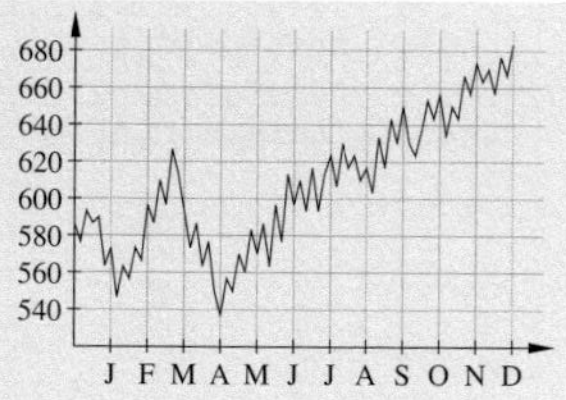

a) Mit welchem Zinssatz kann ein Anleger maximal rechnen? **Ein Anleger kann mit maximal 6 % rechnen.**

b) Man kann sein Geld auch für 3 % p. a. anlegen. Ist dies eine interessante Alternative?
z. B.
Garantierte 3 % p. a. sind eine Alternative, da auch in guten Börsenjahren wenig mehr zu erwarten ist.

c) Der Börsenkurs ist in einem Jahr um 22 % gestiegen. Erläutere die Entwicklung des Sparguthabens.
z. B.
Auch in einem sehr guten Börsenjahr gibt es Wochen mit fallenden oder gleich bleibenden Kursen.

Es können keine 6 % p. a. erzielt werden.

Zinsen für unterschiedliche Anlagedauern

▶ Grundwissen

Zinsen für einen Teil eines Jahres kann man berechnen, indem die Zinsen für ein Jahr mit dem passenden Bruch (Anteil des Jahres) multipliziert werden. Oft gilt: 1 Monat = 30 Tage und 1 Jahr = 360 Tage.

Beispiel: 2000 € werden mit 3 % p. a. verzinst.

- Zinsen für ein Jahr: $Z = \frac{p \cdot K}{100}$ — Zinsen für **1 Jahr:** $Z = \frac{3 \cdot 2000\,€}{100} = 60\,€$
- Zinsen für d Tage: $Z_d = \frac{p \cdot K}{100} \cdot \frac{d}{360}$ — Zinsen für **60 Tage:** $Z = \frac{3 \cdot 2000\,€}{100} \cdot \frac{60}{360} = 60\,€ \cdot \frac{1}{6} = 10\,€$
- Zinsen für m Monate: $Z_m = \frac{p \cdot K}{100} \cdot \frac{m}{12}$ — Zinsen für **4 Monate:** $Z = \frac{3 \cdot 2000\,€}{100} \cdot \frac{4}{12} = 60\,€ \cdot \frac{1}{3} = 20\,€$

▶ Auftrag: Ergänze im Beispiel die Anlagedauern.

Trainieren

1 Ergänze die Tabelle.

a) 10 000,00 € werden mit 3 % p. a. unterschiedlich lange verzinst. Berechne die Zinsen.
Hinweis: Überlege, wie man mit geringem Aufwand schnell zu den Ergebnissen kommt.

Kapital	10 000,00 €	10 000,00 €	10 000,00 €	10 000,00 €	10 000,00 €	10 000,00 €
Zinssatz p. a.	3 %	3 %	3 %	3 %	3 %	3 %
Anlagedauer	1 Jahr	30 Tage	72 Tage	3 Monate	5 Monate	halbes Jahr
Zinsen	**300,00 €**	**25,00 €**	**60,00 €**	**75,00 €**	**125,00 €**	**150,00 €**

b) Berechne die Zinsen.

Kapital	7 500,00 €	7 400,00 €	2 500,00 €	2 500,00 €	750,00 €	500,00 €
Zinssatz p. a.	2 %	2,5 %	3,25 %	8 %	11,5 %	16,2 %
Anlagedauer	90 Tage	90 Tage	330 Tage	2 Monate	7 Monate	viertel Jahr
Zinsen	**37,50 €**	**46,25 €**	**74,48 €**	**33,33 €**	**50,31 €**	**20,25 €**

2 Verbinde mit Linien mindestens zwei zusammenpassende Angaben zu Kapital, Zinssatz, Anlagedauer und Zinsen.
Hinweis: Fünf zusammenpassende Angaben sind zu finden.

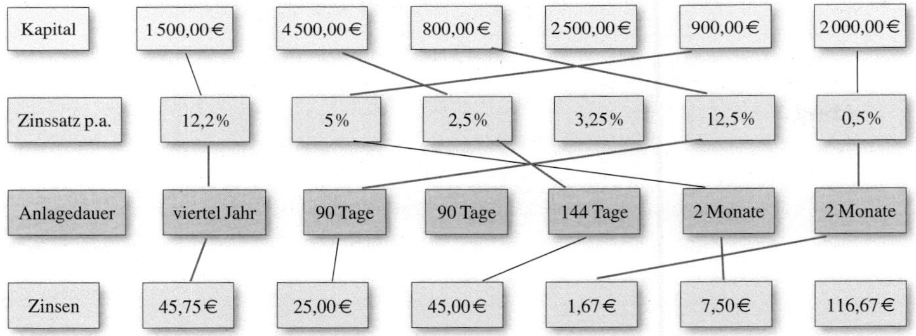

3 Eine Bank bietet einen Zinssatz von 2 %, wenn 10 000,00 € für 4 Jahre angelegt werden.
Jeder Kunde kann entscheiden, ob seine Zinsen am Ende jedes Jahres ausgezahlt werden oder erst nach 4 Jahren.
Ergänze die Tabellen und berechne den Unterschied der insgesamt ausgezahlten Zinsen.

Zinsen werden am Ende jedes Jahres ausgezahlt		
	Zinsen	Kapital
Anfang		10 000,00 €
1 Jahr	200,00 €	10 000,00 €
2 Jahre	**200,00 €**	10 000,00 €
3 Jahre	**200,00 €**	10 000,00 €
4 Jahre	**200,00 €**	10 000,00 €

Zinsen werden erst nach 4 Jahren ausgezahlt		
	Zinsen	Kapital
Anfang		10 000,00 €
1 Jahr	200,00 €	10 200,00 €
2 Jahre	**204,00 €**	10 404,00 €
3 Jahre	**208,08 €**	10 612,08 €
4 Jahre	**212,42 €**	10 824,32 €

Wenn die Zinsen am Ende jedes Jahres ausgezahlt werden, kommen 800,00 € Zinsen zusammen.
Wenn die Zinsen am Ende der 4 Jahre ausgezahlt werden, kommen 824,32 € Zinsen zusammen.

Die Differenz der Zinsen beträgt 24,32 €.

Anwenden und Vernetzen

4 Herr Zukunft hat ein Sparbuch mit gestaffelten Zinssätzen.
Am 1. Januar eines Schaltjahres (366 Tage) waren 5 850,00 € auf seinem Sparbuch.
Am 28. März hat er 890,00 € abgehoben und am 20. Dezember 1 980,00 €.
Am 7. Mai wurden 4 570,00 € eingezahlt, am 14. August 740,00 € und am 12. Oktober 580,00 €.

Berechne taggenau $\left(\frac{x}{366}\right)$ das Guthaben von Herrn Zukunft am 1. Januar des Folgejahres.

Zinssatz p. a.	Kapital
1,50 %	unter 1 000,00 €
2,00 %	über 1 000,00 € bis 5 000,00 €
2,50 %	über 5 000,00 € bis 10 000,00 €
2,75 %	über 10 000,00 € bis 20 000,00 €
3,00 %	über 20 000,00 € bis 50 000,00 €
3,50 %	über 50 000,00 €

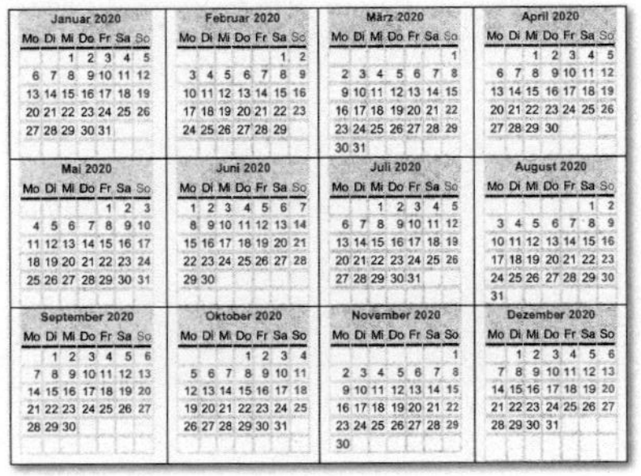

Zeitraum	Kapital	Anlagezeit	Zinssatz p. a.	Zinsen
1. Januar bis 27. März	5 850,00 €	87 d	2,50 %	≈ 34,76 €
28. März bis 6. Mai	**4 960,00 €**	**40 d**	**2,00 %**	**≈ 10,84 €**
7. Mai bis 13. August	**9 530,00 €**	**99 d**	**2,50 %**	**≈ 64,44 €**
14. August bis 11. Oktober	**10 270,00 €**	**59 d**	**2,75 %**	**≈ 45,53 €**
12. Oktober bis 19. Dezember	**10 850,00 €**	**69 d**	**2,75 %**	**≈ 56,25 €**
20. Dezember bis 31. Dezember	**8 870,00 €**	**12 d**	**2,50 %**	**≈ 7,27 €**

8 870,00 € + 219,09 € = 9 089,09 €

Herr Zukunft hat am 1. Januar des Folgejahres 9 089,09 € auf dem Sparbuch.

Zinseszinsen

▶ Grundwissen

Werden Zinsen am Jahresende zum jeweiligen Kapital hinzugefügt und im folgenden Jahr mit verzinst, so spricht man vom Zinseszins.

Beispiel: Familie Barte legt 5 000,00 € mit Zinseszins für 2 Jahre zu einem Zinssatz von 4 % p. a. an.

Kapital nach dem 1. Jahr: 5 000,00 € + $\frac{5000{,}00\,€ \cdot 4}{100}$ = **5 200,00 €**

Kapital nach dem 2. Jahr: 5 200,00 € + $\frac{5200{,}00\,€ \cdot 4}{100}$ = **5 408,00 €**

Am Ende der Laufzeit werden 5 408,00 € ausgezahlt.

▶ Auftrag: Ergänze das Beispiel.

Trainieren

1 Familie Bach möchte 4 000,00 € mit Zinseszins für 4 Jahre zu einem Zinssatz von 3 % p. a. anlegen. Berechne, wie viel am Ende der Laufzeit ausgezahlt wird.

Kapital nach dem 1. Jahr: **4 000,00 € + $\frac{4000{,}00\,€ \cdot 3}{100}$ = 4 120,00 €**

Kapital nach dem 2. Jahr: **4 120,00 € + $\frac{4120{,}00\,€ \cdot 3}{100}$ = 4 243,60 €**

Kapital nach dem 3. Jahr: **4 243,60 € + $\frac{4243{,}60\,€ \cdot 3}{100}$ = 4 370,91 €**

Kapital nach dem 4. Jahr: **4 370,91 € + $\frac{4370{,}91\,€ \cdot 3}{100}$ = 4 502,04 €**

Am Ende der Laufzeit werden 4 502,04 € ausgezahlt.

2 Familie Händel leiht sich 2 500,00 € mit Zinseszins zu einem Zinssatz von 4,5 % p. a. für 4 Jahre. Berechne, wie viel am Ende der Laufzeit zurückzuzahlen ist.

Schulden nach dem 1. Jahr: **2 500,00 € + $\frac{2500{,}00\,€ \cdot 4{,}5}{100}$ = 2 612,50 €**

Schulden nach dem 2. Jahr: **2 612,50 € + $\frac{2612{,}50\,€ \cdot 4{,}5}{100}$ = 2 730,06 €**

Schulden nach dem 3. Jahr: **2 730,06 € + $\frac{2730{,}06\,€ \cdot 4{,}5}{100}$ = 2 852,92 €**

Schulden nach dem 4. Jahr: **2 852,92 € + $\frac{2852{,}92\,€ \cdot 4{,}5}{100}$ = 2 981,30 €**

Am Ende der Laufzeit sind 2 981,30 € zurückzuzahlen.

3 Ergänze die Tabelle zur Verzinsung mit Zinseszins.

Startkapital	500,00 €	1 000,00 €	1 200,00 €
Zinssatz p. a.	2 %	4 %	4,2 %
Zinsen für das 1. Jahr	**10,00 €**	**40,00 €**	**50,40 €**
Kapital insgesamt am Ende des 1. Jahres	**510,00 €**	**1 040,00 €**	**1 250,40 €**
Zinsen für das 2. Jahr	**10,20 €**	**41,60 €**	**52,52 €**
Kapital insgesamt am Ende des 2. Jahres	**520,20 €**	**1 081,60 €**	**1 302,92 €**

4 Gedankenexperiment:
Stell dir vor, dass 1 000,00 € mit Zinseszins zu einem Zinssatz von 14 % p. a. geliehen werden.
Nach wie vielen Jahren haben sich die Schulden auf über 2 000,00 € verdoppelt, wenn nichts zurückgezahlt wird.
Hinweis: Behalte jeweils das letzte Ergebnis im Taschenrechner und rechne damit weiter.

Nach 6 Jahren sind die Schulden erstmals mehr als doppelt so hoch.

Schulden: **nach dem 1. Jahr: 1 140, 00 €** **nach dem 2. Jahr: 1 299,60 €**

nach dem 3. Jahr: 1 481,54 € **nach dem 4. Jahr: 1 688,96 €**

nach dem 5. Jahr: 1 925,41 € **nach dem 6. Jahr: 2 194,97 €**

5 Herr Neyder bekam bisher pro Jahr 2 % mehr Gehalt und Herr Prediger 0,8 %.
Beide gehen davon aus, dass dies so bleibt.

a) Berechne, mit wie viel Gehalt pro Monat sie rechnen.

	derzeitiger Stand	nach dem 1. Jahr	nach dem 2. Jahr	nach dem 3. Jahr	nach dem 4. Jahr
Herr Neyder	2 000,00 €	**2 040,00 €**	**2 080,80 €**	**2 122,42 €**	**2 164,86 €**
Herr Prediger	2 100,00 €	**2 116,80 €**	**2 133,73 €**	**2 150,80 €**	**2 168,01 €**

b) Berechne, mit welcher Steigerung des Monatsgehalts sie im Vergleich zum Vorjahr rechnen.
Gehe von einem Anfangsgehalt von 2 000,00 € und von 2 100,00 € aus.

	nach dem 1. Jahr	nach dem 2. Jahr	nach dem 3. Jahr	nach dem 4. Jahr	nach dem 5. Jahr
Herr Neyder	**40,00 €**	**40,80 €**	**41,62 €**	**42,44 €**	**43,29 €**
Herr Prediger	**16,80 €**	**16,93 €**	**17,07 €**	**17,21 €**	**17,34 €**

c) Zusatzaufgabe: Berechne, mit wie viel Gehalt beide nach 10 Jahren rechnen.
Nutze dafür z. B. eine Tabellenkalkulation. **Herr Neyder: 2 437,99 €** **Herr Prediger: 2 274,18 €**

Anwenden und Vernetzen

6 Familie Horn hat 10 000 € von den Großeltern geschenkt bekommen.
Das Geld soll für zwei Jahre angelegt werden.
Für welches Angebot sollten sie sich entscheiden? Begründe deine Antwort mit Rechnungen.

Angebot A	Angebot B	Angebot C	Angebot D
Festgeld für 2 Jahre	1. Jahr: 0,9 % Zinsen	Festgeld für 2 Jahre	1. Jahr: 2,8 % Zinsen
2,6 % Zinsen p. a.	2. Jahr: 1,7 % Zinsen	2,1 % Zinsen p. a.	2. Jahr: 2,4 % Zinsen
		Bonus am Ende: 100 €	jährliche Zinsauszahlung

Angebot A: 10 000,00 € + $\frac{10000{,}00\,€ \cdot 2{,}6}{100}$ = 10 260,00 €   10 260,00 € + $\frac{10260{,}00\,€ \cdot 2{,}6}{100}$ = 10 526,76 €

Angebot B: 10 000,00 € + $\frac{10000{,}00\,€ \cdot 0{,}9}{100}$ = 10 090,00 €   10 090,00 € + $\frac{10090{,}00\,€ \cdot 1{,}7}{100}$ = 10 261,53 €

Angebot C: 10 000,00 € + $\frac{10000{,}00\,€ \cdot 2{,}1}{100}$ = 10 210,00 €   10 260,00 € + $\frac{10260{,}00\,€ \cdot 2{,}1}{100}$ = 10 424,41 €

10 424,41 € + 100 € = 10 524,41 €

Angebot D: 10 000,00 € + $\frac{10000{,}00\,€ \cdot 2{,}8}{100}$ + $\frac{10000{,}00\,€ \cdot 2{,}4}{100}$ = 10 520,00 €

Angebot A sollten sie nehmen.

Ratensparen, Kredite und Tilgung

▶ Grundwissen

- Beim Ratensparen wird **regelmäßig der gleiche Betrag (die Rate) eingezahlt,**
  z. B. jährlich zum 1. Januar 500,00 €.
  Die Zinsen werden jeweils addiert und mit angelegt.
  Das Kapital am Anfang jedes Jahres ist die Summe aus dem Kapital des Vorjahres und der Rate.
- Im Tilgungsplan steht, wie **ein Kredit in Raten abgezahlt werden kann.**
  Restschuld und Zinsen werden addiert und ergeben zusammen die zu tilgende Summe.
  Davon wird die Tilgungsrate abgezogen.
  Die Restschuld ist die Differenz aus der zu tilgenden Summe und der Tilgungsrate.

▶ Auftrag: Ergänze den Text.

Trainieren

1 Kann es sich um Ratensparen handeln? Kreuze an.

Laras Eltern überweisen jeden Monat 10,00 € auf ein Konto mit 2,2 % Zinsen p. a.	☒ ja	☐ nein
Claras Eltern überweisen nach jedem Geburtstag unterschiedlich viel Geld auf ein Sparbuch.	☐ ja	☒ nein
Bens Eltern überweisen jeden Monat alles über 1 000,00 € vom Girokonto auf ein anderes Konto.	☐ ja	☒ nein
Simons Eltern stecken jede Woche 10,00 € in das Sparschwein für den Urlaub.	☐ ja	☒ nein

2 Ratensparen mit jährlich 100,00 € Geburtstagsgeld

Jährliche Rate: 100,00 € **Zinssatz p. a.:** 2%

Jahr	Kapital am Jahresanfang	Jahreszinsen	Kapital am Jahresende
0	100,00 €	2,00 €	102,00 €
1	202,00 €	4,04 €	206,04 €
2	306,04 €	6,12 €	312,16 €
3	412,16 €	8,24 €	420,40 €
4	**520,40 €**	**10,41 €**	**530,81 €**
5	**630,81 €**	**12,62 €**	**643,43 €**

Bezeichnungen zum Abstreichen:
Kapital am Jahresanfang
Kapital am Jahresende
Jahr
Jahreszinsen
jährliche Rate
Zinssatz p. a.

a) Trage die passenden Bezeichnungen ein.

b) Schreibe auf, wie die vier blauen Werte berechnet werden können.

Jahr: 2 + 1 = 3 **Kapital am Jahresanfang (3. Jahr): 312,16 € + 100,00 € = 412,16 €**

Jahreszinsen: $\frac{412,16\,€ \cdot 2}{100}$ = 8,24 € **Kapital am Jahresende (3. Jahr): 412,16 € + 8,24 € = 420,40 €**

c) Berechne alle fünf fehlenden Werte.

Kapital am Jahresende (4. Jahr): 520,40 € + 10,41 € = 630,81 € **Jahr: 4 + 1 = 5**

Kapital am Jahresanfang (5. Jahr): 530,81 € + 100,00 € = 630,81 € **Jahreszinsen: $\frac{630,81\,€ \cdot 2}{100}$ = 12,62 €**

Kapital am Jahresende (5. Jahr): 630,81 € + 12,62 € = 643,43 €

d) Zusatzaufgabe: Ermittle mithilfe einer Tabellenkalkulation das Kapital am Ende des 18. Jahres. **2 329,74 €**

3 Tilgungsplan zur Autofinanzierung

Darlehen: 12 000 € Zinssatz: 1 % p. a. jährliche Rate: 1 200 €

Jahr	Restschuld	Zinsen	Restschuld + Zinsen	Tilgungsrate	Restschuld nach Tilgung
1	12 000 €	120 €	12 120 €	1 200 €	10 920 €
2	10 920 €	109 €	11 029 €	1 200 €	9 829 €
3	9 829 €	**98 €**	**9 927 €**	**1 200 €**	**8 727 €**
4	**8 727 €**	**87 €**	**8 815 €**	**1 200 €**	**7 615 €**
5	**7 615 €**	**76 €**	**7 691 €**	**1 200 €**	6 491 €

a) Ergänze die fehlenden Werte.

b) Schätze, nach wie vielen Jahren der Kredit für das Auto bei einem Zinssatz von 1 % p. a. getilgt ist. Die anderen Werte bleiben unverändert. **Nach 11 Jahren ist der Kredit getilgt.**

c) Schätze, nach wie vielen Jahren der Kredit für das Auto beim Zinssatz von 10,05 % p. a. getilgt ist. Die anderen Werte bleiben unverändert. **Der Kredit kann nicht getilgt werden.**

d) Schätze, nach wie vielen Jahren der Kredit für das Auto bei einer Tilgungsrate von 2 000 € p. a. getilgt ist. Die anderen Werte bleiben unverändert. **Nach 7 Jahren ist der Kredit getilgt.**

Anwenden und Vernetzen

4 Aussagen zu Geldgeschäften

☐ Person A: „Ich möchte stets eine geringe Monatsrate zahlen, damit ich mir von wenig Geld viel leisten kann."
☐ Person B: „Ich möchte stets eine möglichst hohe Tilgung, damit der Kredit schnell abgezahlt ist."
☐ Person C: „Ich möchte stets einen möglichst hohen Zinssatz, damit der Kredit schnell abgezahlt ist."
☐ Person D: „Ich möchte stets Ratensparen machen, damit ich möglichst nie einen Kredit benötige."
☐ Person E: „Ich überziehe mein Girokonto bis zu 2 000,00 €, da brauche ich keinen Kredit."
☐ Person F: „Ich nutze gern Finanzierungsangebote von Händlern mit 0 % Zinsen p. a. und ohne Gebühr."
☐ Person G: „Ich nutze gern Kredite, macht doch jeder."

a) Kreuze die Aussagen an, die du für vernünftig hältst. **individuelle Lösungen**

b) Wähle eine der Aussagen aus. Beschreibe, was für eine Person dies in welcher Situation vermutlich ausspricht.

individuelle Lösungen

5 Bei vielen Tilgungsplänen wird die Rate monatlich gezahlt, z. B. monatlich 100 € statt 1 200 € einmal im Jahr.
Die Zinsen und die Restschuld nach der Tilgung werden für jeden Monat angegeben.
Welche Auswirkungen hat das auf die Tilgungsdauer im Vergleich zur Zahlung einmal im Jahr?
z. B.
Werden die Zinsen monatlich berechnet, ist der Kredit schneller getilgt.
Werden die Zinsen jährlich berechnet, ist der Kredit gleich schnell getilgt.

6 Zusatzaufgabe: Ein Kredit über 12 000 € soll nach etwa 5 Jahren getilgt sein.
Ermittle mithilfe einer Tabellenkalkulation einen passenden Zinssatz und eine passende jährliche Rate.
individuelle Lösungen (z. B. Zinssatz 1 % p. a. und 2 500 € Tilgungsrate)

Umfang und Flächeninhalt vom Dreieck

▶ Grundwissen

		Beispiel:
Umfang:	$u_{Dreieck} = a + b + c$	$u = 2{,}5\,cm + 4{,}9\,cm + 6\,cm = 13{,}4\,cm$
Flächeninhalt:	$A_{Dreieck} = \frac{g \cdot h_g}{2}$	$A = \frac{6\,cm \cdot 2\,cm}{2} = 6\,cm^2$

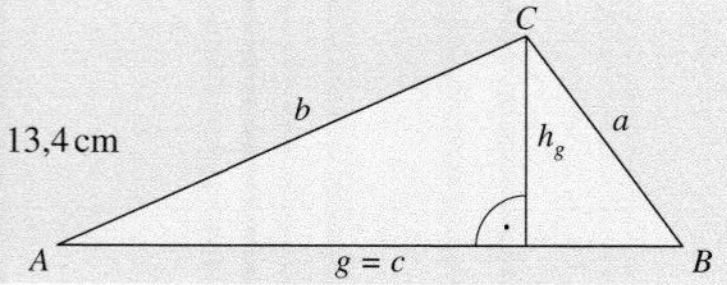

▶ Auftrag: Berechne den Flächeninhalt A des abgebildeten Dreiecks.

Trainieren

1 Miss jeweils zuerst die Längen der Seiten und schreibe diese an das Dreieck. Ermittle danach dessen Umfang.

a)
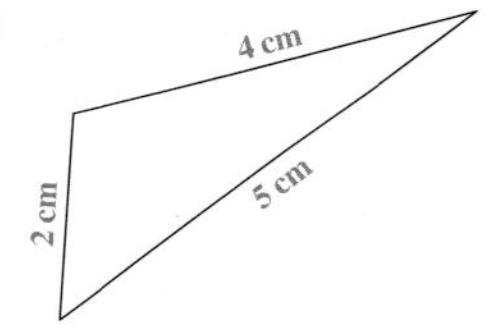

$u = 11\,cm$

b)
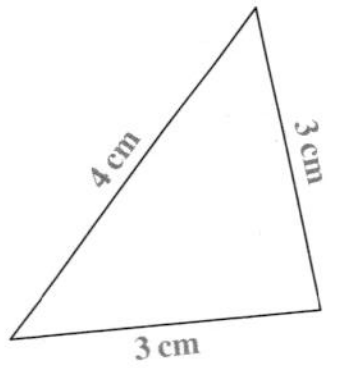

$u = 10\,cm$

c)
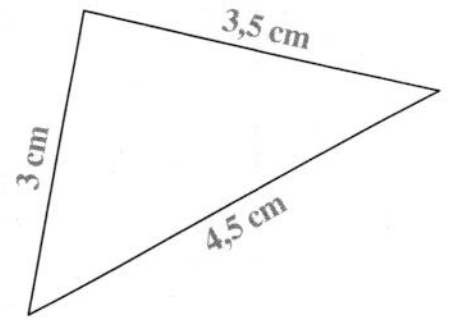

$u = 11\,cm$

2 Ergänze jeweils die fehlende Größe des Dreiecks.

a	2 cm	25 mm	4 dm	1,5 m	8 cm	31 mm	2,4 dm	3,1 m
b	5 cm	35 mm	4 dm	1 m	10 cm	32 mm	5,2 dm	2,3 m
c	5 cm	20 mm	4 dm	2 m	7 cm	37 mm	4,3 dm	4,5 m
u	12 cm	80 mm	12 dm	4,5 m	25 cm	100 cm	11,9 dm	9,9 m

3 Gib drei Beispiele für Seitenlängen von Dreiecken mit 15 cm Umfang an.
Hinweis: Überprüfe deine Beispiele mit entsprechend langen Papierstreifen oder einem 15 cm langen Band.
z. B.
$u = 5\,cm + 5\,cm + 5\,cm = 15\,cm$ $u = 6\,cm + 6\,cm + 3\,cm = 15\,cm$ $u = 7\,cm + 5\,cm + 3\,cm = 15\,cm$

4 Färbe jeweils zuerst gleich große Dreiecke mit der gleichen Farbe ein. Berechne danach die Flächeninhalte.

a)
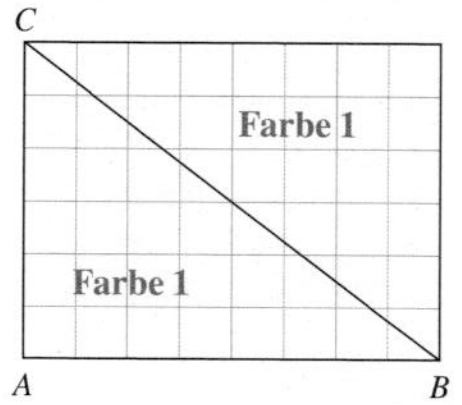

Rechteck: $A = 12\,cm^2$
Dreieck ABC: $A = 6\,cm^2$

b)
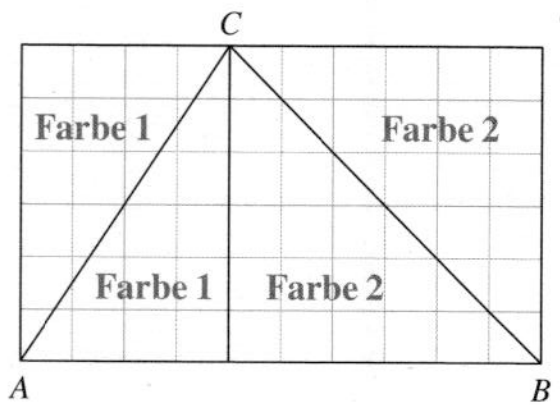

Rechteck: $A = 15\,cm^2$
Dreieck ABC: $A = 7{,}5\,cm^2$

c)
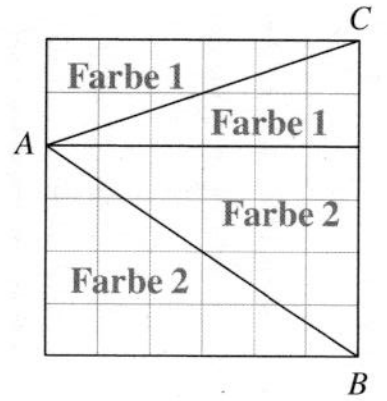

Rechteck: $A = 9\,cm^2$
Dreieck ABC: $A = 4{,}5\,cm^2$

5 Berechne jeweils den Flächeninhalt des Dreiecks. Entnimm die Maße den Zeichnungen.

a)
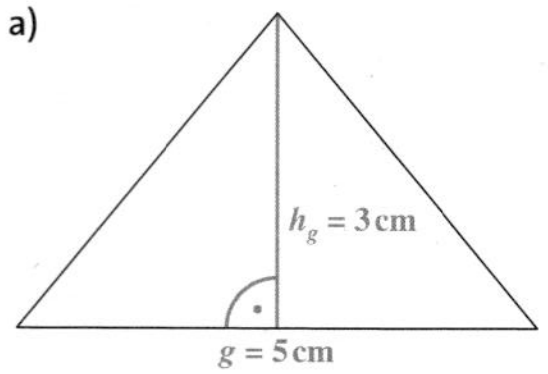

$A = \frac{5\,cm \cdot 3\,cm}{2} = 7{,}5\,cm^2$

b)
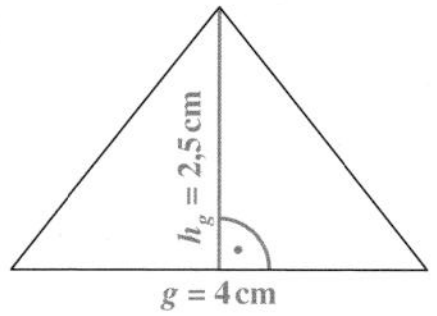

$A = \frac{4\,cm \cdot 2{,}5\,cm}{2} = 5\,cm^2$

c)
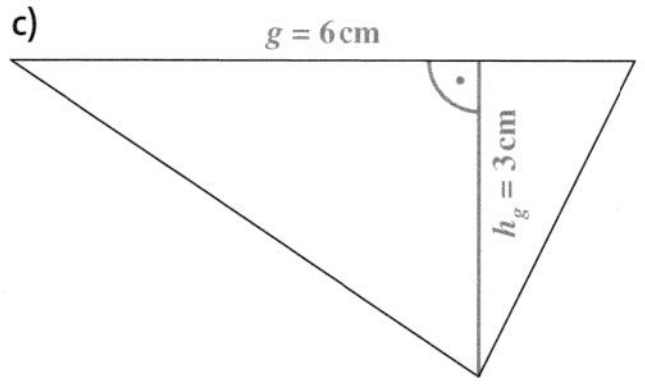

$A = \frac{6\,cm \cdot 3\,cm}{2} = 9\,cm^2$

d)
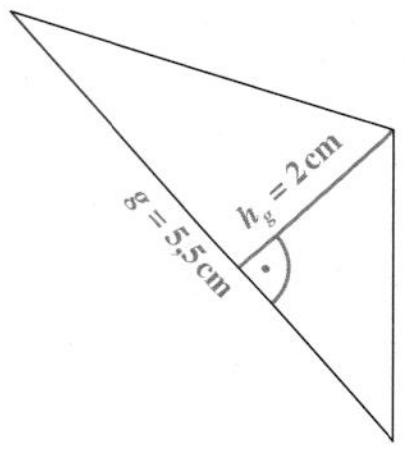

$A = \frac{5{,}5\,cm \cdot 2\,cm}{2} = 5{,}5\,cm^2$

e)
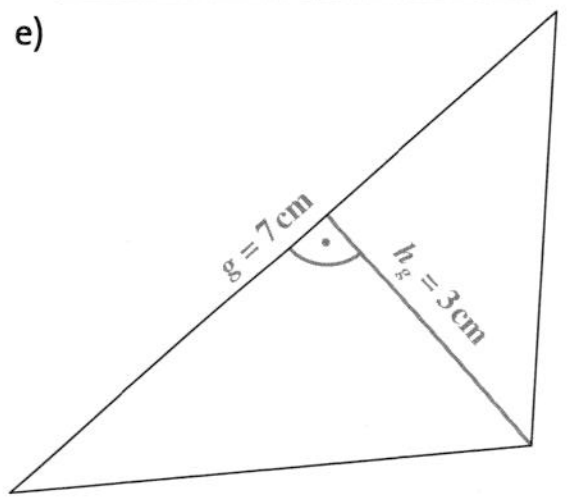

$A = \frac{7\,cm \cdot 3\,cm}{2} = 10{,}5\,cm^2$

f)
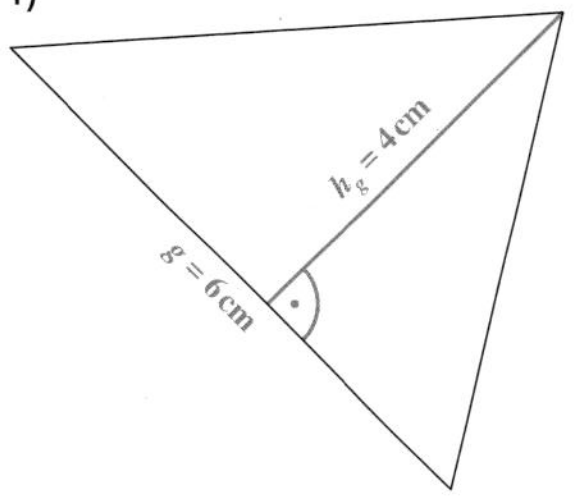

$A = \frac{6\,cm \cdot 4\,cm}{2} = 12\,cm^2$

Anwenden und Vernetzen

6 Die Strecken $\overline{AB}$ sollen Seiten von Dreiecken ABC sein, die zum Rechteck flächengleich sind.

a) Ergänze jeweils zu einem dementsprechenden Dreieck ABC. Berechne dazu zuerst den Flächeninhalt.

z. B.
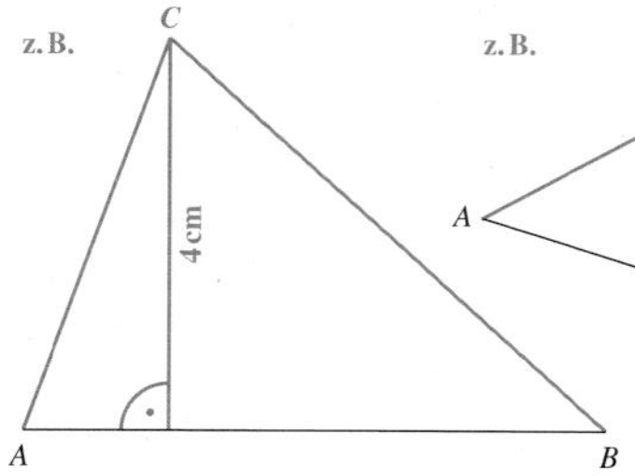

z. B.
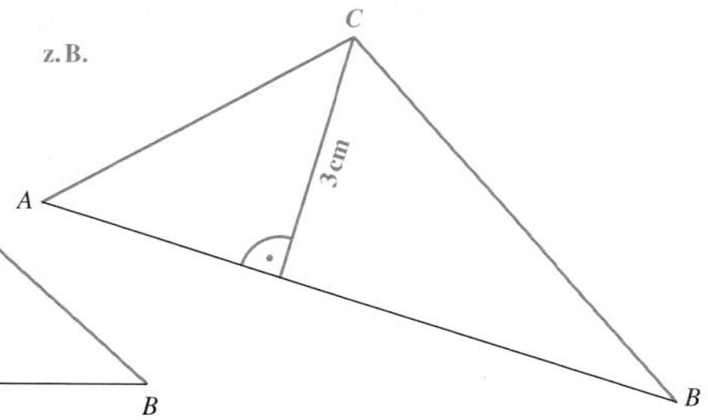

$A = 3\,cm \cdot 4\,cm = 12\,cm^2$ $A = \frac{6\,cm \cdot 4\,cm}{2} = 12\,cm^2$ $A = \frac{8\,cm \cdot 3\,cm}{2} = 12\,cm^2$

b) Ermittle die Umfänge der Dreiecke. ca. 16 cm ca. 18 cm

7 Jans Eltern wollen die maßstäblich abgebildete dreieckige Fläche mit Rollrasen auslegen. 1 m² Rollrasen kostet 5,50 €.

a) Wie viel wird der Rollrasen insgesamt kosten?

$\frac{20\,cm \cdot 10\,cm}{2} = 100\,m^2$ $100 \cdot 5{,}50\,€ = 550\,€$

Etwa 550 € wird der Rollrasen insgesamt kosten.

b) Schätze, wie viel Meter Rasenkantensteine zu kaufen sind. ca. 50 m

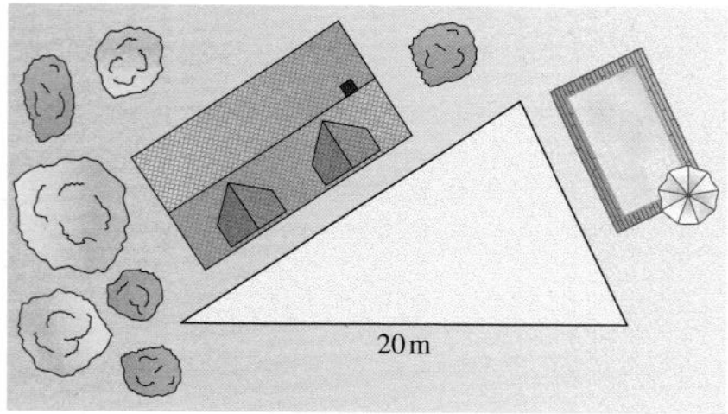

Umfang und Flächeninhalt vom Parallelogramm

▶ Grundwissen

Jedes Viereck mit zwei Paaren gleich langer gegenüberliegender Seiten ist ein Parallelogramm.

Umfang: $u_{Parallelogramm} = a + b + a + b = 2 \cdot a + 2 \cdot b$

Beispiel: $u = 2 \cdot 3\,cm + 2 \cdot 2{,}5\,cm = 11\,cm$

Flächeninhalt: $A_{Parallelogramm} = a \cdot h_a$

$A =$ $3\,cm \cdot 2\,cm = 6\,cm^2$

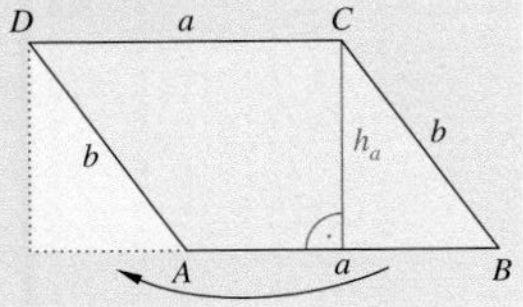

▶ **Auftrag:** Berechne den Flächeninhalt A des abgebildeten Parallelogramms.

Trainieren

1 Verschiedenartige Parallelogramme

Quadrat | Rechteck | Raute | Parallelogramm

a) Ordne jede der folgenden Bezeichnungen zu.

b) Miss jeweils zuerst die Längen der Seiten und schreibe diese an das Viereck. Ermittle danach dessen Umfang.

c) Miss jeweils eine Grundseite a sowie die Höhe h_a auf der Grundseite und gib den Flächeninhalt an. Hinweis: Überprüfe dein Ergebnis mithilfe der Kästchen.

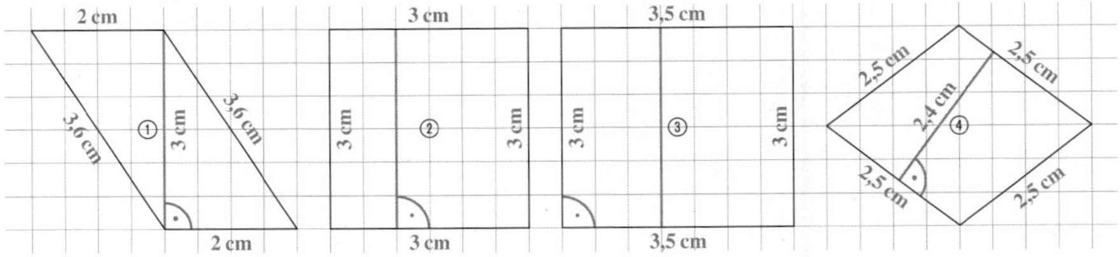

Parallelogramm	Quadrat	Rechteck	Raute
$u =$ 11,2 cm	$u =$ 12 cm	$u =$ 13 cm	$u =$ 10 cm
$A =$ 6 cm²	$A =$ 9 cm²	$A =$ 10,5 cm²	$A =$ 6 cm²

2 Ermittle die Umfänge und die Flächeninhalte der Parallelogramme. Was fällt auf?

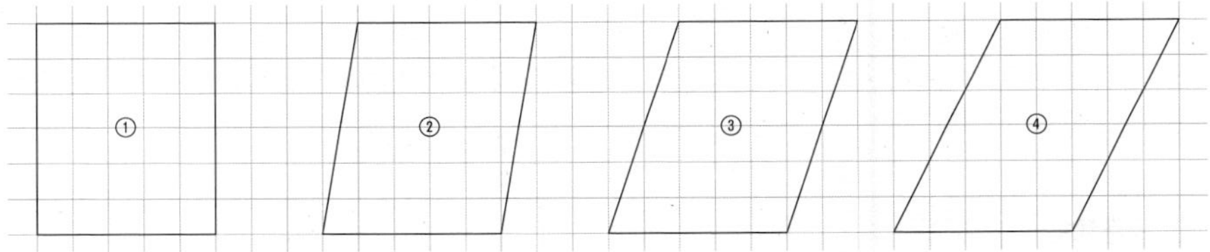

①	②	③	④
$u =$ 11 cm	$u \approx$ 11,1 cm	$u \approx$ 11,3 cm	$u \approx$ 11,7 cm
$A =$ 7,5 cm²	$A =$ 7,5 cm²	$A =$ 7,5 cm²	$A =$ 7,5 cm²

Es fällt auf, dass die Umfänge **unterschiedlich groß sind. (je größer die Neigung, desto größer der Umfang)**

Es fällt auf, dass die Flächeninhalte **gleich groß sind. (gleich lange Grundseiten und Höhen darauf)**

3 Berechne die Flächeninhalte der Parallelogramme.

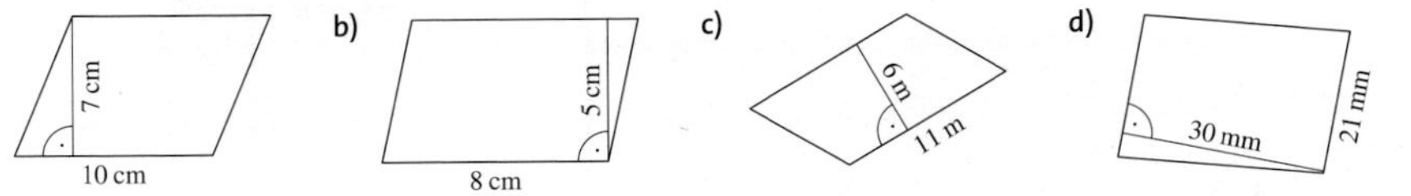

a) $A = 10\,cm \cdot 7\,cm$; $A = 70\,cm^2$

b) $A = 8\,cm \cdot 5\,cm$; $A = 40\,cm^2$

c) $A = 11\,m \cdot 6\,m$; $A = 66\,m^2$

d) $A = 21\,mm \cdot 30\,mm$; $A = 630\,mm^2$

4 Zeichne jeweils ein entsprechendes Parallelogramm. Ermittle dazu benötigte Längen.

a) $A = 15\,cm^2$; $a = 6\,cm$

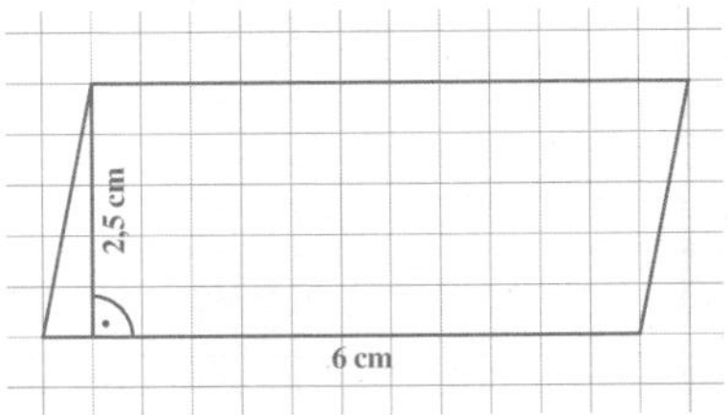

b) $A = 18\,cm^2$; $h_a = 3\,cm$

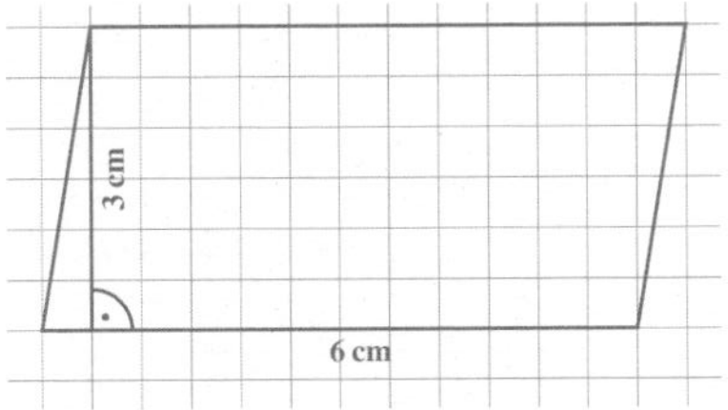

5 Ergänze jeweils die fehlenden Größen des Parallelogramms.
Zusatzaufgabe: Überprüfe deine Ergebnisse mithilfe von maßstäblichen Zeichnungen auf kariertem Papier.

a	2 cm	4 cm	6 cm	7 cm	9 cm	10 cm	15 mm	13 m
b	2 cm	2 cm	5 cm	5 cm	5 cm	7 cm	8 mm	17 m
h_a	1 cm	1 cm	4 cm	3 cm	8 cm	8 cm	10 mm	12 m
u	8 cm	12 cm	22 cm	24 cm	28 cm	34 cm	46 mm	60 m
A	2 cm²	4 cm²	24 cm²	21 cm²	72 cm²	80 cm²	150 mm²	156 m²

Anwenden und Vernetzen

6 Die Koordinaten von drei Eckpunkten eines Parallelogramms $ABCD$ sind $A(2{,}5|1)$, $B(7|2)$ und $C(5{,}5|3{,}5)$.

a) Gib die Koordinaten vom Punkt D an. $D(1|2{,}5)$

b) Leni sagt: „Wenn eine Einheit 1 cm lang ist, beträgt der Umfang ca. 135 mm und der Flächeninhalt 9 cm.“ Kann das stimmen?

Nein. Es sind 8,25 cm². ($u \approx 135\,mm = 13{,}5\,cm$)

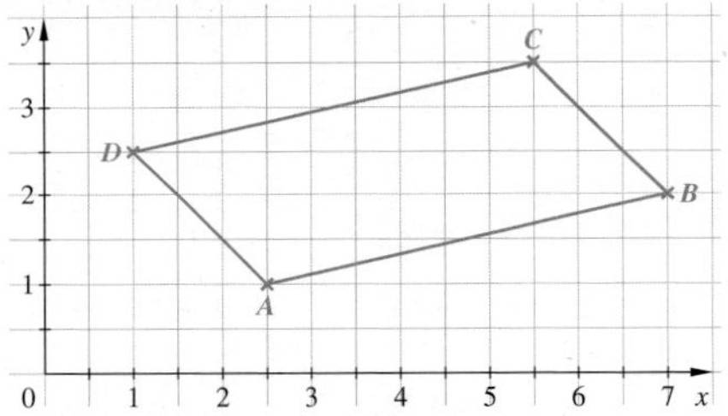

7 Mit 25 der maßstäblich abgebildeten Pfeile soll ein Weg markiert werden. Wie viel Quadratmeter selbstklebender Folie sind dafür mindestens zu kaufen?

Flächeninhalt eines Pfeils: $2 \cdot (30\,cm \cdot 15\,cm) = 900\,cm^2 = 0{,}09\,m^2$
Flächeninhalt von 25 Pfeilen: $25 \cdot 0{,}09\,m^2 = 2{,}25\,m^2$

2,25 m² selbstklebender Folie sind dafür mindestens zu kaufen.

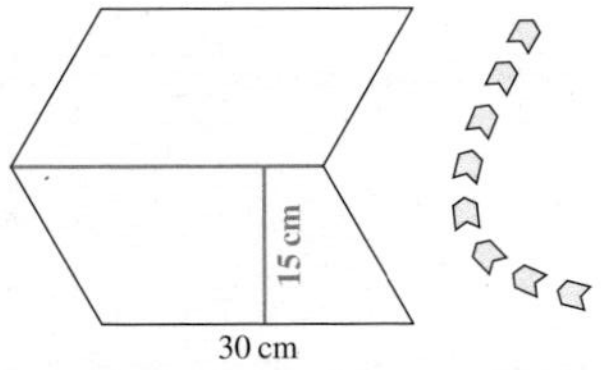

Umfang und Flächeninhalt vom Trapez

▶ Grundwissen

Jedes Viereck mit einem Paar paralleler Seiten ist ein Trapez.

Umfang: $u_{\text{Trapez}} = a + b + c + d$

Flächeninhalt: $A_{\text{Trapez}} = \frac{a+c}{2} \cdot h_a = m \cdot h_a \quad (m = \frac{a+c}{2})$

Beispiel: $u = 6{,}2\,\text{cm} + 3{,}5\,\text{cm} + 1{,}8\,\text{cm} + 4\,\text{cm} = 15{,}5\,\text{cm}$

$A = \frac{6{,}2\,\text{cm} + 1{,}8\,\text{cm}}{2} \cdot 3\,\text{cm} = 4\,\text{cm} \cdot 3\,\text{cm} = 12\,\text{cm}^2$

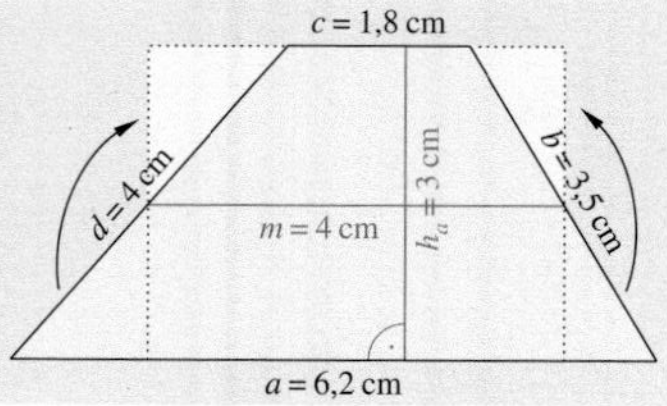

▶ Auftrag: Berechne den Flächeninhalt A des abgebildeten Trapezes.

Trainieren

1 Berechne jeweils die Länge der Mittellinie m und den Flächeninhalt A.

a)

b)
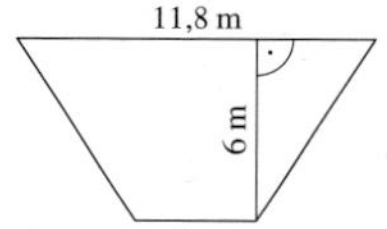

c)
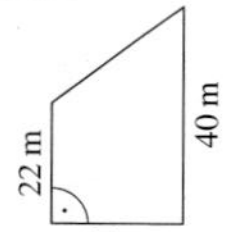

d)
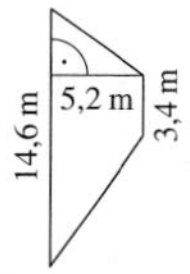

a) $m = \frac{4\,\text{cm} + 6\,\text{cm}}{2} = 5\,\text{cm}$
$A = 5\,\text{cm} \cdot 3\,\text{cm} = 15\,\text{cm}^2$

b) $m = \frac{4\,\text{m} + 11{,}8\,\text{m}}{2} = 7{,}9\,\text{m}$
$A = 7{,}9\,\text{m} \cdot 6\,\text{m} = 47{,}4\,\text{m}^2$

c) $m = \frac{22\,\text{m} + 40\,\text{m}}{2} = 31\,\text{m}$
$A = 31\,\text{m} \cdot 24\,\text{m} = 744\,\text{m}^2$

d) $m = \frac{14{,}6\,\text{m} + 3{,}4\,\text{m}}{2} = 9\,\text{m}$
$A = 9\,\text{m} \cdot 5{,}2\,\text{m} = 46{,}8\,\text{m}^2$

2 Trapeze

9,5 cm | 10,5 cm | 10,5 cm | 12,6 cm

a) Ordne jedem Viereck seinen Umfang zu.

b) Zeichne jeweils zuerst die Mittellinie m und die Höhe h ein. Berechne danach damit die Flächeninhalte.
Hinweis: Überprüfe dein Ergebnis mithilfe der Kästchen und flächeninhaltsgleicher Rechtecke.

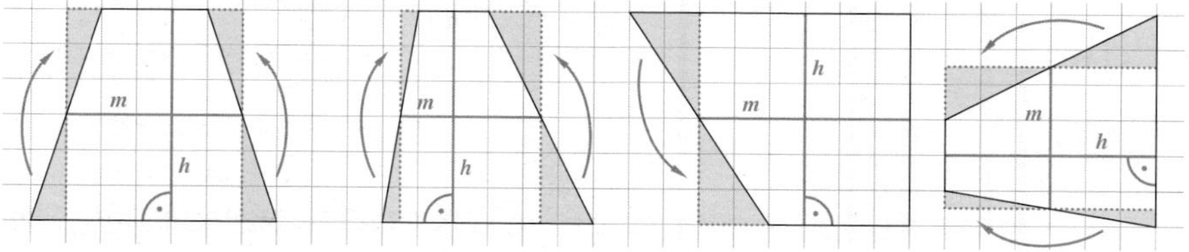

$u \approx$ 11,3 cm	$u \approx$ 10,5 cm	$u \approx$ 12,6 cm	$u \approx$ 10,5 cm
$A =$ 2,5 cm · 3 cm	$A =$ 2 cm · 3 cm	$A =$ 3 cm · 3 cm	$A =$ 2 cm · 3 cm
$A = 7{,}5\,\text{cm}^2$	$A = 6\,\text{cm}^2$	$A = 9\,\text{cm}^2$	$A = 6\,\text{cm}^2$

3 Berechne die Flächeninhalte folgender Trapeze mit den zueinander parallelen Seiten a und c.

Seite a	3 cm	3,8 cm	75 cm	358 m	5 mm
Seite c	5 cm	2,4 cm	1,45 m	0,7 km	2,8 mm
Höhe h	4 cm	3 cm	0,8 m	47 m	12 mm
Flächeninhalt A	16 cm²	9,3 cm²	0,88 m²	24 863 m²	46,8 mm²

4 Ein Trapez ist 18 cm² groß. Die zueinander parallelen Seiten sind 6 cm und 3 cm lang. Ermittle die Höhe des Trapezes.

$m = \frac{6\,\text{cm} + 3\,\text{cm}}{2} = 4{,}5\,\text{cm}$ $\quad$ $4{,}5\,\text{cm} \cdot h = 18\,\text{cm}^2$ und $4{,}5\,\text{cm} \cdot 4\,\text{cm} = 18\,\text{cm}^2$ $\quad$ Das Trapez ist 4 cm hoch.

5 Berechne jeweils die fehlenden Größen des Trapezes mit den zueinander parallelen Seiten a und c.
Hinweis: Skizziere jeweils ein entsprechendes Trapez auf einem zusätzlichen Blatt.

a	10 cm	5 cm	3 cm	7,5 cm	4 cm	10 cm	2,5 cm
b	6 cm	6,2 cm	4,3 cm	6,8 cm	3,6 cm	2,2 cm	6,2 cm
c	5 cm	3 cm	7 cm	2 cm	8 cm	4 cm	6 cm
d	7,8 cm	6 cm	3,8 cm	4 cm	3,6 cm	5,4 cm	6,3 cm
u	28,8 cm	20,2 cm	18,1 cm	20,3 cm	19,2 cm	21,6 cm	21 cm
m	7,5 cm	4 cm	5 cm	4,75 cm	6 cm	7 cm	4,25 cm
h	6 cm	6 cm	3,5 cm	4 cm	3 cm	2 cm	6 cm
A	45 cm²	24 cm²	17,5 cm²	19 cm²	18 cm²	14 cm²	25,5 cm²

Anwenden und Vernetzen

6 Die Platte des Tisches für eine Kita hat die Form eines Trapezes mit einer 1,2 m langen Seite und drei 60 cm langen Seiten.

a) Wie viele Kita-Kinder können direkt am Tisch stehen, wenn jedes Kind ca. 30 cm beansprucht?

Umfang des Tisches: 3 · 60 cm + 120 cm = 300 cm $\quad$ 300 cm : 30 cm = 10

10 Kita-Kinder können direkt am Tisch stehen.

b) Zeichne zuerst eine Tischfläche im Maßstab 1 : 10.
Ermittle danach mithilfe der Zeichnung die Größe der Tischfläche in Quadratdezimetern.

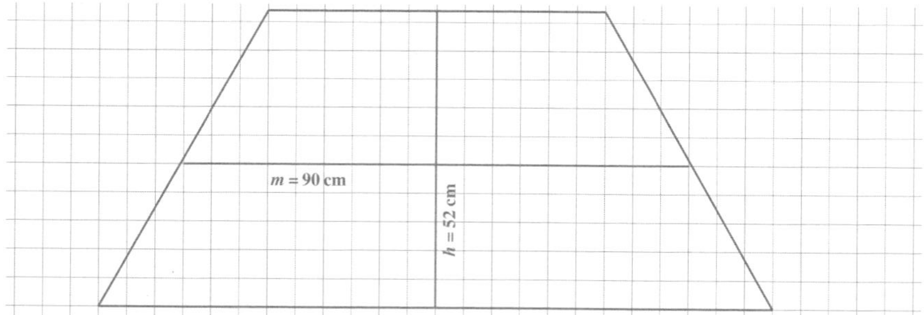

90 cm · 52 cm = 4680 cm² = 46,80 dm² $\quad$ Rund 47 dm² ist die Tischfläche groß.

c) Zusatzaufgabe: Schätze, wie viele Doppelseiten dieses Arbeitsheftes man zum vollständigen Abdecken der Tischplatte mindestens benötigt?
Doppelseite: ca. 12,5 dm² $\quad$ 46,80 dm² : 12,5 dm² = 3,744
Mit Zuschneiden werden 4 Doppelseiten benötigt. Ohne Zuschneiden werden 6 Doppelseiten benötigt.

Umfang und Flächeninhalt vom Drachen

▶ Grundwissen

Jedes Viereck mit zwei Paaren gleich langer benachbarter Seiten ist ein Drachen.

Umfang: $u_{Drachen} = a + a + b + b$
$= 2 \cdot a + 2 \cdot b$

Beispiel:
$u = 2 \cdot 1{,}8\,cm + 2 \cdot 2{,}9\,cm = 9{,}4\,cm$

Flächeninhalt: $A_{Drachen} = \frac{e \cdot f}{2}$

$A = \frac{3\,cm \cdot 3{,}5\,cm}{2} = 5{,}25\,cm^2$

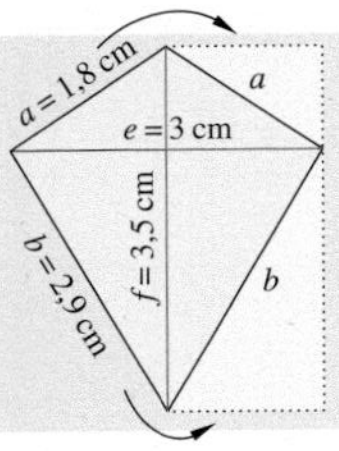

▶ **Auftrag:** Berechne den Flächeninhalt *A* des abgebildeten Drachens.

Trainieren

1 Drachen

9 cm | 10,4 cm | 11,4 cm | 13,6 cm | 12,2 cm

a) Ordne jedem Viereck seinen Umfang zu.

b) Zeichne jeweils zuerst die Diagonalen ein.
Berechne danach die Flächeninhalte. Miss dafür benötigte Streckenlängen.
Hinweis: Überprüfe deine Ergebnisse mithilfe der Kästchen und flächeninhaltsgleicher Rechtecke.

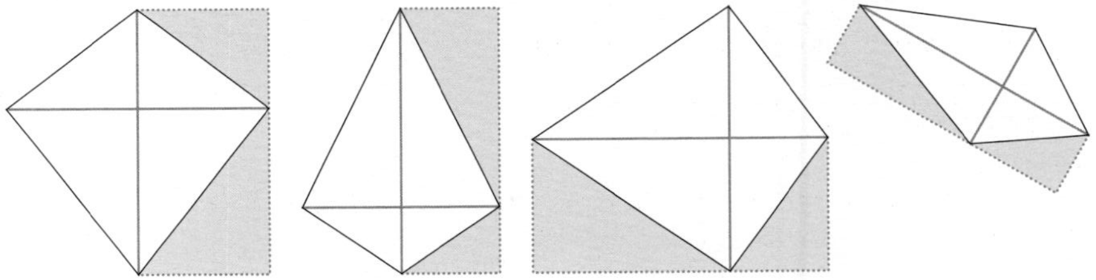

$u \approx$ **11,4 cm**	$u \approx$ **10,4 cm**	$u \approx$ **12,2 cm**	$u \approx$ **9 cm**
$A = \frac{4\,cm \cdot 4\,cm}{2}$	$A = \frac{3\,cm \cdot 4\,cm}{2}$	$A = \frac{4{,}5\,cm \cdot 4\,cm}{2}$	$A = \frac{4\,cm \cdot 2\,cm}{2}$
$A = 8\,cm^2$	$A = 6\,cm^2$	$A = 9\,cm^2$	$A = 4\,cm^2$

2 Berechne jeweils die fehlende Größe des Drachens.

a) Längen der Seiten und Umfang

a	2 cm	2,5 mm	4 dm	1,5 m	8 cm	31 mm	**2,4 dm**	**3,1 m**
b	5 cm	3,5 mm	4 dm	1 m	**10 cm**	**22 mm**	5,2 dm	2,3 m
u	**14 cm**	**12 cm**	**16 dm**	**5 m**	36 cm	106 mm	15,2 dm	10,8 m

b) Längen der Diagonalen und Flächeninhalt

e	2 cm	4 dm	8 cm	4,5 mm	31 mm	2 m	**1,5 m**	**2,4 dm**
f	3 cm	3 dm	10 cm	4 mm	**22 mm**	**2,3 m**	1 m	50 dm
A	**3 cm²**	**6 dm²**	**40 cm²**	**9 cm²**	341 mm²	2,3 m²	0,75 m²	60 dm²

3 Ein Drachen ist 30 cm² groß. Wie lang können die Diagonalen sein? **z. B.** $e = 6\,cm; f = 10\,cm$ **bzw.** $e = 5\,cm; f = 12\,cm$

4 Ergänze jeweils zuerst zu einem entsprechenden Drachen.
Gib danach den Flächeninhalt an.

a) $e = 5{,}5\,cm; f = 6\,cm$ $A =$ **16,5 cm²**

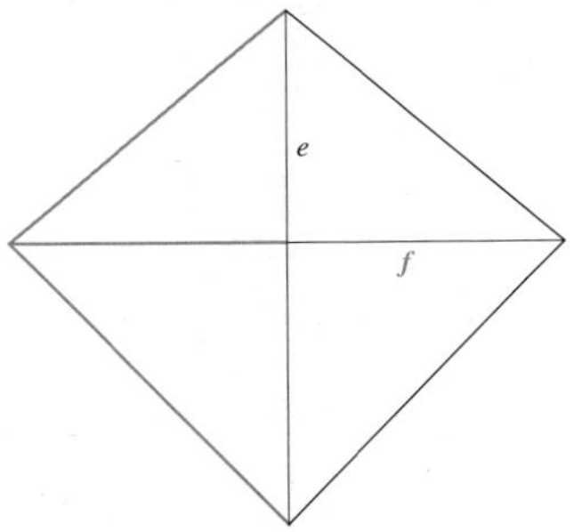

b) $e = 7\,cm; f = 7\,cm$ $A =$ **24,5 cm²**

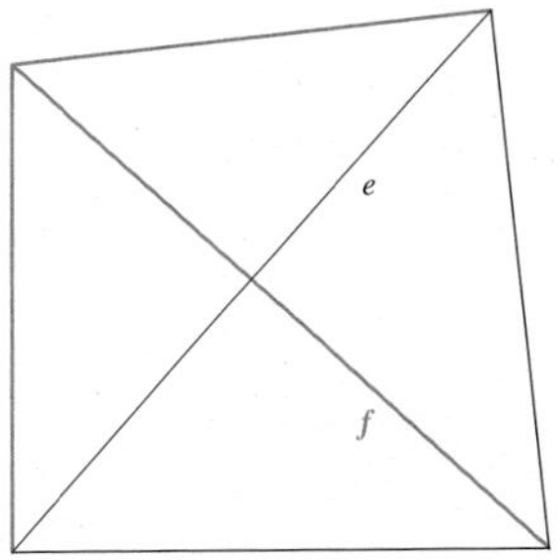

c) $a = 5\,cm; b = 5\,cm$ $A =$ **25 cm²**

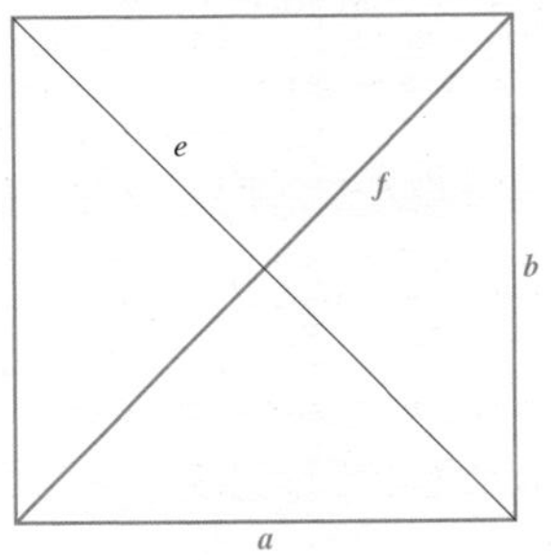

d) $a = b; e = 5\,cm; f = 7\,cm$ $A =$ **17,5 cm²**

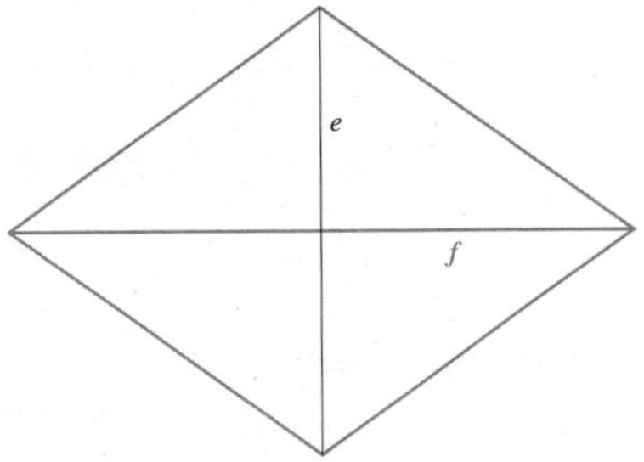

Anwenden und Vernetzen

5 Nele möchte aus zwei Leisten und einem großen Bogen farbigem Papier einen Drachen bauen.
Die Leisten sind 50 cm bzw. 80 cm lang.
Die kürzere Leiste soll etwa 25 cm von der Spitze entfernt angebracht werden.
Der Bogen Papier ist 47 cm breit und 80 cm lang.

a) Zeichne den Drachen maßstabsgetreu auf den Bogen.
Hinweis: Lege zuerst die Leisten mit Papierstreifen.

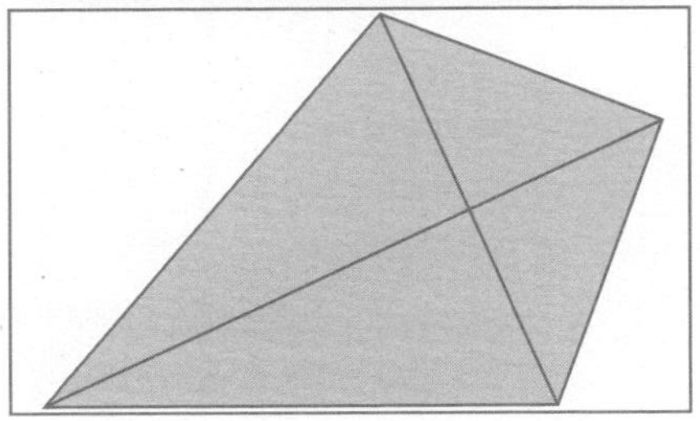

b) Reichen 2 m Schnur zum Umspannen des Drachens?
Begründe deine Antwort mit einer Rechnung.

$u = 2 \cdot 35\,cm + 2 \cdot 60\,cm = 190\,cm = 1{,}9\,m < 2\,m$

Ja, 2 m Schnur reichen zum Umspannen des Drachens.

c) Schätze, wie viel Prozent des Bogens Papier zu Abfall werden.

☐ ca. 30% ☒ ca. 40% ☐ ca. 50% ☐ ca. 60%

Umfang und Flächeninhalt vom Vieleck

▶ Grundwissen

- Der Umfang u eines Vielecks ist die Summe der Längen aller Seiten des Vielecks.
- Der Flächeninhalt A eines Vielecks ist die Summe aller Flächeninhalte seiner Teilflächen.

Beispiel: $u = a + b + c + d + e = 4\,\text{cm} + 2{,}5\,\text{cm} + 1{,}5\,\text{cm} + 2\,\text{cm} + 3\,\text{cm} = 13\,\text{cm}$

$A = A_1 + A_2 =$ **$6\,\text{cm}^2 + 1{,}5\,\text{cm}^2 = 7{,}5\,\text{cm}^2$**

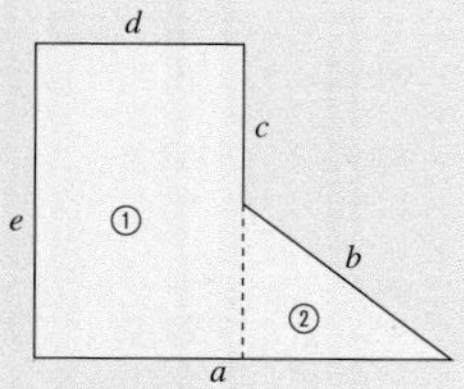

▶ **Auftrag:** Ermittle den Flächeninhalt A des abgebildeten Vielecks.

Trainieren

1 Zerlege jeweils zuerst in zwei Dreiecke und berechne danach den Flächeninhalt des Vierecks.
Hinweis: Miss die benötigten Längen.

z. B.

a) b) c) d)

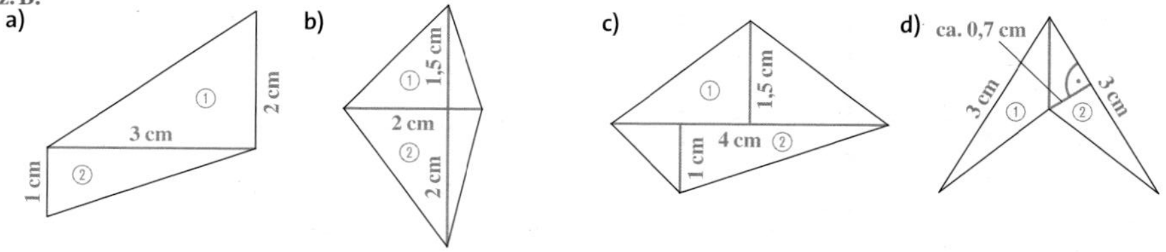

a) $A_1 = \frac{3\,\text{cm} \cdot 2\,\text{cm}}{2} = 3\,\text{cm}^2$; $A_2 = \frac{1\,\text{cm} \cdot 3\,\text{cm}}{2} = 1{,}5\,\text{cm}^2$; $A = 3\,\text{cm}^2 + 1{,}5\,\text{cm}^2 = 4{,}5\,\text{cm}^2$

b) $A_1 = \frac{2\,\text{cm} \cdot 1{,}5\,\text{cm}}{2} = 1{,}5\,\text{cm}^2$; $A_2 = \frac{2\,\text{cm} \cdot 2\,\text{cm}}{2} = 2\,\text{cm}^2$; $A = 1{,}5\,\text{cm}^2 + 2\,\text{cm}^2 = 3{,}5\,\text{cm}^2$

c) $A_1 = \frac{4\,\text{cm} \cdot 1{,}5\,\text{cm}}{2} = 3\,\text{cm}^2$; $A_2 = \frac{4\,\text{cm} \cdot 1\,\text{cm}}{2} = 2\,\text{cm}^2$; $A = 3\,\text{cm}^2 + 2\,\text{cm}^2 = 5\,\text{cm}^2$

d) $A_1 = \frac{3\,\text{cm} \cdot 0{,}7\,\text{cm}}{2} = 1{,}05\,\text{cm}^2$; $A_2 = \frac{3\,\text{cm} \cdot 0{,}7\,\text{cm}}{2} = 1{,}05\,\text{cm}^2$; $A = 2 \cdot 1{,}05\,\text{cm}^2 = 2{,}1\,\text{cm}^2$

2 **z. B.**

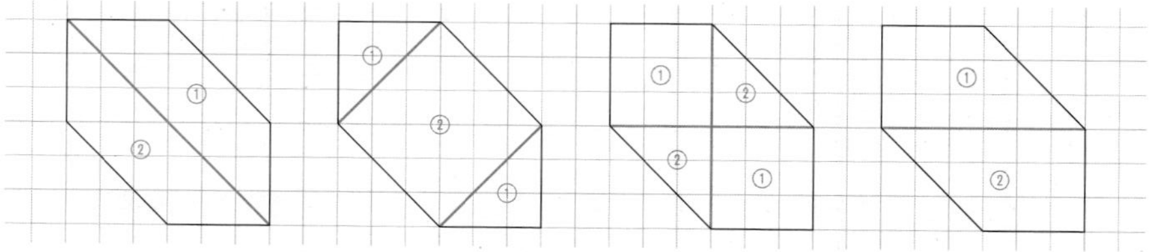

a) Gib vier unterschiedliche Zerlegungen in Teilflächen, deren Flächeninhalt du berechnen kannst, an.

b) Berechne den Umfang und den Flächeninhalt.
Hinweis: Miss die benötigten Längen.

$u =$ **$4 \cdot 1{,}5\,\text{cm} + 2 \cdot 2{,}1\,\text{cm} = 10{,}2\,\text{cm}$**

$A =$ **$2 \cdot \left(\frac{1{,}5\,\text{cm} + 3\,\text{cm}}{2} \cdot 1{,}5\,\text{cm}\right) = 6{,}75\,\text{cm}^2$ (zur letzten Zerlegung)**

c) In einem Heft steht: $A_1 = A - 2 \cdot A_2$
$A_1 = 3\,\text{cm} \cdot 3\,\text{cm} - 2 \cdot \frac{(1{,}5\,\text{cm} \cdot 1{,}5\,\text{cm})}{2}$

Markiere in der Zeichnung die entsprechenden Flächen A_1 und A_2.

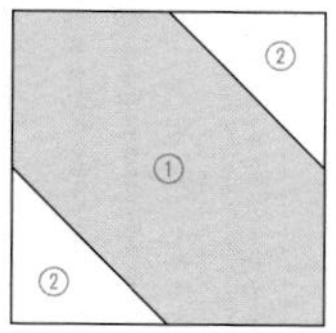

3 Ermittle die Umfänge und die Flächeninhalte durch Zerlegen.
Zusatzaufgabe: Ermittle die Flächeninhalte von zwei Figuren durch Ergänzen oder Umlegen.

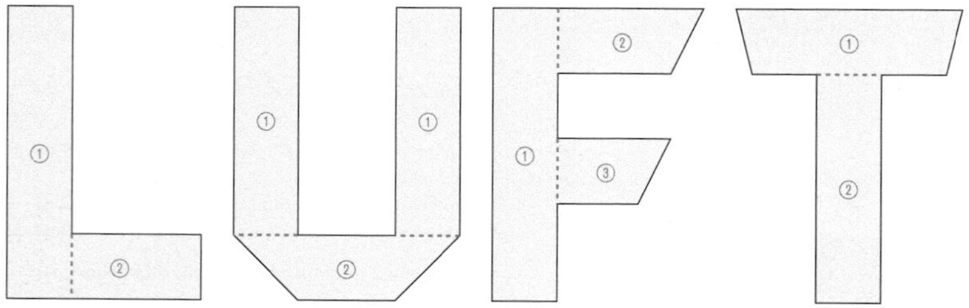

z. B.

„L" $u =$ **$3\,\text{cm} + 1\,\text{cm} + 2\,\text{cm} + 3{,}5\,\text{cm} + 1\,\text{cm} + 4{,}5\,\text{cm} = 15\,\text{cm}$**

$A =$ **$4{,}5\,\text{cm}^2 + 2\,\text{cm}^2 = 6{,}5\,\text{cm}^2$** **$(3\,\text{cm} \cdot 4{,}5\,\text{cm} - 2\,\text{cm} \cdot 3{,}5\,\text{cm} = 6{,}5\,\text{cm}^2)$**

„U" $u =$ **$2 \cdot 1{,}5\,\text{cm} + 2 \cdot 1{,}4\,\text{cm} + 4 \cdot 3{,}5\,\text{cm} + 2 \cdot 1\,\text{cm} = 21{,}8\,\text{cm}$**

$A =$ **$2 \cdot 3{,}5\,\text{cm}^2 + 2{,}5\,\text{cm}^2 = 9{,}5\,\text{cm}^2$** **$\left(3{,}5\,\text{cm} \cdot 4{,}5\,\text{cm} - 2 \cdot \left(\frac{1\,\text{cm} \cdot 1\,\text{cm}}{2}\right) - 1{,}5\,\text{cm} \cdot 3{,}5\,\text{cm} = 9{,}5\,\text{cm}^2\right)$**

„F" $u =$ **$2 \cdot 1\,\text{cm} + 1{,}5\,\text{cm} + 1{,}25\,\text{cm} + 2 \cdot 1{,}1\,\text{cm} + 2 \cdot 1{,}75\,\text{cm} + 3{,}25\,\text{cm} + 4{,}5\,\text{cm} = 18{,}2\,\text{cm}$**

$A =$ **$4{,}5\,\text{cm}^2 + 1{,}5\,\text{cm}^2 + 2\,\text{cm}^2 = 8\,\text{cm}^2$**

„T" $u =$ **$3 \cdot 1\,\text{cm} + 3 \cdot 3{,}5\,\text{cm} + 2 \cdot 1{,}1\,\text{cm} = 15{,}7\,\text{cm}$**

$A =$ **$3{,}25\,\text{cm}^2 + 3{,}5\,\text{cm}^2 = 6{,}75\,\text{cm}^2$**

Anwenden und Vernetzen

4 Familie Groß möchte umziehen. Der Grundriss der neuen Wohnung ist hier abgebildet.
Der Vermieter sagt, dass die monatliche Kaltmiete 5,50 € pro m² beträgt und mit 2,50 € pro m² Betriebskosten zu rechnen ist. Wie hoch ist die monatliche Miete für diese Wohnung?
Zusatzaufgabe: Verändere den Grundriss, sodass es ein Kinderzimmer gibt. Gib die Größen der Räume an.

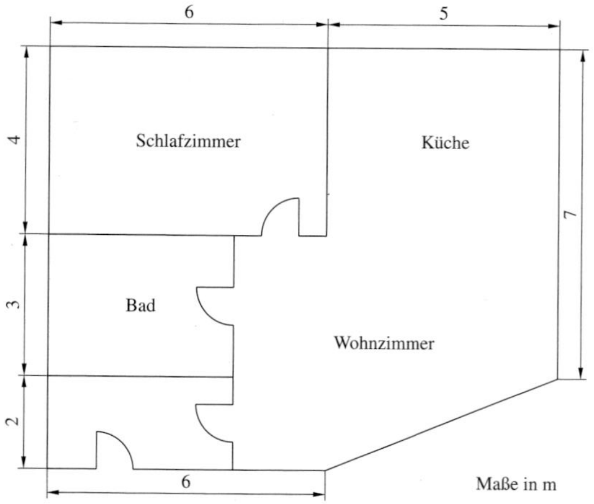

Größe: 94 m²

Miete: 94 · (5,5 € + 2,5 €)
= 94 · 8 € = 752 €

Die monatliche Miete beträgt 752 €.

Haus der Vierecke mit Umfängen und Flächeninhalten

▶ Grundwissen

- Im Haus der Vierecke sind die Vierecke hinsichtlich ihrer Eigenschaften geordnet.
- Ein Pfeil bedeutet: „… ist auch ein(e) …“

Beispiel: Ein Parallelogramm ist auch ein Trapez.
Ein Parallelogramm hat alle Eigenschaften eines Trapezes.
Formeln, die für Trapeze gelten, gelten auch für Parallelogramme.

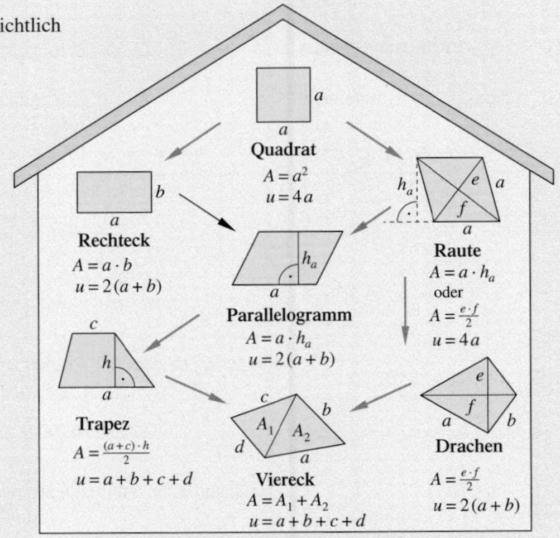

▶ **Auftrag:** Ergänze die Pfeile.

Trainieren

1 Kreuze alle passenden Arten von Vierecken an.

a) Betrachte Seiten, Winkel und Diagonalen von Vierecken.

	Quadrat	Rechteck	Raute	Parallelogramm	Trapez	Drachen
Vier gleich lange Seiten haben …	×		×			
Vier rechte Winkel haben …	×	×				
Zwei Paare gleich langer Seiten haben …	×	×	×	×		×
Zwei Paare gleich großer Winkel haben …	×	×	×	×		
Zwei zueinander parallele Seiten haben …	×	×	×	×	×	
Einander halbierende Diagonalen haben …	×	×	×	×		
Senkrecht aufeinander stehende Diagonalen haben …	×		×			×

b) Betrachte Formeln zur Berechnung des Umfangs u und des Flächeninhalts A von Vierecken.

	Quadrat	Rechteck	Raute	Parallelogramm	Trapez	Drachen	Viereck
$u = a+b+c+d$	×	×	×	×	×	×	×
$u = 2 \cdot (a+b)$	×	×	×	×		×	
$u = 4 \cdot a$	×		×				
$A = a \cdot b$	×	×					
$A = a \cdot h_a$	×	×	×	×			
$A = \frac{e \cdot f}{2}$	×		×			×	
$A = m \cdot h$ mit $m = \frac{a+c}{2}$	×	×	×	×	×		

2 Hier werden Beziehungen zwischen den Arten von Vierecken veranschaulicht.
Es ist beispielsweise zu sehen, dass jeder Drachen ein Viereck ist.
Trage die fehlenden Bezeichnungen der Arten von Vierecken ein.

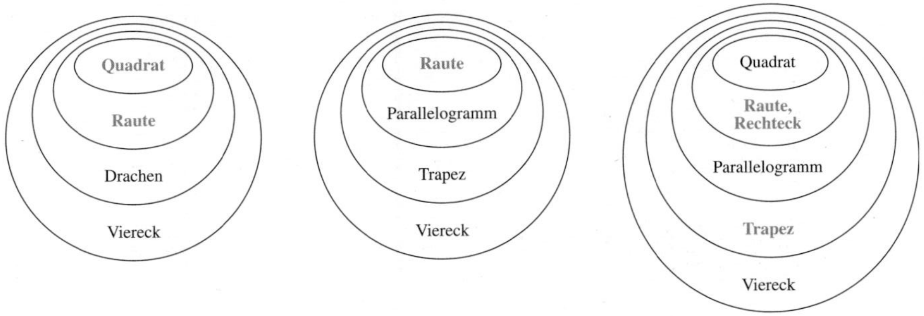

Anwenden und Vernetzen

3 Verschiedenartige Vierecke

a) Spiegele zuerst jeweils die Figur an der Geraden g oder am Drehzentrum Z.
Berechne danach den Umfang und den Flächeninhalt des entstandenen Vierecks.

b) Zeichne in die Vierecke alle möglichen Spiegelgeraden und Drehzentren ein.

①
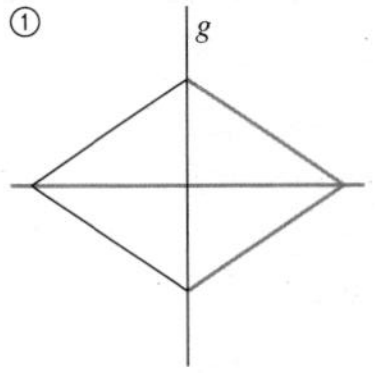

$u = 4 \cdot 1{,}8$ cm
$u = 7{,}2$ cm
$A = \frac{3\text{ cm} \cdot 2\text{ cm}}{2}$
$A = 3\text{ cm}^2$

②
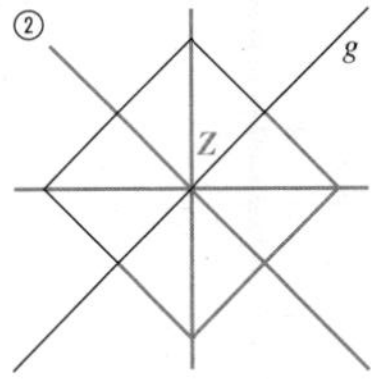

$u = 4 \cdot 2$ cm
$u = 8$ cm
$A = 2\text{ cm} \cdot 2\text{ cm}$
$A = 4\text{ cm}^2$

③
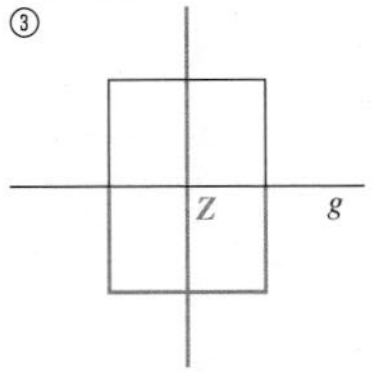

$u = 2 \cdot (1{,}5\text{ cm} + 2\text{ cm})$
$u = 7$ cm
$A = 1{,}5\text{ cm} \cdot 2\text{ cm}$
$A = 3\text{ cm}^2$

④
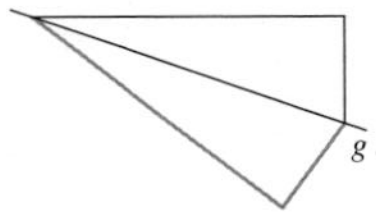

$u = 2 \cdot (3\text{ cm} + 1\text{ cm})$
$u = 8$ cm
$A = \frac{3\text{ cm} \cdot 2\text{ cm}}{2}$
$A = 3\text{ cm}^2$

⑤
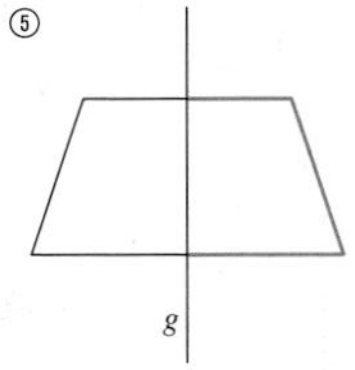

$u = 3\text{ cm} + 1{,}6\text{ cm} + 2\text{ cm}$
$+ 1{,}6\text{ cm} = 8{,}2\text{ cm}$
$A = \frac{(3\text{ cm} + 2\text{ cm})}{2} \cdot 1{,}5$
$A = 3{,}75\text{ cm}^2$

⑥
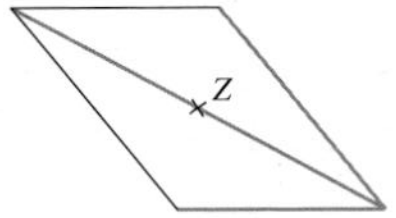

$u = 2 \cdot (2\text{ cm} + 2{,}5\text{ cm})$
$u = 9$ cm
$A = \frac{4\text{ cm} \cdot 2\text{ cm}}{2}$
$A = 4\text{ cm}^2$

⑦
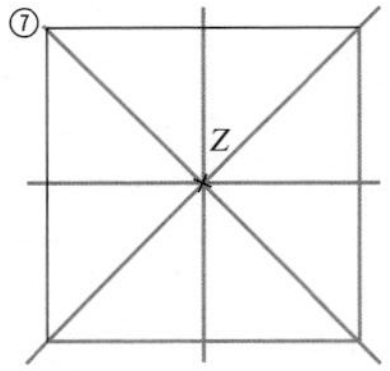

$u = 4 \cdot 3$ cm
$u = 12$ cm
$A = 3\text{ cm} \cdot 3\text{ cm}$
$A = 9\text{ cm}^2$

⑧
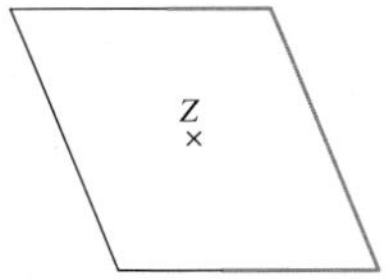

$u = 2 \cdot (2{,}7\text{ cm} + 2{,}5\text{ cm})$
$u = 10{,}4$ cm
$A = \frac{2{,}5\text{ cm} \cdot 2{,}5\text{ cm}}{2}$
$A = 6{,}25\text{ cm}^2$

Boxplots

▶ Grundwissen

Boxplots sind Diagramme, in denen fünf besondere Werte einer Datenmenge dargestellt werden.
Sie werden auch „5-Kennwert-Zusammenfassung“ genannt.

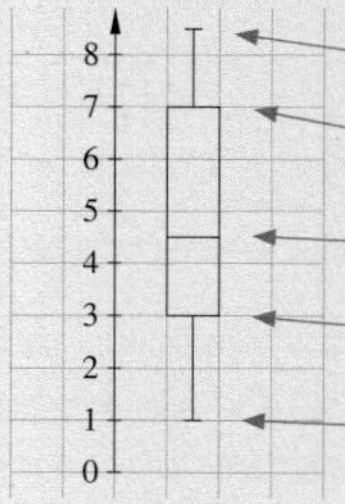

Maximum

oberer Viertelwert

Zentralwert

unterer Viertelwert

Minimum

▶ **Auftrag:** Beschrifte das Diagramm mit den Fachbegriffen der besonderen Werte einer Datenmenge.

Trainieren

1 Geordnete Datenmengen zu Längen von Holzstäben

①

3 cm	5 cm	6 cm	8 cm	11 cm	15 cm
Minimum	5 cm	7 cm	11 cm	Maximum	

②

1 cm	5 cm	7 cm	10 cm	12 cm	14 cm	18 cm
Minimum	6 cm	10 cm	13 cm	Maximum		

③

2 cm	4 cm	5 cm	9 cm	15 cm	19 cm	21 cm	24 cm
Minimum	4,5 cm	12 cm	20 cm	Maximum			

a) Markiere jeweils das Minimum und das Maximum. ☐ Minimum ☐ Maximum
Hinweis: Das Minimum ist der kleinste Wert und das Maximum der größte Wert.

b) Gib jeweils den Zentralwert an.
Hinweis: Der Zentralwert liegt in der Mitte aller geordneten Daten.

c) Gib jeweils den unteren und den oberen Viertelwert an.
Hinweis: Die Viertelwerte liegen in der Mitte der unteren bzw. oberen Datenhälfte.

2 Lies die Werte bei **a** ab. Zeichne oben bei **b** und **c** jeweils einen Boxplot.

a)

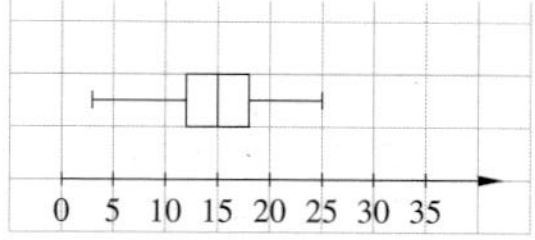

Minimum: 3
unterer Viertelwert: 12
Zentralwert: 15
oberer Viertelwert: 18
Maximum: 25

b)

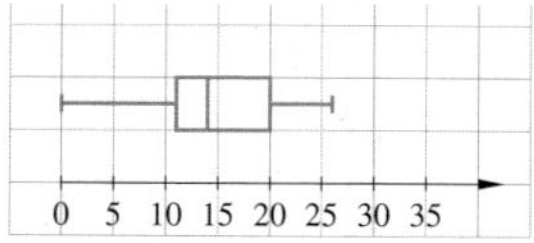

Minimum: 0
unterer Viertelwert: 11
Zentralwert: 14
oberer Viertelwert: 20
Maximum: 26

c)

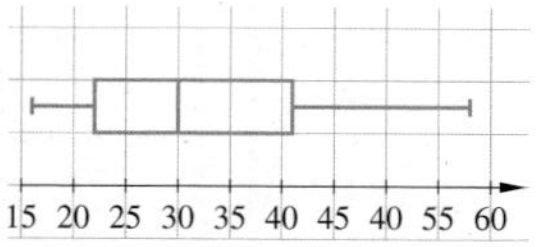

Minimum: 16
unterer Viertelwert: 22
Zentralwert: 30
oberer Viertelwert: 41
Maximum: 58

3 Ein Basketballverein hat die letzten 10 Spiele mit folgenden Korbunterschieden gewonnen bzw. verloren.
−3; 5; −12; 15; 17; −8; 11; −4; −1; 3
Ermittle entsprechende Werte und zeichne ein Boxplot.

Maximum: 17 Minimum: −12 Spannweite: 29

Zentralwert: 1 unterer Viertelwert: −4 oberer Viertelwert: 11

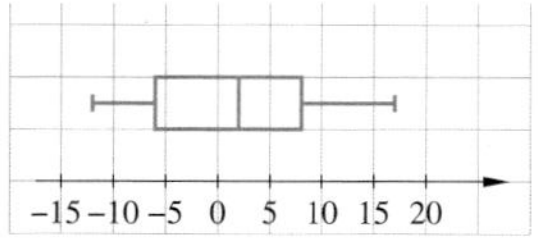

4 An einer Wetterstation wurde im Winter alle zwei Stunden die aktuelle Temperatur gemessen.
Stelle die Daten mithilfe eines Boxplots dar.

Temperaturen in °C:
1,4; −2,3; −3,2; −2,4; −0,8; −0,2; 0,6; 2,4; 1,6; 0,7; 0,3; −0,4; −0,5

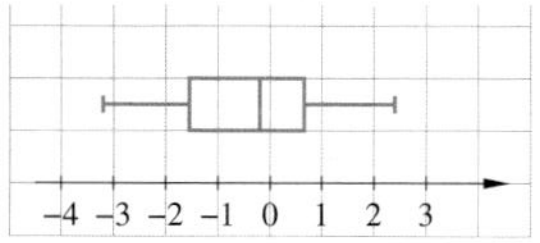

Anwenden und Vernetzen

5 Durchschnittliche Monatstemperaturen von Novogorod (Russland) und von Rio Gallegos (Argentinien)

Ort: Novogorod (Russland)

Monat	Jan.	Febr.	März	April	Mai	Juni	Juli	Aug.	Sept.	Okt.	Nov.	Dez.
Temperatur	−9 °C	−8 °C	−3 °C	4 °C	12 °C	16 °C	17 °C	16 °C	10 °C	5 °C	−1 °C	−6 °C

Ort: Rio Gallegos (Argentinien)

Monat	Jan.	Febr.	März	April	Mai	Juni	Juli	Aug.	Sept.	Okt.	Nov.	Dez.
Temperatur	13 °C	13 °C	11 °C	8 °C	4 °C	1 °C	2 °C	3 °C	5 °C	8 °C	11 °C	12 °C

Ort: Novogorod (Russland)

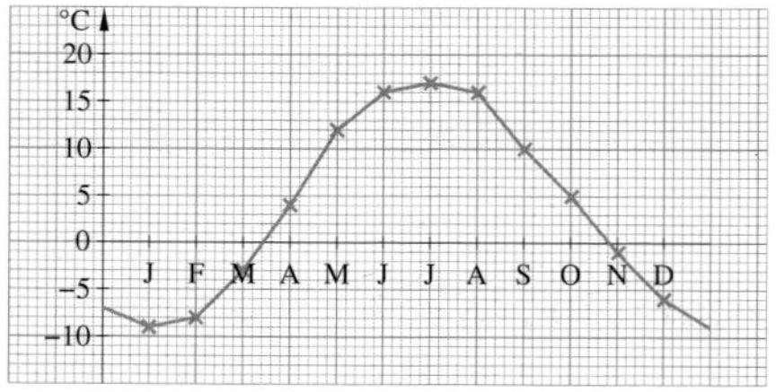

Ort: Rio Gallegos (Argentinien)

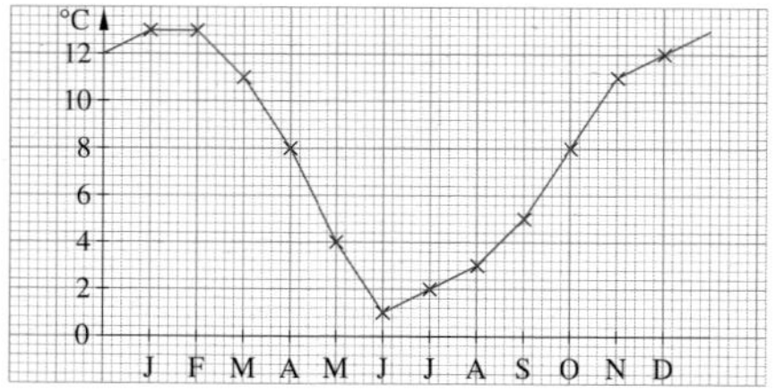

Boxplot

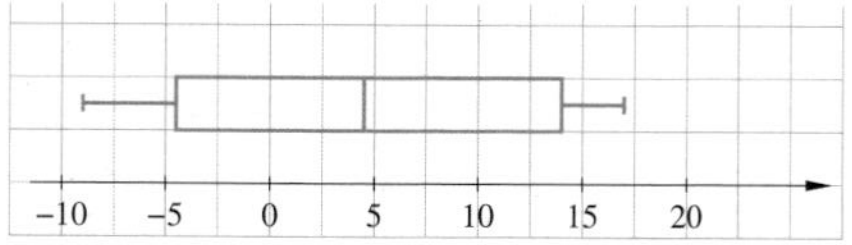

Boxplot

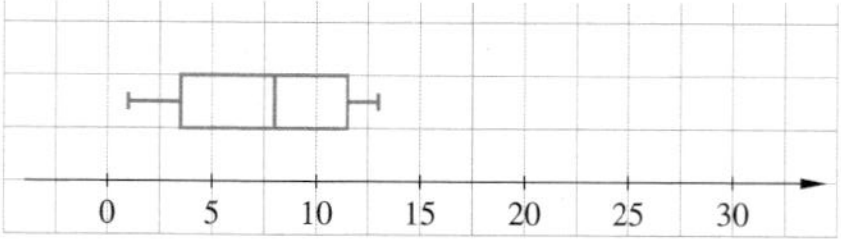

a) Ergänze die fehlenden Angaben in der Tabelle und in den Diagrammen. individuelle Lösung
Zusatzaufgabe: Überlege, wann welche Art der Darstellung von Daten angebracht ist.

b) Zusatzaufgabe: Wann ist in Rio Gallegos (Argentinien) Winter? Wieso ist das so?
Hinweis: Suche beide Orte auf einer Karte oder auf einem Globus.

Winter ist in den Monaten Juni bis August, da der Ort auf der Südhalbkugel liegt.

Manipulationen

▶ Grundwissen

Befragungen und ihre Ergebnisse können manipuliert (beeinflusst) werden.

Beispiele: **durch einleitende Texte; keine neutrale Wortwahl;**

Formulierung der Antwortmöglichkeiten; Anzahl der Antwortmöglichkeiten;

Art des Diagramms; Achseneinteilung beim Diagramm

▶ Auftrag: Nenne drei Ansätze zur Manipulation von Befragungen und Darstellungen.

Trainieren

1

① **Umfrage zu gemeinsamer Schulkleidung an unserer Schule**

Frage 1: Kreuze alle Vorteile an, die mit gemeinsamer Schulkleidung verbunden sind.

- ☐ kein Ausgrenzen aufgrund der Kleidung
- ☐ mehr Gleichbehandlung
- ☐ weniger Druck, neue Sachen zu kaufen
- ☐ mehr Zusammengehörigkeitsgefühl

Frage 2: Bist auch du für gemeinsame Schulkleidung nur für den Unterricht?

☐ ja ☐ nein

② **Umfrage zu gemeinsamer Schulkleidung an unserer Schule**

Frage 1: Welche Schulkleidung wünschst du dir? Wähle ein Shirt und eine Hose.

- ☐ blaues Shirt ☐ weißes Shirt
- ☐ beiges Shirt ☐ schwarzes Shirt
- ☐ blaue Hose ☐ beige Hose
- ☐ schwarze Hose

Frage 2: Sollte jeder stets die Wahl haben zwischen zwei Oberteilen, z. B. blaues oder weißes Shirt, und zwei Unterteilen, z. B. Hose oder Rock?

☐ ja ☐ nein ☐ weiß nicht

③ **Umfrage zur Einführung von Schuluniformen an unserer Schule**

Frage 1: Kreuze alle Nachteile an, die mit gemeinsamer Schulkleidung verbunden sind.

- ☐ Man muss auch hässliche Kleidung anziehen.
- ☐ Man wird schnell verwechselt.
- ☐ Man kann neue Sachen nicht mehr zeigen.
- ☐ Jeder sieht, auf welche Schule man geht.

Frage 2: Möchtest du, dass Schuluniformen an unserer Schule eingeführt werden?

☐ ja ☐ nein
☐ hängt vom Aussehen ab

a) Stell dir vor, du kennst jeweils nur den einen Fragebogen. Kreuze auf jedem Fragebogen an. **individuelle Lösung**

b) Nach welcher Umfrage werden am ehesten Schuluniformen an der Schule eingeführt?
z. B.
Schuluniformen werden am ehesten eingeführt nach Umfrage ① oder ②, aber nicht bei Umfrage ③.

c) Welchen Einfluss hat das Foto auf das Umfrageergebnis?
z. B.
Es spricht eher für Schuluniformen.

d) Jede der Umfragen enthält Manipulationen. Nenne jeweils zwei Beispiele. **individuelle Lösung**

2 Auswertungen der Ergebnisse einer Umfrage zu gemeinsamer Schulkleidung

①

	Mädchen	Jungen
ja	188	203
nein	173	152
weiß nicht	142	142

②
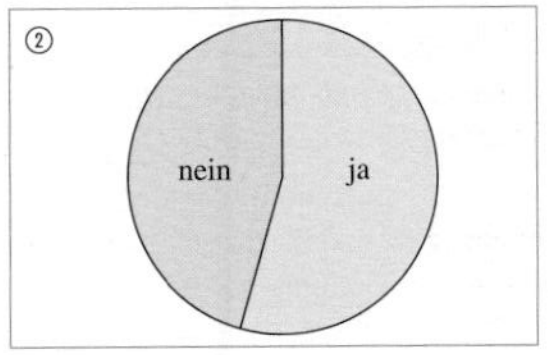

③

④
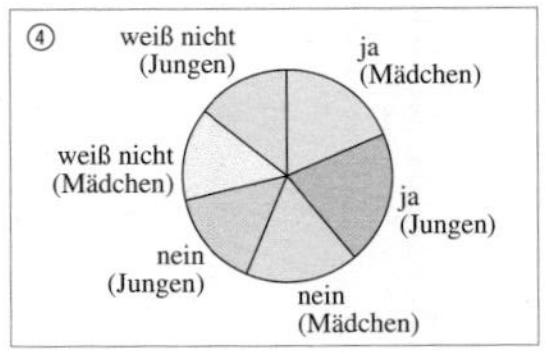

⑤
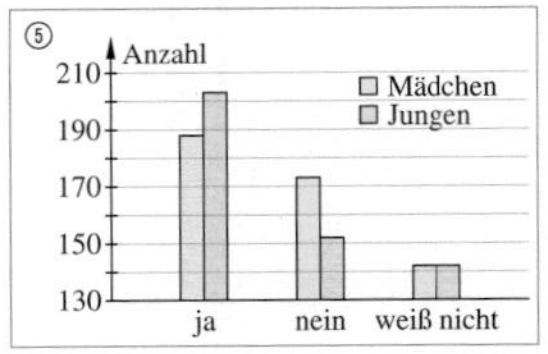

⑥
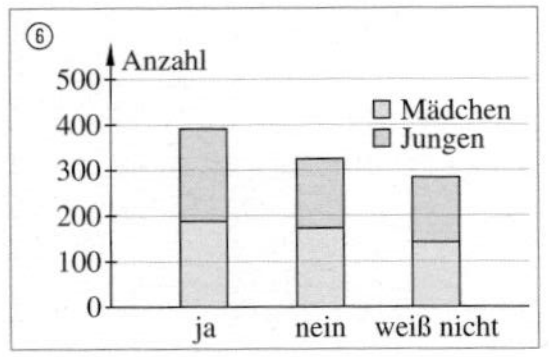

a) Welche drei Darstellungen sind aus deiner Sicht am stärksten manipulierend? Kreuze an.
☐ ① ☒ ② ☒ ③ ☐ ④ ☒ ⑤ ☐ ⑥

b) Wofür könnte jemand Darstellung ② bzw. ④ nutzen?
z. B.
Mit Darstellung ② kann belegt werden, dass mehr „ja" als „nein" zu gemeinsamer Schulkleidung sagen.

Mit Darstellung ③ kann belegt werden, dass es zu früh für eine Entscheidung ist.

Anwenden und Vernetzen

3

a) Bewerte folgende Aussagen zu den Abbildungen zum Kaufpreis von Einfamilienhäusern und zum Energieverbrauch. Entscheide, ob sie zu den Inhalten des Diagramms auf den ersten Blick passen (p) oder nicht passen (np).

Aussage ①: „Die Preise von Einfamilienhäusern haben sich mehr als verdoppelt."	☒ p	☐ np
Aussage ②: „Die Preise von Einfamilienhäusern werden immer weiter steigen."	☒ p	☐ np
Aussage ③: „Die Preise von Einfamilienhäusern sind gestiegen."	☒ p	☐ np
Aussage ④: „Die Preise von Einfamilienhäusern sind höher, als die Häuser wert sind."	☒ p	☐ np
Aussage ⑤: „Das teuerste Haus hat die Energieeffizienzklasse A."	☐ p	☒ np
Aussage ⑥: „Bei Energieeffizienzklasse F ist der Energieverbrauch etwa doppelt so hoch wie bei A."	☒ p	☐ np
Aussage ⑦: „Die beste Energieeffizienzklasse ist A."	☒ p	☐ np

b) Können Aussagen aus Teilaufgabe **a** durch die Darstellungen belegt werden?
Keine der Aussagen kann durch Angaben in den Darstellungen belegt werden, da Zahlen und eine Beschriftung fehlen. Es ist nicht angegeben, was auf welcher Datengrundlage (Quelle) dargestellt wurde.

c) Zusatzaufgabe: Suche drei Beispiele für Manipulationen im Alltag.

Prismen erkennen und beschreiben

▶ Grundwissen

Ein Prisma hat folgende Eigenschaften:
- Die Grund- und Deckfläche sind zueinander kongruente und parallele Vielecke.
- Die Seitenflächen sind Rechtecke.
- Der Abstand zwischen Grund- und Deckfläche ist die Körperhöhe des Prismas.

Beispiel:

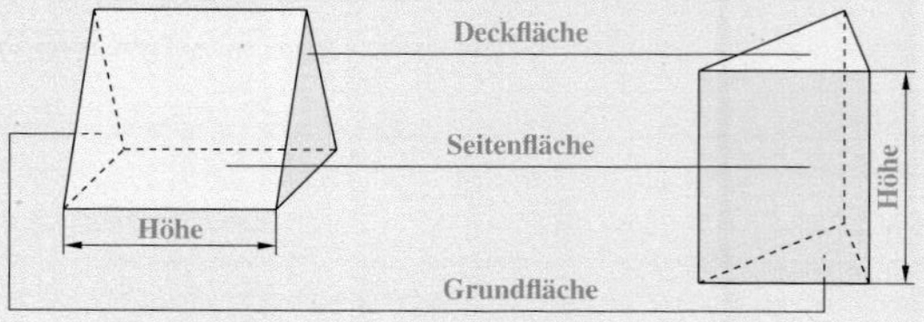

▶ **Auftrag:** Ergänze die Bezeichnungen auf den Linien.

Trainieren

1 Prismen?

a) Kreuze in den Tabellen die Prismen an.

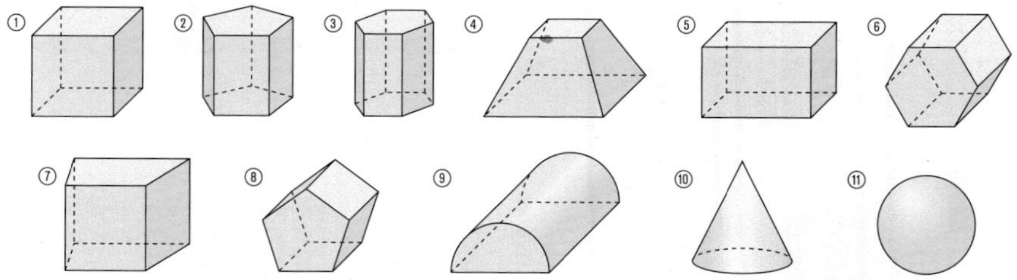

Körper	①	②	③	④	⑤	⑥	⑦	⑧	⑨	⑩	⑪
Prisma	×	×	×		×	×	×	×			

b) Welche der Buchstaben im Bild haben die Form eines Prismas?

Körper	H	O	L	Z	T	E	C	H	N	I	K
Prisma	×		×	×	×						×

2 Welche der folgenden Flächen können die Grundfläche eines Prismas sein? Markiere sie.

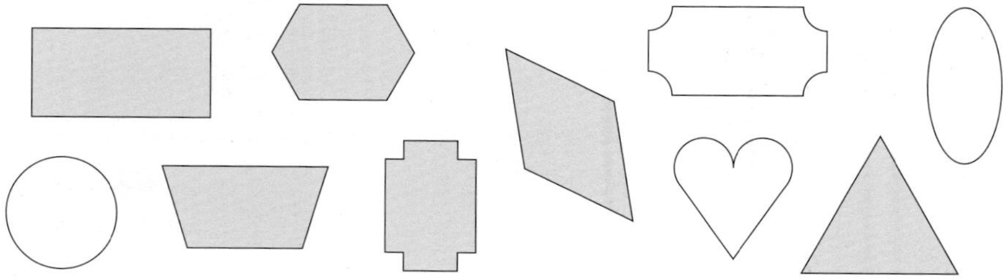

3 Netze

a) Einige der Figuren sind Netze von Prismen.
Markiere in den Netzen von Prismen die Seitenflächen sowie die Grund- und die Deckfläche.
Lege zuvor Farben fest. ☐ Seitenflächen S ☐ Grund- und Deckfläche G

b) Gib in der Zeichnung die Höhe der Prismen an.

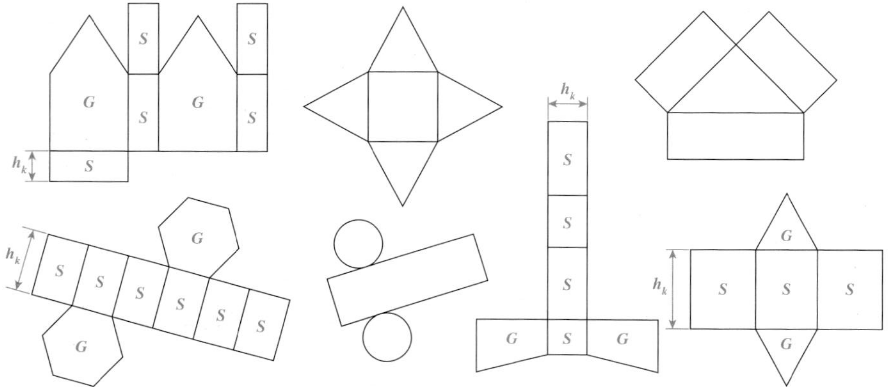

Anwenden und Vernetzen

4 Quaderförmige Holzstücke sind das Ausgangsmaterial für neue Körper.
Zeichne jeweils in das Schrägbild des Quaders die neuen Körper ein.

a) halb so großes, genauso hohes stehendes Prisma mit rechtwinkligem Dreieck als Grundfläche

b) halb so großes, genauso hohes liegendes Prisma mit rechtwinkligem Dreieck als Grundfläche

c) halb so großes, genauso hohes liegendes Prisma mit Trapez als Grundfläche

z. B.

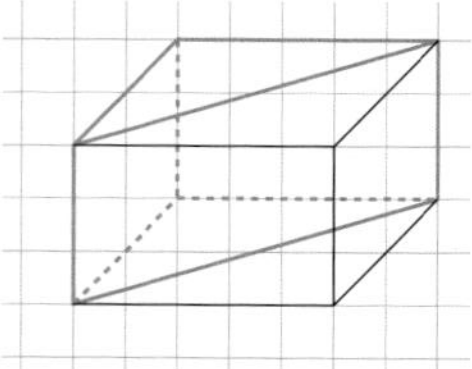

z. B.

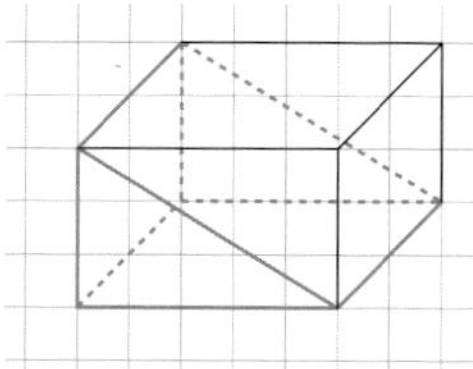

z. B.

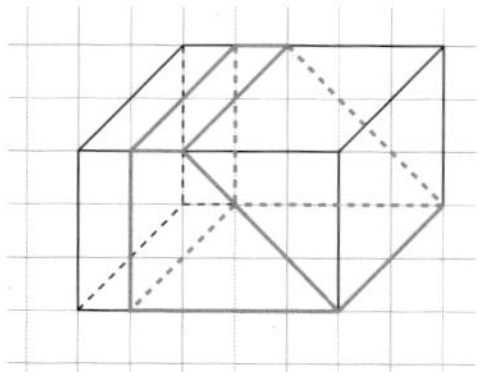

5 Ergänze die Tabelle und skizziere jeweils ein Schrägbild des Körpers.

Körper	Anzahl der … Ecken	Kanten	Flächen	Art der Begrenzungsflächen
① Quader	8	12	6	sechs Rechtecke, von denen jeweils genau zwei zueinander kongruent sind
② dreiseitiges Prisma	6	9	5	zwei zueinander kongruente Dreiecke und drei zueinander kongruente Rechtecke
③ Würfel	8	12	6	sechs zueinander kongruente Vierecke

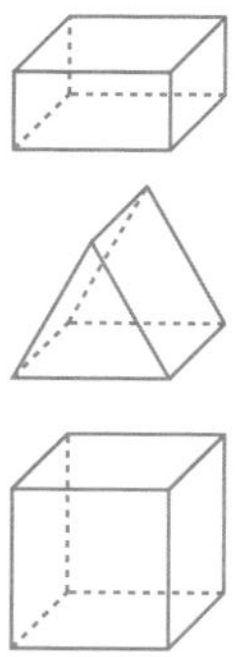

Oberfläche von Prismen

▶ Grundwissen

- Die Oberfläche eines Prismas besteht aus dem Mantel M, der Grund- und der Deckfläche G.
- Für den Flächeninhalt vom Mantel A_M gilt: $A_M = A_1 + A_2 + \ldots + A_n = u_G \cdot h_k$
- Für den Oberflächeninhalt A_O gilt: $A_O = 2A_G + A_M$

Beispiel:

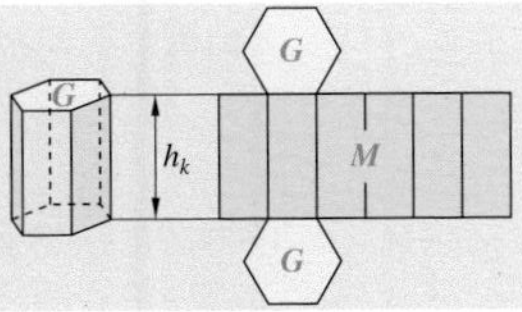

▶ Auftrag: Ergänze die Bezeichnungen M und G in der Abbildung.

Trainieren

1

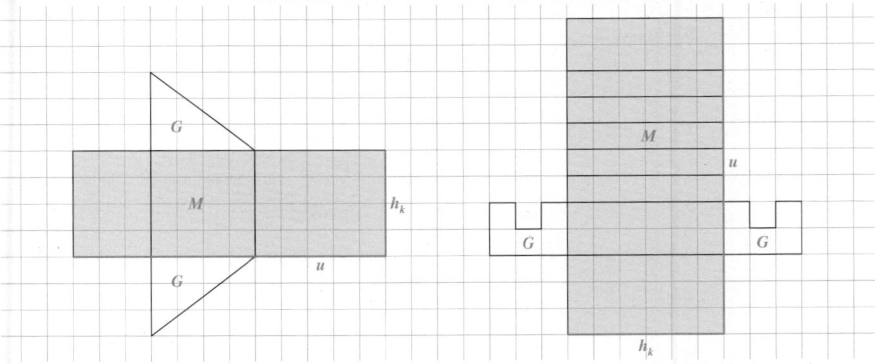

a) Markiere entsprechende Flächen und Strecken. Lege zuvor Farben fest.
☐ Mantel M
☐ Körperhöhe h_k
☐ Grund- und Deckfläche G
☐ Umfang der Grundfläche u_G

b) Ermittle die Größen.

	h_k	u_G	A_M	A_G	A_O
dreiseitiges Prisma	2 cm	6 cm	12 cm²	1,5 cm²	15 cm²
achtseitiges Prisma	3 cm	6 cm	18 cm²	1,25 cm²	20,5 cm²

2 Gib die Oberflächeninhalte auf volle Quadratzentimeter gerundet an. Miss die benötigten Größen in den Körpernetzen.

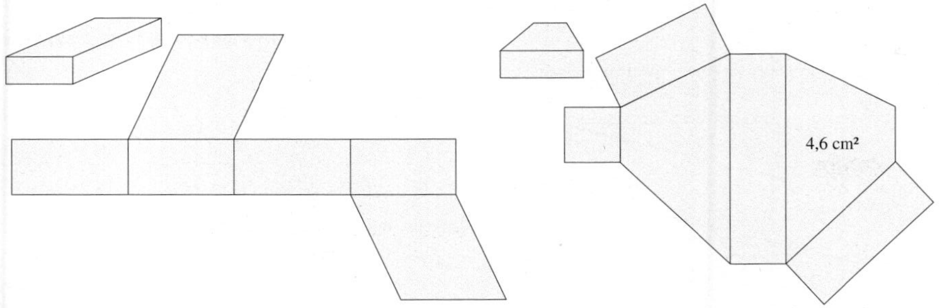

Prisma mit Parallelogramm als Grundfläche: $A_O \approx 2 \cdot 2{,}1\,cm^2 + 2 \cdot 1{,}9\,cm^2 + 2 \cdot 3{,}6\,cm^2 = 15{,}2\,cm^2 \approx 15\,cm^2$

Prisma mit Trapez als Grundfläche: $A_O \approx 2{,}7\,cm^2 + 3{,}8\,cm^2 + 1\,cm^2 + 2{,}2\,cm^2 + 2 \cdot 4{,}6\,cm^2 = 18{,}9\,cm^2 \approx 19\,cm^2$

3 Die Grundflächen von 2 cm hohen Prismen wurden im Maßstab 1 : 1 abgebildet. Ergänze die Tabelle.
Hinweis: Rechne auf einem zusätzlichen Blatt.

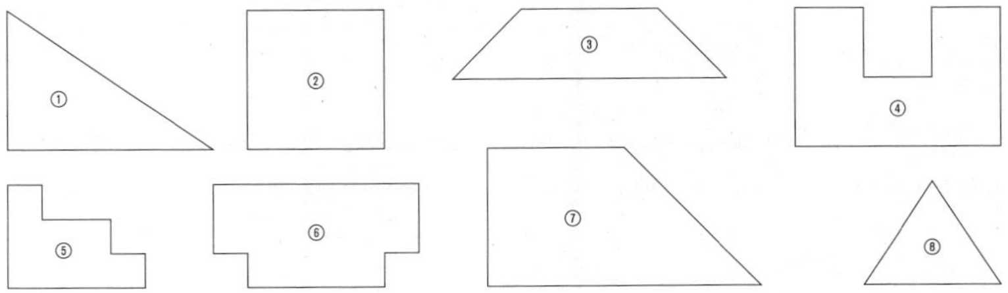

Prisma	①	②	③	④	⑤	⑥	⑦	⑧
Flächeninhalt der Grundfläche in cm²	3,00	4,00	3,00	5,00	2,00	4,00	6,00	1,50
Flächeninhalt der Mantelfläche in cm²	17,21	16,00	17,66	24,00	14,00	18,00	21,66	11,21
Flächeninhalt der Oberfläche in cm²	23,21	24,00	23,66	34,00	18,00	26,00	33,66	14,21

Anwenden und Vernetzen

4 Abgebildet sind zwei Grundflächen von 3 cm hohen Prismen.

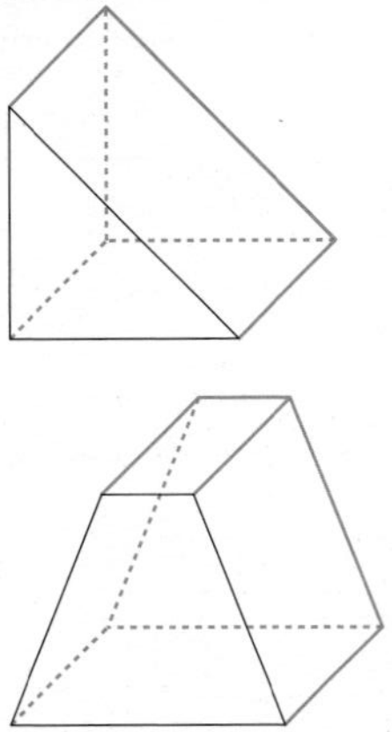

a) Ergänze sie zu Schrägbildern.
Hinweis: Trage nach hinten verlaufende Kanten in einem Winkel von 45° und in halber Länge an.

b) Ermittle die Größe der Oberflächen. Runde auf Quadratzentimeter.

dreiseitiges Prisma: **$A_M \approx 25{,}61\,cm^2$ $A_G = 3{,}125\,cm^2$**

$A_O = 2A_G + A_M \approx 31{,}86\,cm^2 \approx 32\,cm^2$

Die Größe der Oberfläche des dreiseitigen Prismas beträgt etwa 32 cm².

vierseitiges Prisma: **$A_M \approx 28{,}16\,cm^2$ $A_G = 5\,cm^2$**

$A_O = 2A_G + A_M \approx 38{,}16\,cm^2 \approx 38\,cm^2$

Die Größe der Oberfläche des vierseitigen Prismas beträgt etwa 38 cm².

5 Zwei Eisenstützen für einen neuen Balkon sind 2,70 m lang. Sie haben die rechts abgebildete Grundfläche. Vor dem Einbau soll ihre Oberfläche mit Rostschutzmittel gestrichen werden. Die im Fachhandel angebotenen unterschiedlich großen Dosen reichen für 1,5 m² bzw. für 2 m².
Wie viele Dosen jeder Sorte sollten gekauft werden?

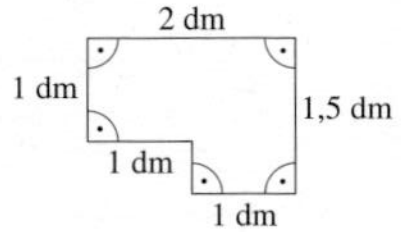

Flächeninhalte der Begrenzungsflächen:
2,5 dm² (oben bzw. unten); 54 dm²; 40,5 dm²; 27 dm²;
13,5 dm²; 27 dm²; 27 dm² (Seitenflächen im Uhrzeigersinn)
Summe: 194 dm² = 1,94 m²

Zwei Dosen, die für 2 m² reichen, sollten gekauft werden.

Volumen von Prismen

▶ Grundwissen

Das Volumen V eines Prismas ist das Produkt des Flächeninhalts der Grundfläche A_G und der Körperhöhe h_k.

$V = A_G \cdot h_k$

Beispiel:

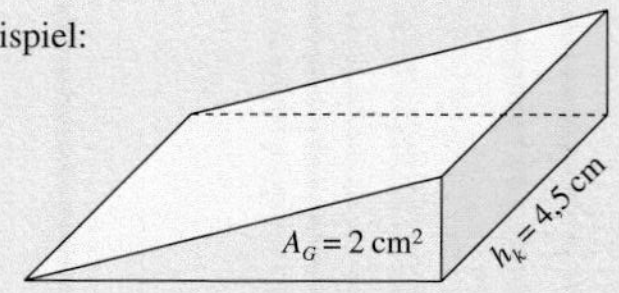

$V = 2\ cm^2 \cdot 4{,}5\ cm = 9\ cm^3$

▶ **Auftrag:** Berechne das Volumen des Prismas.

Trainieren

1 Abgebildet sind Grundflächen von 4 cm hohen Prismen.

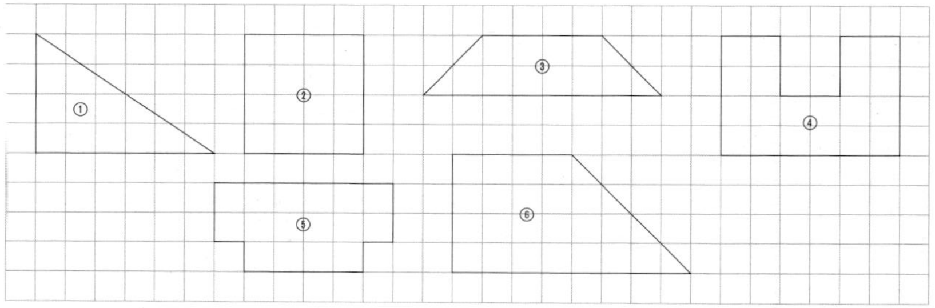

a) Ermittle die Flächeninhalte der Grundflächen mithilfe der Kästchen und berechne die Volumen.

Körper	①	②	③	④	⑤	⑥
Flächeninhalt der Grundfläche	3 cm²	4 cm²	3 cm²	5 cm²	4 cm²	6 cm²
Körperhöhe	4 cm	4 cm	4 cm	4 cm	4 cm	4 cm
Volumen	12 cm³	16 cm³	12 cm³	20 cm³	16 cm³	24 cm³

b) Ein Prisma soll jeweils die abgebildete Grundfläche und ein Volumen von 24 cm³ haben. Ergänze die Flächeninhalte der Grundflächen und ermittle die Körperhöhen.

Körper	①	②	③	④	⑤	⑥
Flächeninhalt der Grundfläche	3 cm²	4 cm²	3 cm²	5 cm²	4 cm²	6 cm²
Körperhöhe	8 cm	6 cm	8 cm	4,8 cm	6 cm	4 cm
Volumen	24 cm³	24 cm³	24 cm³	24 cm³	24 cm³	24 cm³

c) Ergänze jeweils die fehlende Größe des Prismas.

Flächeninhalt der Grundfläche	4 m²	4 mm²	1,2 dm²	15 cm²	0,4 dm²	1,3 m²
Körperhöhe	2,5 m	17 mm	8 dm	2,1 cm	0,8 dm	1,3 m
Volumen	10 m³	68 mm³	9,6 dm³	31,5 cm³	0,32 dm³	1,69 m³

2 Berechne den Flächeninhalt der Grundfläche A_G und das Volumen V.

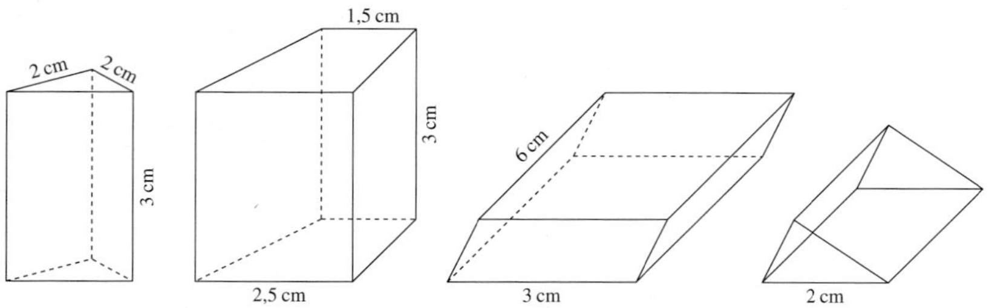

$A_G = \frac{2\ cm \cdot 2\ cm}{2}$	$A_G = \frac{2{,}5\ cm + 1{,}5\ cm}{2} \cdot 2\ cm$	$A_G = 3\ cm \cdot 1\ cm$	$A_G = \frac{2\ cm \cdot 1\ cm}{2}$
$A_G = 2\ cm^2$	$A_G = 4\ cm^2$	$A_G = 3\ cm^2$	$A_G = 1\ cm^2$
$V = 2\ cm^2 \cdot 3\ cm = 6\ cm^3$	$V = 4\ cm^2 \cdot 3\ cm = 12\ cm^3$	$V = 3\ cm^2 \cdot 6\ cm = 18\ cm^3$	$V = 1\ cm^2 \cdot 4\ cm = 4\ cm^3$

Anwenden und Vernetzen

3 Überschlage, wie viel Luft das abgebildete Zelt fasst. Kreuze an.

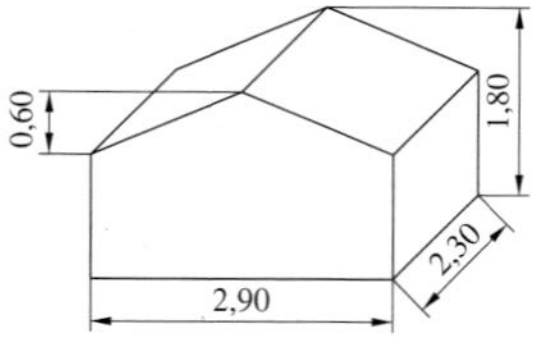

☐ 0,4 m³ ☐ 0,8 m³ ☐ 4 m³ ☒ 10 m³

☐ 15 m³ ☐ 400 dm³ ☐ 800 dm³ ☒ 10 000 dm³

4 Aus einem quaderförmigen Styroporteil mit 1,5 cm, 4 cm und 6 cm langen Kanten wurden Teile ausgestanzt. Der fertige Körper ist im Bild dargestellt.

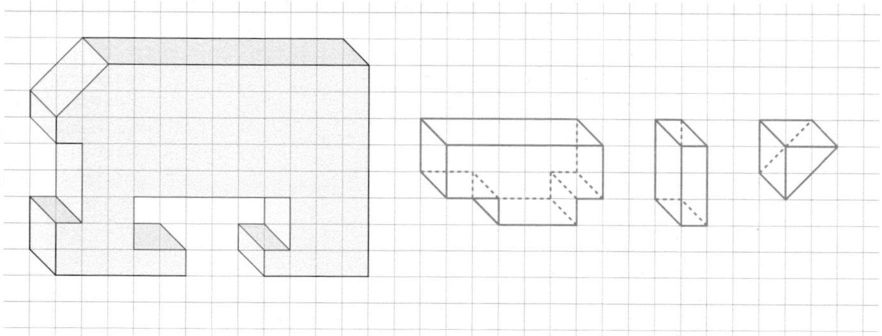

a) Zeichne jeweils ein Schrägbild von jedem der drei ausgestanzten Teile rechts neben den fertigen Körper.

b) Berechne die Volumen der drei ausgestanzten Teile und des fertigen Körpers.

dreiseitiges Prisma: $V = \frac{1\ cm \cdot 1\ cm}{2} \cdot 1{,}5\ cm = 0{,}75\ cm^3$

vierseitiges Prisma: $V = 0{,}5\ cm \cdot 1{,}5\ cm \cdot 1{,}5\ cm = 1{,}125\ cm^3$

achtseitiges Prisma: $V = (3\ cm^2 + 0{,}75\ cm^2) \cdot 1{,}5\ cm = 5{,}625\ cm^3$

fertiger Körper: $V = 4\ cm \cdot 6\ cm \cdot 1{,}5\ cm - 0{,}75\ cm^3 - 1{,}125\ cm^3 - 5{,}625\ cm^3 = 28{,}5\ cm^3$

Kapitel Terme

1 Setze „=“ bzw. „≠“ ein und unterstreiche gegebenenfalls im rechten Term den Fehler.

a) $7 \cdot (5a+4)$ ≠ $7 \cdot 5a + \underline{5a} \cdot 4$ b) $(1+2a) \cdot 3b$ = $3b + 6ab$ c) $(1-4t) \cdot (4-t)$ ≠ $4 - \underline{t} + 16t + t^2$

d) $(2-4s) \cdot (2-4s)$ ≠ $4 - 16s + \underline{4s^2}$ e) $(3r+9s)^2$ = $9r^2 + 54rs + 81s^2$ f) $(7-7n) \cdot (7+7n)$ ≠ $49 \underline{+} 49n^2$

2 Multipliziere.

a) $10 \cdot (7+4a) =$ $70 + 40a$ b) $-7b \cdot (6-4a) =$ $-42b + 28ab$

c) $(3b - 11c + 4) \cdot 5a =$ $15ab - 55ac + 20a$ d) $(3d-4) \cdot (3d-4) =$ $9d^2 - 24d + 16$

e) $(9e+8s) \cdot (9e+8s) =$ $81e^2 + 144es + 64s^2$ f) $(0{,}3 - 0{,}2f) \cdot (0{,}3 + 0{,}2f) =$ $0{,}09 - 0{,}04f^2$

g) $(1{,}1 - 2g) \cdot (1{,}1 - h) =$ $1{,}21 - 1{,}1gh - 2{,}2g + 2gh$ h) $(0{,}6 - 4h) \cdot (4h + 0{,}6) =$ $0{,}36 - 16h^2$

3 Schreibe als Produkt. Klammere möglichst viel aus.

a) $21a + 28 =$ $7 \cdot (3a+4)$ b) $10a + 20ab - 30ac =$ $10a \cdot (1 + 2b - 3c)$

c) $50c^2 - 40bc =$ $10c \cdot (5c - 4b)$ d) $d^2 - 4d + 4 =$ $(d-2) \cdot (d-2)$

e) $9d^2 + 60d + 100 =$ $(3d+10) \cdot (3d+10)$ f) $25 - 400f^2 =$ $(5 + 20f) \cdot (5 - 20f)$

g) $7g^2 - 42gh + 28gi^2 =$ $7g\,(g - 6h + 4i^2)$ h) $0{,}04h^2 - 0{,}4h + 1 =$ $(0{,}2h - 1) \cdot (0{,}2h - 1)$

4 Berechne mithilfe der binomischen Formeln.

a) $92 \cdot 108 =$ $(100-8) \cdot (100+8) = 10\,000 - 64 = 9936$

b) $97^2 =$ $(100-3) \cdot (100-3) = 10\,000 - 600 + 9 = 9409$

c) $38 \cdot 38 =$ $(30+8) \cdot (30+8) = 900 + 480 + 64 = 1444$

5 Familie Lehn sollte zuerst ein quadratisches Grundstück mit der Seitenlänge *l* erhalten.
An einer Seite wurde aber ein 3 m breiter Streifen zu einem Weg.
Zum Ausgleich gab es einen 3 m breiten Streifen, der senkrecht zum Weg verläuft.
Letztendlich ist es ein rechteckiges Grundstück geworden.

a) Veranschauliche den Sachverhalt.

z. B.

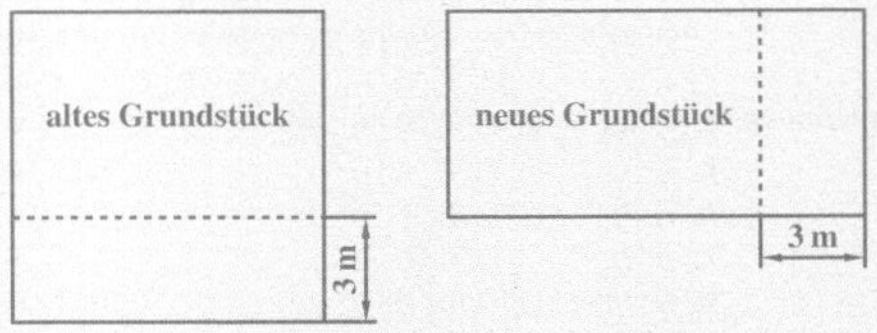

b) Ermittle mithilfe einer Rechnung, wie sich die Größe des Grundstücks veränderte.

alte Größe: l^2 neue Größe: $(l - 3\,\text{m}) \cdot (l + 3\,\text{m}) = l^2 - 9\,\text{m}^2$

Das Grundstück wurde 9 m² kleiner.

Kapitel Lineare Gleichungen und Funktionen

1 Ermittle die Lösungen.

a) $7x - 4 = 3$ | +4
$7x = 7$ | : 7
$x = 1$
Lösung: 1

b) $12x - 15 = 4x + 1$ | −4x
$8x - 15 = 1$ | +15
$8x = 16$ | : 8
$x = 2$
Lösung: 2

c) $3x - 17 + 12x = -5x + 17$ | +17
$15x = -5x + 34$ | +5x
$20x = 34$ | : 20
$x = 1{,}7$
Lösung: 1,7

2 Mit den Formeln kann man Umfänge von Flächen berechnen.
Forme jeweils nach *a* um.

a) Umfang vom Quadrat
$u = 4 \cdot a$ | : 4
$\frac{u}{4} = a$

b) Umfang vom Rechteck
$u = 2 \cdot (a + b)$
$u = 2 \cdot a + 2 \cdot b$ | $-2 \cdot b$
$u - 2 \cdot b = 2 \cdot a$ | : 2
$(u - 2 \cdot b) : 2 = a$

c) Umfang vom gleichschenkligen Trapez
$u = 2 \cdot a + b + c$ | $-b-c$
$u - b - c = 2 \cdot a$ | : 2
$(u - b - c) : 2 = a$

3 Ergänze zuerst den Schnittpunkt mit der *y*-Achse.
Entscheide danach, ob die Gerade von links nach rechts fällt oder steigt.

$y = -\frac{4}{5}x + 9$ $P(\,0 \mid 9\,)$ ist der Schnittpunkt mit der *y*-Achse.   Die Gerade … ☒ fällt ☐ steigt

4 Familie Spiegel plant eine 7- bis 14-tägige Reise. Sie hat die Wahl zwischen drei Reiseangeboten.

Angebot 1:	Angebot 2:	Angebot 3:
Pauschalreise für 1800,00 € mit bis zu 14 Tagen Aufenthalt	An- und Abreise für 500,00 € und 100,00 € pro Übernachtung	An- und Abreise für 440,00 € und 165 € pro Übernachtung (+ 10% Vermittlungsgebühr)

a) Veranschauliche die Angebote im Koordinatensystem.
Bei wie vielen Übernachtungen ist das jeweilige Angebot im Vergleich zu den anderen preisgünstig?

Angebot 1: 13 bzw. 14 Übernachtungen

Angebot 2: 1 bis 13 Übernachtungen

Angebot 3: 1 Übernachtung

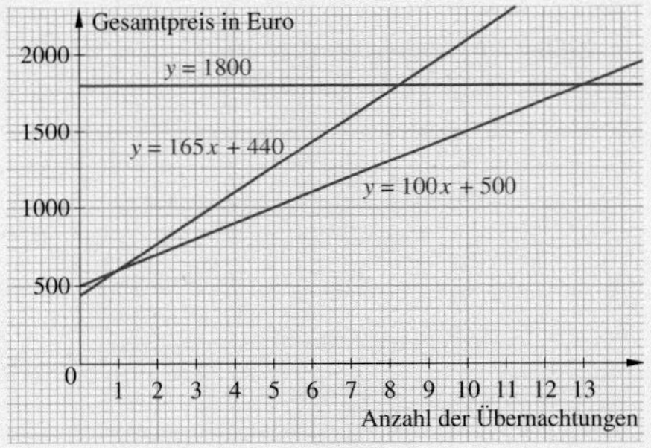

b) Ordne den Graphen Gleichungen zu.

c) Welches Angebot wird vermutlich als Erstes ausgeschlossen?

Angebot 3 wird vermutlich als Erstes ausgeschlossen, da die anderen beiden Angebote preiswerter erscheinen.

Kapitel Zufall und Wahrscheinlichkeit

1 Die abgebildeten Murmeln werden in einem undurchsichtigen Beutel aufbewahrt. Gib jeweils mit einem Bruch die Wahrscheinlichkeiten folgender Ereignisse an.

a) Es wird zufällig zuerst eine blaue Murmel genommen. $\frac{3}{12} = \frac{1}{4}$

b) Es wird zufällig zuerst eine gelbe Murmel genommen. $\frac{3}{12} = \frac{1}{4}$

c) Es wird zufällig zuerst eine lila oder eine rote Murmel genommen. $\frac{6}{12} = \frac{1}{2}$

d) Es wird zufällig zuerst keine lila Murmel genommen. $\frac{9}{12} = \frac{3}{4}$

2 Ergänze die Tabelle.

Bruch	$\frac{5}{5}$	$\frac{6}{8}$	$\frac{1}{2}$	$\frac{1}{4}$	z. B. $\frac{0}{7}$
Dezimalbruch	1	0,75	0,5	0,25	0
Prozentschreibweise	100 %	75 %	50 %	25 %	0 %

3 Zufällige Ereignisse

① „Ein zufällig ausgewählter Schüler hat kaum in diesem Monat Geburtstag."

② „Nach einem Münzwurf ist zufällig die Zahl oben zu sehen."

③ „Für morgen wird sehr wahrscheinlich Regen angesagt."

④ „Die Chance, das Spiel zu gewinnen, ist fifty-fifty."

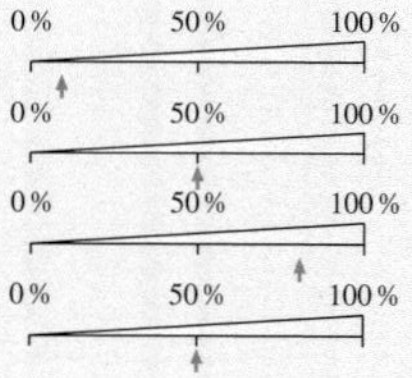

a) Ordne mit Pfeilen den Ereignissen passende Wahrscheinlichkeiten zu.

b) Welches der Experimente ist ein Laplace-Experiment? Gib die Nummer an. ②

4 In einem undurchsichtigen Beutel werden 480 Lose aufbewahrt.

a) Die Wahrscheinlichkeit, eine Niete zu ziehen, ist 0,75. Wie viele Nieten sind im Beutel?

0,75 von 480 ist 360. **Etwa 360 Nieten sind im Beutel.**

b) Die Wahrscheinlichkeit, den Hauptgewinn zu ziehen, ist rund 1 %. Wie viele Hauptgewinne sollten im Beutel sein?

1 % von 360 ist 3,6. **3 oder 4 Hauptgewinne sollten im Beutel sein.**

5 Das Netz eines fairen Würfels ist gegeben. Markiere die Flächen so, dass folgende Wahrscheinlichkeiten gelten.

$P(„1") = \frac{1}{2}$

$P(„2") = \frac{1}{6}$

$P(„3") = \frac{1}{3}$

$P(„rot") = \frac{1}{3}$

$P(„grün") = \frac{2}{3}$

$P(„1" \text{ oder } „rot") = \frac{2}{3}$

z. B.

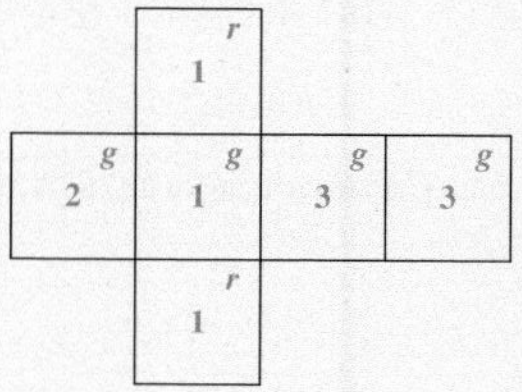

Kapitel Zinsrechnung

1 Ergänze die passenden Bezeichnungen aus der Prozentrechnung und aus der Zinsrechnung.

	Anteil von einem Ganzen	Größe des Anteils von einem Ganzen	Größe von einem Ganzen
Prozentrechnung	**Prozentsatz p %**	**Prozentwert W**	**Grundwert G**
Zinsrechnung	**Zinssatz p %**	**Zinsen Z**	**Kapital K**

2 Ermittle die Ergebnisse mithilfe des Dreisatzes.

a) Wie viel Prozent sind 1,2 € von 30 €?

Betrag	Anteil
30,00 €	100 %
1,00 €	$3\frac{1}{3}$ %
1,20 €	4 %

Es sind 4 %.

b) Wie viel sind 5 % p. a. von 1600 €?

Anteil	Betrag
100 %	1 600,00 €
1 %	16,00 €
5 %	80,00 €

Es sind 80,00 €.

c) Bei 2,5 % p. a. gibt es 156 € Zinsen. Berechne das Kapital.

Anteil	Betrag
2,5 %	156,00 €
1 %	62,40 €
100 %	6 240,00 €

6 240,00 € sind das Kapital.

3 Ergänze die Tabelle zur Zinsrechnung.

Kapital	200,00 €	200,00 €	500,00 €	1 500,00 €	**800,00 €**	**1 800,00 €**
Zinssatz p. a.	**3 %**	6,25 %	**7,5 %**	**1,75 %**	4 %	2,9 %
Jahreszinsen	**6,00 €**	**12,50 €**	37,50 €	26,25 €	32,00 €	52,20 €

4 Gib die Zinsen für unterschiedliche Laufzeiten an.
Hinweis: Bei mehreren Jahren sind Zinseszinsen zu ermitteln.

Kapital	1 000,00 €	1 800,00 €	2 000,00 €	24 000,00 €	10 000,00 €	13 000,00 €
Zinssatz p. a.	6 %	8,25 %	2 %	2,4 %	9 %	3,9 %
Laufzeit	12 Tage	36 Tage	3 Monate	9 Monate	2 Jahre	2 Jahre
Zinsen für die Laufzeit	**2,00 €**	**14,85 €**	**10,00 €**	**432,00 €**	**1 881,00 €**	**1 033,77 €**

5 Untersuche, welches Angebot besser ist.

Angebot A: Ihr Kapital wird im ersten Jahr mit 1,5 % p. a., im zweiten mit 2 % und im dritten mit 2,5 % verzinst.
Angebot B: Ihr Kapital wird mit Zinseszinsen drei Jahre mit 2 % p. a. verzinst.

Angenommen, das Anfangskapital beträgt 1 000,00 € (bzw. 100 000,00 €).

	Angebot A:	Angebot B:
Kapital nach einem Jahr:	1 015,00 € (bzw. 1 015 000,00 €)	1 020,00 € (bzw. 1 020 000,00 €)
Kapital nach zwei Jahren:	1 035,30 € (bzw. 1 035 300,00 €)	1 040,40 € (bzw. 1 040 400,00 €)
Kapital nach drei Jahren:	1 061,18 € (bzw. 1 061 182,50 €)	1 061,21 € (bzw. 1 061 208,00 €)

Das Angebot B ist besser.
Je größer das angelegte Kapital ist, desto deutlicher wird der Unterschied zwischen beiden Angeboten.

Kapitel Dreiecke und Vierecke

1 Gib jeweils passende Formeln zur Berechnung vom Umfang und Flächeninhalt an. Berechne beides. Miss die benötigten Längen.

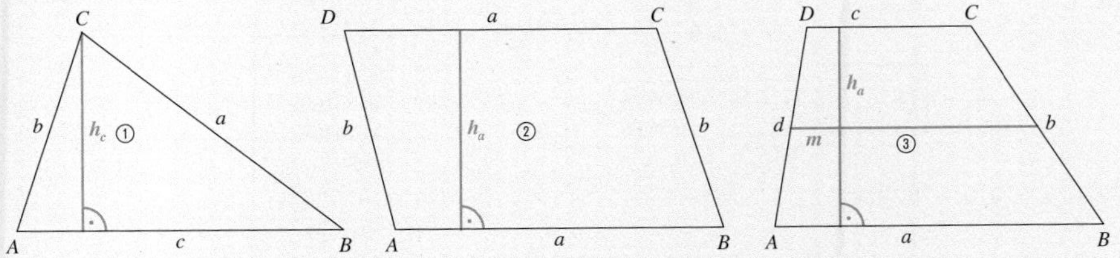

①	②	③
$u = a + b + c$	$u = a + b + a + b = 2 \cdot a + 2 \cdot b$	$u = a + b + c + d$
$u = 5\text{ cm} + 3{,}2\text{ cm} + 5\text{ cm}$	$u = 2 \cdot 5\text{ cm} + 2 \cdot 3{,}2\text{ cm}$	$u = 5\text{ cm} + 3{,}7\text{ cm} + 2{,}5\text{ cm} + 3\text{ cm}$
$u = 13{,}2\text{ cm}$	$u = 16{,}4\text{ cm}$	$u = 14{,}2\text{ cm}$
$A = \frac{c \cdot h_c}{2}$	$A = a \cdot h_a$	$A = \frac{a+c}{2} \cdot h_a = m \cdot h_a$
$A = \frac{5\text{ cm} \cdot 3\text{ cm}}{2}$	$A = 5\text{ cm} \cdot 3\text{ cm}$	$A = \frac{5\text{ cm} + 2{,}5\text{ cm}}{2} \cdot 3\text{ cm}$
$A = 7{,}5\text{ cm}^2$	$A = 15\text{ cm}^2$	$A = 11{,}25\text{ cm}^2$

2 Ergänze zu 6 cm^2 großen Flächen.
z. B.
Dreieck — Parallelogramm — Drachen

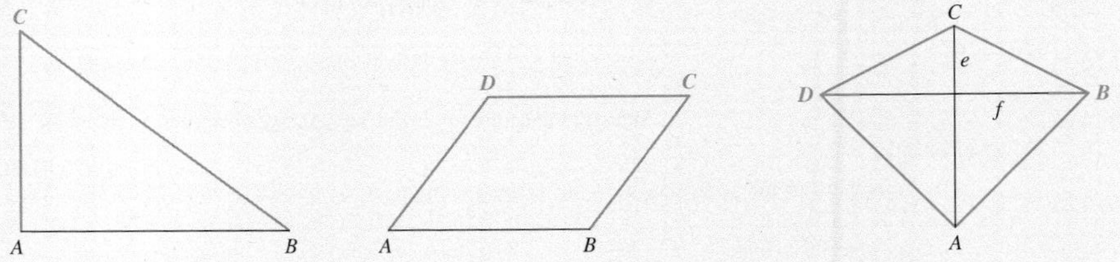

3 Ein Trapez ist 20 cm^2 groß. Die zueinander parallelen Seiten sind 2 cm und 6 cm lang. Ermittle die Höhe des Trapezes.

$m = \frac{2\text{ cm} + 6\text{ cm}}{2} = 4\text{ cm}$ $\quad 4\text{ cm} \cdot h = 20\text{ cm}^2$ und $4\text{ cm} \cdot 5\text{ cm} = 20\text{ cm}^2$

Das Trapez ist 5 cm hoch.

4 Der Hausgiebel soll mit Platten gedämmt werden. Wie teuer wird dies, wenn mit Kosten von 40 € pro Quadratmeter gerechnet wird? Runde das Ergebnis sinnvoll.

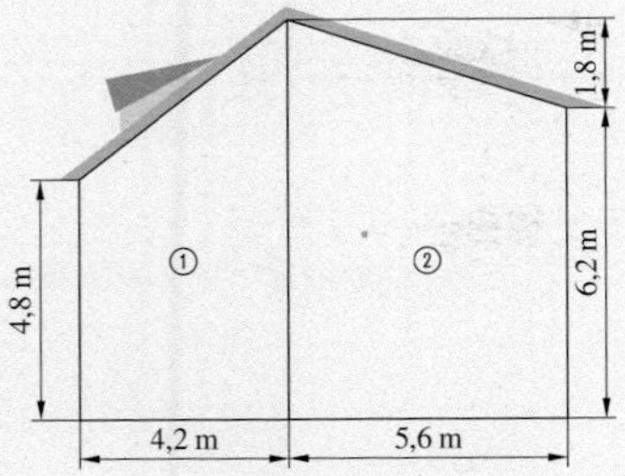

z. B.
$A_1 = \frac{4{,}8\text{ m} + (6{,}2\text{ m} + 1{,}8\text{ m})}{2} \cdot 4{,}2\text{ m} = 6{,}4\text{ m} \cdot 4{,}2\text{ m} = 26{,}88\text{ m}^2$

$A_2 = \frac{6{,}2\text{ m} + (6{,}2\text{ m} + 1{,}8\text{ m})}{2} \cdot 5{,}6\text{ m} = 7{,}1\text{ m} \cdot 5{,}6\text{ m} = 39{,}76\text{ m}^2$

$A = 26{,}88\text{ m}^2 + 39{,}76\text{ m}^2 = 66{,}64\text{ m}^2$ $\quad 66{,}64 \cdot 40\text{ €} = 2\,665{,}60\text{ €}$

Etwa 2 700 € wird die Dämmung kosten.

Kapitel Daten

1 Die Punkte eines Basketballspielers pro Spiel im Laufe einer Saison wurden erfasst.

5; 6; 7; 8; 9; 10; 12; 13; 14; 15; 18; 20; 21

a) Gib folgende Kenngrößen an.

Minimum: 5 Maximum: 21

Zentralwert: 12 unterer Viertelwert: 7,5 oberer Viertelwert: 16,5

b) Zeichne einen passenden Boxplot.

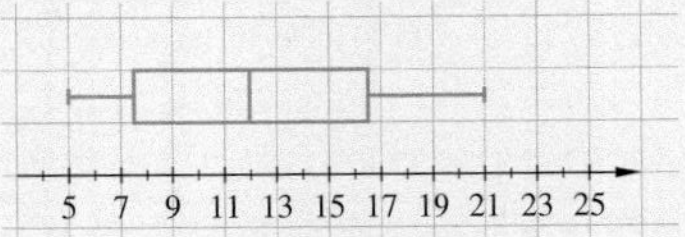

c) Ermittle das arithmetische Mittel der Werte. 12,15

2 Ordne, wenn möglich, jeweils die Spannweite und den Median zu.

- natürliche Zahlen von 4 bis 10
- ganze Zahlen von 5 bis 12
- ganze Zahlen von −10 bis −2
- Zahlen $-\frac{1}{2}; -\frac{1}{4}; -\frac{1}{6}; 0; \frac{1}{4}$ und $\frac{1}{3}$
- rationale Zahlen von −10 bis 1

Spannweite: 6 | Spannweite: $\frac{5}{6}$ | Spannweite: 8 | Spannweite: 7 | Spannweite: 5

Zentralwert: 8,5 | Zentralwert: −6 | Zentralwert: −7 | Zentralwert: 7 | Zentralwert: $-\frac{1}{12}$

Notiere zu den übrig bleibenden Angaben eine passende Datenmenge mit 4 Werten. −9; −8; −6; −4

3
① **Umfrage zur Verbesserung des Schulessens**

Frage 1: Wie findest du das Schulessen? ☐ gut ☐ schlecht
Frage 2: Gehst du fast täglich zum Schulessen? ☐ ja ☐ nein
Frage 3: Magst du auch Essen A nicht? ☐ ja ☐ nein

a) Nenne zwei Ansätze zur Manipulation der Umfrageergebnisse bei diesem Fragebogen.
z. B.
keine neutrale Wortwahl: „Verbesserung"
Anzahl der Antwortmöglichkeiten: „☐ gut ☐ schlecht" (keine Abstufung)

b) Verändere zwei Zeilen des Fragebogens so, dass das Umfrageergebnis weniger beeinflusst wird.
z. B. Umfrage zum Schulessen
1. Benote das Schulessen. ☐ 1 ☐ 2 ☐ 3 ☐ 4 ☐ 5 ☐ 6
2. Gib an, wie oft du i. d. R. pro Woche Schulessen isst. ☐ 0x ☐ 1x ☐ 2x ☐ 3x ☐ 4x ☐ 5x
3. Gib dein Lieblingsessen an. ☐ A ☐ B ☐ C ☐ sehr unterschiedlich

Kapitel Prismen

1 Markiere in den Netzen von Prismen die Seitenflächen, die Körperhöhe sowie die Grund- und die Deckfläche.
Lege dazu Farben fest.
Hinweis: Prüfe zuerst, ob es das Netz eines Prismas ist.

☐ Seitenflächen S ☐ Grund- und Deckfläche G ☐ Körperhöhe h_k

a) b) c) d)

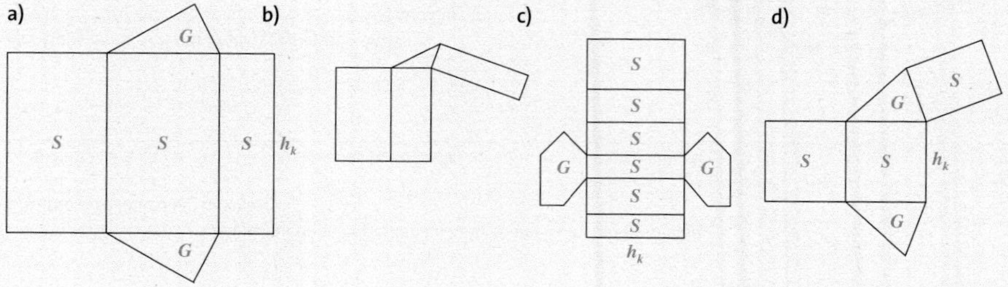

2 Ein Prisma hat als Grundfläche ein rechtwinkliges Dreieck mit 3 cm, 4 cm und 5 cm langen Seiten.
Es ist 8 cm hoch.

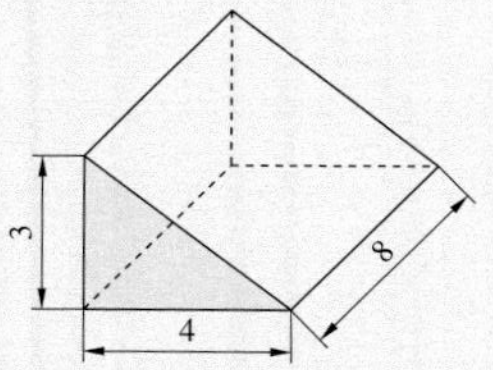

a) Berechne die Größe der Oberfläche und das Volumen des Prismas.

$M = u \cdot h_k = (3\,\text{cm} + 4\,\text{cm} + 5\,\text{cm}) \cdot 8\,\text{cm} = 96\,\text{cm}^2$ $G = \frac{3\,\text{cm} \cdot 4\,\text{cm}}{2} = 6\,\text{cm}^2$

$O = M + 2G = 96\,\text{cm}^2 + 2 \cdot 6\,\text{cm}^2 = 108\,\text{cm}^2$

$V = G \cdot h_k = 6\,\text{cm}^2 \cdot 8\,\text{cm} = 48\,\text{cm}^3$

b) Vervollständige die Grundflächen von Prismen mit gleicher Körperhöhe und gleichem Volumen.

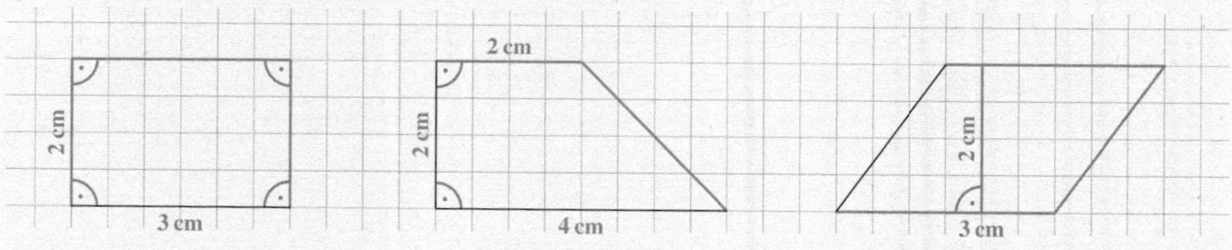

Rechteck Trapez Parallelogramm

3 Ein Architekt plant ein neues Kinderbecken für ein Hotel. Es soll groß erscheinen und nicht viel Wasser fassen.
Welches der beiden Modelle wird vermutlich gewählt? Begründe deine Antwort.

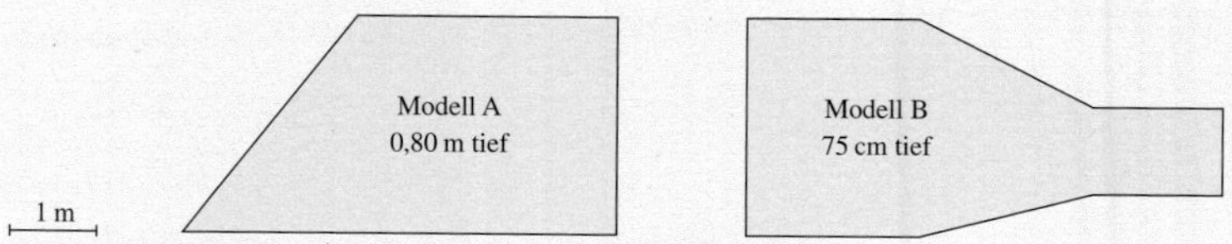

Modell B wird vermutlich gewählt.

Der Flächeninhalt der Grundflächen jedes Modells beträgt 10 m².

Modell A fast 8 m³ Wasser und Modell B nur 7,5 m³.

Jahrgangsstufentest

1

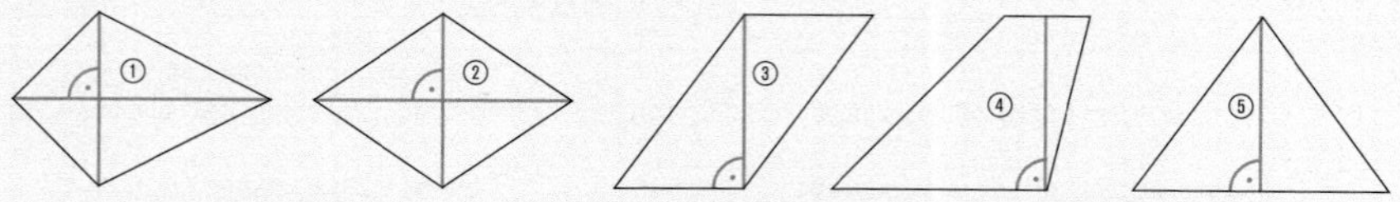

a) Benenne jede Fläche möglichst genau und berechne die Flächeninhalte. Miss die dazu benötigten Strecken.

① **Drachen** $A = \frac{2\,\text{cm} \cdot 3\,\text{cm}}{2} = 3\,\text{cm}^2$

② **Raute** $A = \frac{2\,\text{cm} \cdot 3\,\text{cm}}{2} = 3\,\text{cm}^2$

③ **Parallelogramm** $A = 1{,}5\,\text{cm} \cdot 2\,\text{cm} = 3\,\text{cm}^2$

④ **Trapez** $A = \frac{2{,}5\,\text{cm} + 1\,\text{cm}}{2} \cdot 2\,\text{cm} = 3{,}5\,\text{cm}^2$

⑤ **gleichschenkliges spitzwinkliges Dreieck** $A = \frac{3\,\text{cm} \cdot 2\,\text{cm}}{2} = 3\,\text{cm}^2$

b) Alle Flächen sind Grundflächen von 5 cm hohen geraden Prismen.
Welche der Körper haben gleich große Volumen? ①; ②; ③; ⑤

2 Maximilian sagt: „Ich habe von einer Zahl 7 subtrahiert und die Differenz mit 5 multipliziert. Das Ergebnis ist 15.“
Berechne die Zahl. Überprüfe dein Ergebnis mithilfe der Probe.

$(x-7) \cdot 5 = 15$	$\vert :5$	Probe: $(10-7) \cdot 5 = 15$	
$x - 7 = 3$	$\vert +7$	$15 = 15$	Die Aussage ist wahr.
$x = 10$	$\vert :5$		
		10 ist die gesuchte Zahl.	

3 Bankgeschäfte

a) Frau Niklas lieh sich für sieben Monate 1 300,00 € zu einem Zinssatz von 6,2 % p. a.
Berechne den Betrag, der nach sieben Monaten an die Bank zu zahlen ist.

$Z = \frac{6{,}2 \cdot 1300\,€}{100} \cdot \frac{7}{12} \approx 47{,}02\,€$ $1300\,€ + 47{,}02\,€ = 1347{,}02\,€$

1 347,02 € sind nach sieben Monaten an die Bank zu zahlen.

b) Familie Jensen legte Geld an. Nach einem Jahr bekam sie 252,00 € Zinsen bei einem Zinssatz von 2,1 % p. a.
Wie viel hatte sie angelegt?

$K = \frac{252{,}00\,€ \cdot 100}{2{,}1} = 12\,000{,}00\,€$

Sie hatte 12 000,00 € angelegt.

c) Herr Krause erhielt nach einem Jahr 89,20 € Zinsen für 4 000,00 €.
Wie viel Zinsen bekäme er nach zwei Jahren bei Verzinsung mit Zinseszins?

$p\,\% = \frac{89{,}20\,€}{4000\,€} = 2{,}23\,\%$ $\frac{2{,}23 \cdot 4089{,}20\,€}{100} = 91{,}19\,€$

Herr Krause bekäme nach zwei Jahren bei Verzinsung mit Zinseszins 91,19 € Zinsen.

4 Multipliziere.

a) $7h \cdot (2 + e - 3eh) = 14h + 7he - 21eh^2$

b) $(4 - f) \cdot (4 + f) = 16 - f^2$

c) $(10 - z)^2 = 100 - 20z + z^2$

d) $(5 + 2h)^2 = 25 + 20h + 4h^2$

5 Familie Tegen mietet sich für den Umzug einen Lkw.
Der Mietpreis beträgt 120,00 € pro Tag.
Für jeden Kilometer über 600 km sind zusätzlich 20 Cent zu zahlen.
Alle träumen davon, dass der Umzug schnell geschafft ist.

a) Ergänze die Tabelle. Trage entsprechende Punkte in das Koordinatensystem ein und zeichne den Graphen.

Fahrstrecke in km	600	700	800
Mietpreis in €	120	140	160

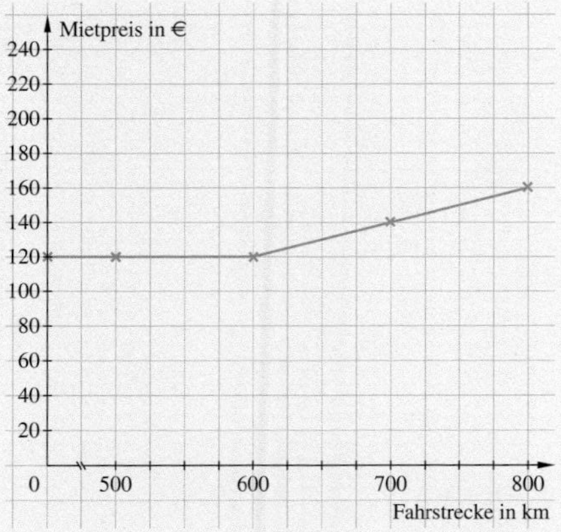

b) Ist die Zuordnung Fahrstrecke in km → Mietpreis in € eine Funktion? Ist es eine lineare Funktion?

Die Zuordnung ist eine Funktion, da sie eindeutig ist.

Sie ist keine lineare Funktion, da es keine Gleichung vom Typ $y = mx + n$ für alle x (Fahrstrecke in km) gibt.

Unter 600 km beträgt der Mietpreis stets 120 €.

c) Welche der Gleichungen passen zu einem Teil des Graphen?

☐ $y = 120x + 0{,}2$ ☒ $0{,}2x + 120 = y$

☐ $y - 0{,}2 = 120x$ ☒ $y = \frac{1}{5}x + 120$

6 Trage die Buchstaben der gesuchten Begriffe in die Kästchen ein. Wenn alles richtig ist, ergibt sich ein Lösungswort.

1. Spezielle Rechtecke sind die …
2. Bei einer Funktion mit $y = mx + n$ steht m für die …
3. Die Zinsen für den Bruchteil eines Jahres erhält man durch Multiplizieren der Zinsen für ein Jahr mit dem entsprechenden ...
4. In der Zinsrechnung nennt man den Prozentsatz …
5. Die Graphen linearer Funktionen sind …
6. Ein Körper mit zwei zueinander parallelen und kongruenten Fünfecken ist ein …
7. In der Zinsrechnung nennt man den Grundwert …
8. Eine Fläche ohne Ecken ist ein …
9. Das Ausklammern einer Zahl nennt man …
10. Jedes Prisma hat einen …
11. Wenn durch Einsetzen einer Zahl in die Gleichung eine wahre Aussage entsteht, ist diese Zahl eine …
12. Zum Überprüfen des Ergebnisses macht man eine …
13. Ein Viereck mit einem Paar paralleler Seiten ist ein …
14. Ein Hundertstel ist ein …
15. Bei Laplace-Experimenten sind die Wahrscheinlichkeiten für alle … gleich groß.
16. Boxplots zeigen statistische Kenngrößen, z. B. …
17. Sonderfälle bei der Multiplikation von Summen stellen die … Formeln dar.
18. Zwei Terme mit „=“ dazwischen ergeben eine …

1. Q U A D R A T E
2. S T E I G U N G
3. Z E I T F A K T O R
4. Z I N S S A T Z
5. G E R A D E N
6. P R I S M A
7. K A P I T A L
8. K R E I S
9. F A K T O R I S I E R E N
10. M A N T E L
11. L Ö S U N G
12. P R O B E
13. T R A P E Z
14. P R O Z E N T
15. E R G E B N I S S E
16. V I E R T E L W E R T E
17. B I N O M I S C H E N
18. G L E I C H U N G

Inhaltsverzeichnis

Dieses Heft gehört:		Klasse:	

Terme umformen und vereinfachen

▶ Grundwissen

- In Summen und Differenzen dürfen gleichartige Terme zusammengefasst werden.
- Ein Produkt aus gleichen Faktoren kann als Potenz geschrieben werden.
- Faktoren darf man vertauschen und ggf. zusammenfassen.

Beispiele:

$3a + a - 2a + 5ab - 2ab - 5b =$ ______ $+ 3ab - 5b$

$a \cdot a = a^2$ $\quad$ $2a \cdot a \cdot a = 2 \cdot a \cdot a \cdot a =$ ______

$4a \cdot a \cdot 3ab \cdot 5c = 4 \cdot 3 \cdot 5 \cdot a \cdot a \cdot a \cdot b \cdot c = 60$ ______

▶ Auftrag: Ergänze die Beispiele.

Trainieren

1 Vereinfache die Summen.

a) $a + a + a + a + b + a + a =$ ______

b) $a + a + a + a - b - a - a =$ ______

c) $a + b + a + a + b + a + c =$ ______

d) $12a + 7c - 7b - b + 2b - 5a + 3c =$ ______

e) $a + b + b + ab + ab + ab =$ ______

f) $6ac + 12ab - 2ab + 2ab - ac =$ ______

g) $a + 5a + 6a^3 + 3a^2 + 2a^3 + a^2 =$ ______

h) $a - 11a^2 + 6a^5 + 3a^2 + 2a^3 - 7a^2 =$ ______

2 Ergänze die Additionsmauern.

a)

	$11a$		
a	a	$3a$	$-2a$

b)

	$7a+2b$		
a	b	$2a$	$-b$

c)

	$6a+3ab+3b^2$		
$5ab$	b^2	$2a$	$-2ab$

3 Vereinfache die Produkte.

a) $x \cdot x \cdot x \cdot x =$ ______

b) $x \cdot x \cdot x \cdot x \cdot x \cdot x =$ ______

c) $7 \cdot x \cdot x \cdot x \cdot x \cdot x \cdot x =$ ______

d) $x \cdot x \cdot x \cdot 2x \cdot x \cdot 4x =$ ______

e) $2x \cdot 2x \cdot 2x \cdot 2x =$ ______

f) $5 \cdot x \cdot x \cdot x \cdot y \cdot y =$ ______

g) $2 \cdot x \cdot y \cdot x \cdot z \cdot y \cdot 4 =$ ______

h) $xy \cdot x^2 \cdot z \cdot 2y^3 \cdot 9 \cdot z =$ ______

4 Ergänze die Multiplikationsmauern.

a)

	$1000x^3$		
x	5	2	x^2

b)

	$250x^5$		
$2x$	x	5	x

c)

	$500x^5y^4$		
$4x$	x	$5y$	xy

5 Die Figuren wurden aus gleich langen Stäben gelegt.

①

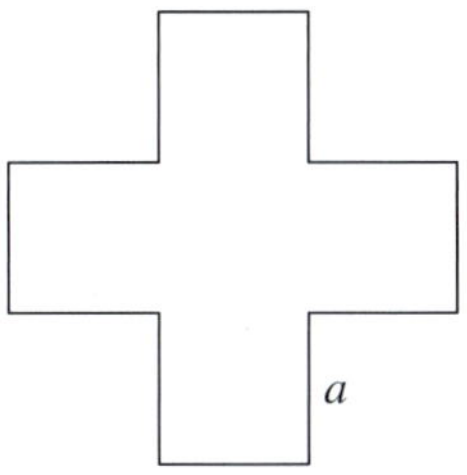

②

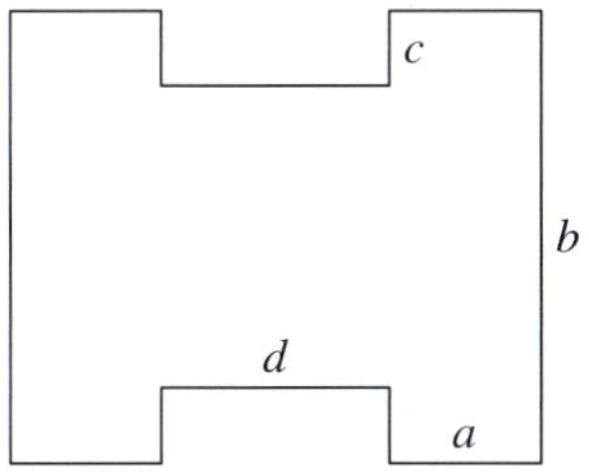

a) Markiere gleich lange Stäbe mit der gleichen Farbe.

b) Umfang und Flächeninhalt der Figuren sind gesucht.
Schreibe hinter jeden Term die Nummer der passenden Figur.
Zusatzaufgabe: Erkläre, wie durch Umformen Terme ineinander überführt werden können.

Umfang:

$1\,\text{cm} + 1\,\text{cm} + 1\,\text{cm} + 1\,\text{cm} + 1\,\text{cm} + 1\,\text{cm} + 1\,\text{cm} + 1\,\text{cm} + 1\,\text{cm} + 1\,\text{cm} + 1\,\text{cm} + 1\,\text{cm}$

$4 \cdot 1\,\text{cm} + 8 \cdot 1\,\text{cm}$

$b + a + c + d + c + a + b + a + c + d + c + a$

$4 \cdot a + 2 \cdot b + 4 \cdot c + 2 \cdot d$

$a + a + a + a + a + a + a + a + a + a + a + a$

$4 \cdot 1\,\text{cm} + 2 \cdot 3\,\text{cm} + 4 \cdot 0{,}5\,\text{cm} + 2 \cdot 1{,}5\,\text{cm}$

$12 \cdot a$

Flächeninhalt:

$1\,\text{cm} \cdot 1\,\text{cm} + 1\,\text{cm} \cdot 1\,\text{cm} + 1\,\text{cm} \cdot 1\,\text{cm} + 1\,\text{cm} \cdot 1\,\text{cm} + 1\,\text{cm} \cdot 1\,\text{cm}$

$5 \cdot 1\,\text{cm}^2$

$2 \cdot 1\,\text{cm} \cdot 3\,\text{cm} + 1{,}5\,\text{cm} \cdot 2\,\text{cm}$

$a^2 + a^2 + 3\,a^2$

$5 \cdot a^2$

$a \cdot a + a \cdot a + a \cdot a + a \cdot a + a \cdot a$

Anwenden und Vernetzen

6 Gib jeweils zuerst die Länge der Begrenzungslinien und den Flächeninhalt mit einer Summe an.
Ermittle danach die Größen für $a = 1$ cm; $b = 2$ cm; $c = 1{,}5$ cm; $d = 4{,}5$ cm; $e = 0{,}5$ cm; $f = 3{,}5$ cm und $g = 2{,}5$ cm.

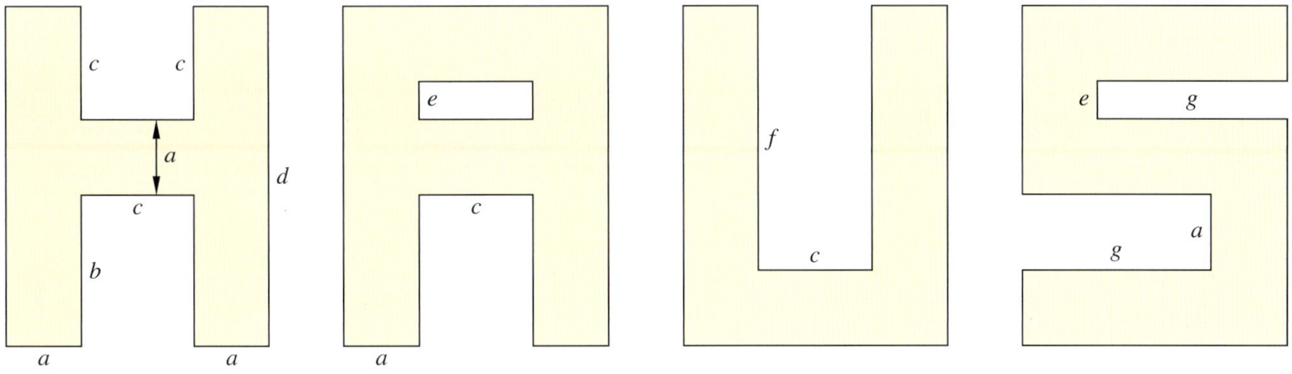

Begrenzungslinien:	Begrenzungslinien:	Begrenzungslinien:	Begrenzungslinien:
______	______	______	______
______	______	______	______
Flächeninhalt:	Flächeninhalt:	Flächeninhalt:	Flächeninhalt:
______	______	______	______
______	______	______	______

Klammern auflösen und setzen

▶ Grundwissen

Verteilungsgesetz (Distributivgesetz): Man kann eine Zahl mit einer Summe multiplizieren, indem man diese Zahl mit jedem Summanden multipliziert und die Produkte addiert.
Dieses Gesetz kann auch in umgekehrter Richtung angewandt werden.

Verteilungsgesetz: $a \cdot (b + c) = a \cdot b + a \cdot c$ Umkehrung: $a \cdot b + a \cdot c = a \cdot (b + c)$

Beispiele:

$2 \cdot (10 + 7) =$ ________ $2 \cdot 10 + 2 \cdot 7 =$ ________

$-2 \cdot (b + c) =$ ________ $-2b - 2c =$ ________

$(b + c) \cdot 2x =$ ________ $2bx + 2cx =$ ________

▶ **Auftrag:** Vervollständige die Beispiele.

Trainieren

1 Setze „=“ bzw. „≠“ ein und unterstreiche gegebenenfalls im rechten Term den Fehler.

a) $2 \cdot (6 + 4)$ □ $2 \cdot 6 + 2 \cdot 4$ **b)** $k \cdot (6 + 4)$ □ $4k + 6k$ **c)** $2k - 8sk$ □ $2k(1 - 4s)$ **d)** $3x - 2sx$ □ $\frac{1}{2}x(6 - 4s)$

e) $2a + 5b$ □ $2 \cdot (a - b)$ **f)** $-2k \cdot (3 + 4)$ □ $-6k + 8k$ **g)** $2sk - 4s$ □ $2sk(1 - 4)$ **h)** $-\frac{1}{2}y(-6-s)$ □ $3y+\frac{1}{2}sy$

i) $2 + 6b$ □ $2 \cdot (1 - 3b)$ **j)** $2k(1+2s) \cdot 2$ □ $4k+8sk$ **k)** $6sk - 4ks$ □ $2sk(3-1)$ **l)** $-\frac{1}{2}y + sy$ □ $y\left(s - \frac{1}{2}\right)$

2 Setze wie bei Teilaufgabe **a** in beiden Termen für jede Variable eine andere Zahl ein.
Prüfe, ob die Ergebnisse gleich sind.

a) $a \cdot (2b - c)$ □ $2ab - ac$

$1 \cdot (2 \cdot 2 - 5) = 2 \cdot 1 \cdot 2 - 1 \cdot 5$

$-1 = -1$

b) $3x \cdot (6y + 4z)$ □ $12xy + 6xz$

____

____

c) $2ml - 8mn$ □ $2m(2l - 4m)$

____

____

d) $0{,}3xy - 0{,}2x$ □ $\frac{1}{10}x(3y - 2)$

____

____

3 Löse die Klammern auf.

a) $5 \cdot (3x + 4) =$ ________ **b)** $-20(4a + 4b - 3c) =$ ________

c) $\frac{1}{3} \cdot (9a - 3b + 300) =$ ________ **d)** $(12z - 1) \cdot 5xy =$ ________

e) $-0{,}5h\,(h - 2f + 4h^2) =$ ________ **f)** $-0{,}2st\,(8u - 7st) =$ ________

4 Ergänze den Faktor.

a) $72 - 45k =$ ________ $\cdot (8 - 5k)$ **b)** $3y^2 + 3y =$ ________ $\cdot (y + 1)$

c) $-36v + 24v^2 =$ ________ $\cdot (3 - 2v)$ **d)** $56a^2b + 112a^3 =$ ________ $\cdot (b + 2a)$

e) $0{,}25p^2q^3 - 0{,}75p^3 =$ ________ $\cdot (q^3 - 3p)$ **f)** $2x^2yz - 8xy^2z + 6xyz^2 =$ ________ $\cdot (x - 4y + 3z)$

5 Finde Terme, die durch Ausmultiplizieren bzw. Ausklammern ineinander überführt werden können.
Markiere sie mit der gleichen Farbe.
Hinweis: Du benötigst drei Farben.

$3x^2 + 12xy - 36xyz$	$3(x^2 - 4xy + 12xyz)$
$3x(x + 4y - 12yz)$	$xy(3x + 12 - 36z)$
$3(x^2 + 4xy - 12xyz)$	$x(3x + 12y - 36yz)$
$3x^2 - 12xy + 36xyz$	$(3x^2y + 12xy - 36xyz)$
$(0{,}25x + y - 3yz) \cdot 12x$	$-(-3x^2 - 12xy + 36xyz)$

6 Klammere einen möglichst großen gemeinsamen Faktor aus.

a) $22x - 22y + 22z =$ ______ b) $22ax - 22ay + 22az =$ ______

c) $22x - 33y + 44z =$ ______ d) $12bx - 18by + 30bz =$ ______

e) $32rst - 48stw + 8st =$ ______ f) $-48ab - 12ca - 36az =$ ______

g) $-y^3 - y =$ ______ h) $-1{,}2v^2 - 1{,}8v^4 + 7{,}2uv^2 =$ ______

Anwenden und Vernetzen

7 Kreuze jeweils alle Terme an, mit denen man den Oberflächeninhalt des Körpers berechnen kann.

a) Würfelnetz

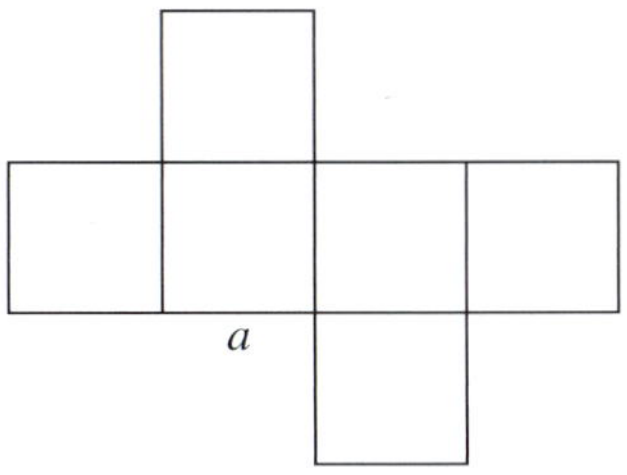

- ☐ $6a^2$
- ☐ $4a^2 + 2a^2$
- ☐ $3(a^2 + a^2)$
- ☐ $6 + (a \cdot a)$
- ☐ $a \cdot (a + a + a + a + a + a)$
- ☐ $6 - (a \cdot a)$
- ☐ $6(a^2 + a^2 + a^2 + a^2 + a^2 + a^2)$

b) Quadernetz

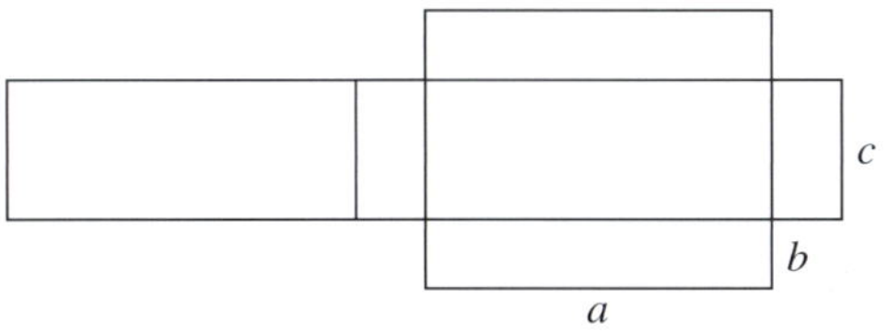

- ☐ $2(a^2 + b^2 + c^2)$
- ☐ $(a + b + a + b) \cdot c + 2ab$
- ☐ $(2a + 2b) \cdot c + 2ab$
- ☐ $2a \cdot b + 2b \cdot c + 2a \cdot c$
- ☐ $(a \cdot b + b \cdot c + a \cdot c) \cdot 2$
- ☐ $a \cdot b + b \cdot c + a \cdot c + a \cdot b + a \cdot b + a \cdot b$
- ☐ $a \cdot b + b \cdot c + a \cdot c + a \cdot b + b \cdot c + a \cdot c$

8 Schreibe zuerst zwei Terme zur Berechnung des Volumens des Körpers auf.
Berechne danach das Volumen für $a = 2\,\text{cm}$ mit deinen beiden Termen.

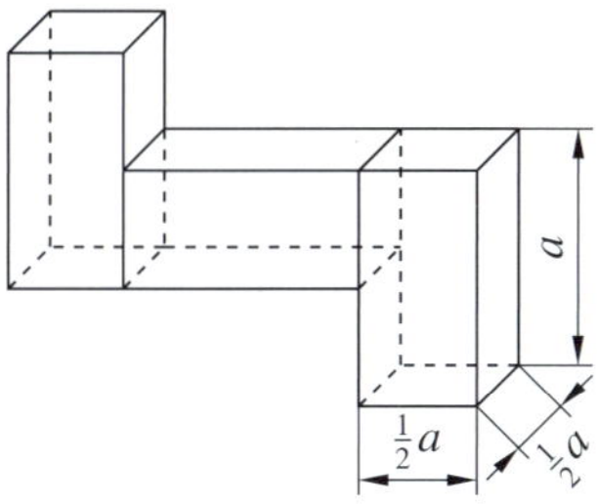

______

______

Produkte von Summen

▶ Grundwissen

Beim Multiplizieren zweier Summen wird jeder Summand der ersten Summe mit jedem Summanden der zweiten Summe multipliziert. Die dabei entstehenden Produkte werden addiert.

Beispiel: $(a + b) \cdot (c + d) = a \cdot c + a \cdot d + b \cdot c + b \cdot d$

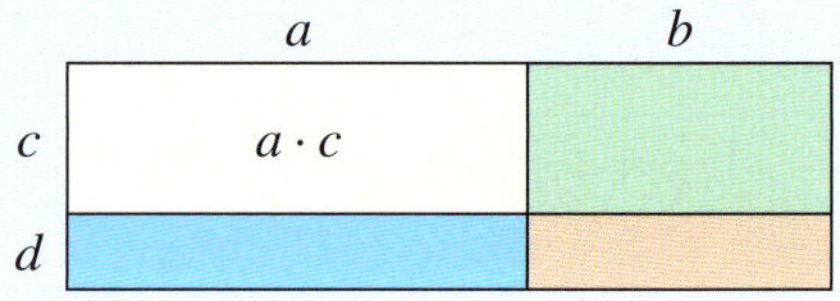

▶ **Auftrag:** Schreibe die Produkte in die entsprechenden Rechtecke.

Trainieren

1 Gib jeweils zur Berechnung des Flächeninhalts einen Term mit Klammern und einen Term ohne Klammern an. Schreibe die Produkte in die entsprechenden Rechtecke.

a)

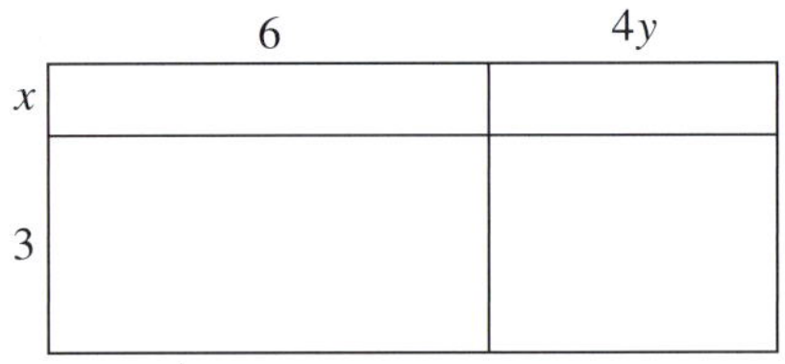

b)

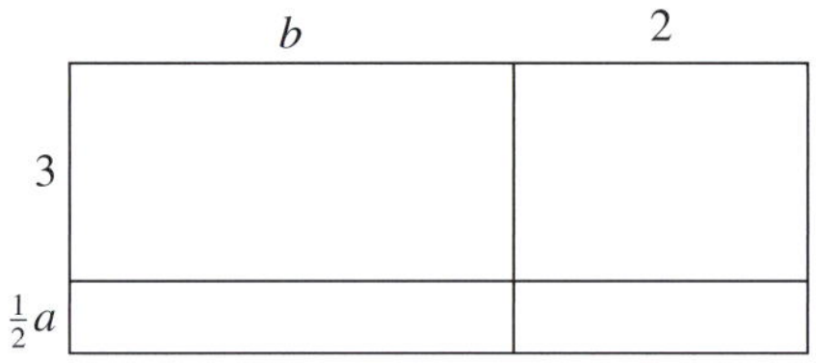

c)

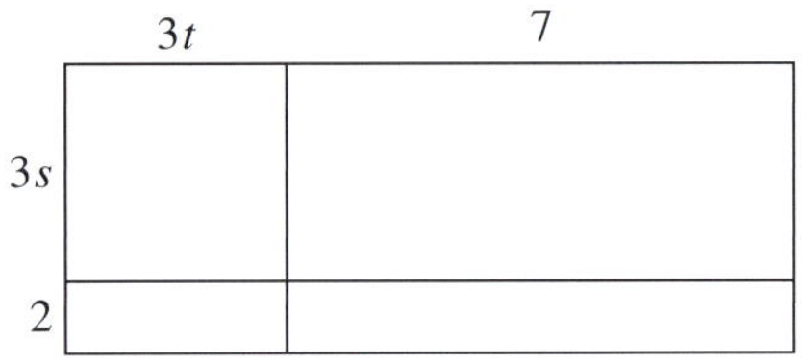

d)

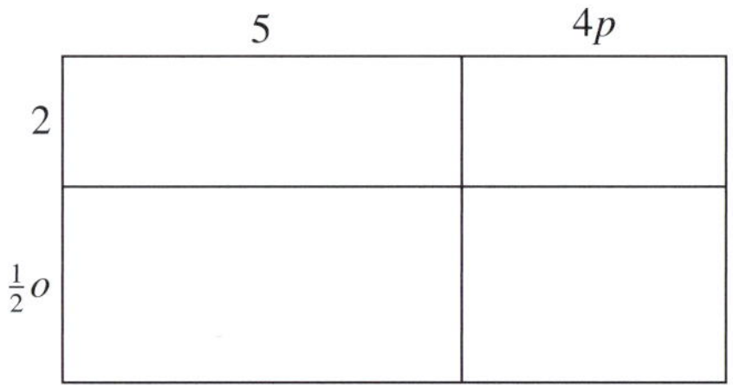

2 Multipliziere.

a) $(1 + h) \cdot (5 + e) =$ ____________

b) $(a + h) \cdot (5 + a) =$ ____________

c) $(2 + b) \cdot (5 - g) =$ ____________

d) $(-h - 7) \cdot (4 + f) =$ ____________

e) $(9 - z) \cdot (3 - 2y) =$ ____________

f) $(-1 - 2h) \cdot (-5h - e) =$ ____________

g) $(3d + 7s) \cdot (8 - 6s) =$ ____________

h) $(-5k - 4l) \cdot (-5o - 3n) =$ ____________

3 Setze „+“ und „–“ so ein, dass wahre Aussagen entstehen.

a) $(10 - l) \cdot (6 + 2m) = 60$ ☐ $20m$ ☐ $6l$ ☐ $2lm$

b) $(-5s + 3) \cdot (4 + 5t) = -20s$ ☐ $25st$ ☐ 12 ☐ $15t$

c) $(6$ ☐ $h) \cdot (11 - 2g) = 66$ ☐ $12g - 11h$ ☐ $2gh$

d) $(-2h$ ☐ $8) \cdot (9$ ☐ $5f) = -18h - 10hf - 72$ ☐ $40f$

e) $(2$ ☐ $a) \cdot (3$ ☐ $b) = 6 - 2b$ ☐ $3a - ab$

Rechenzeichen zum Abstreichen:

+	+	+
+	+	+
+	–	–
–	–	–
–	–	–

4 Verbinde zueinander passende Terme mit Linien.

$(7a + 5b) \cdot (0{,}5a - 7)$	$49a - 35ab - 2{,}5b + 3{,}5$
$(7a - 5b) \cdot (7 - 0{,}5a)$	$3{,}5a^2 + 35ab - 3{,}5a - 35b$
$(0{,}5a + 5b) \cdot (7a - 7)$	$3{,}5a^2 - 49a + 2{,}5ab - 35b$
$(7 - 5b) \cdot (7a + 0{,}5)$	$3{,}5a^2 + 35ab + 35b + 3{,}5a$
$(0{,}5a + 5b) \cdot (7a + 7)$	$-3{,}5a^2 + 2{,}5ab - 35b + 49a$

5 Welche Terme wurden vermutlich miteinander multipliziert?

a) $(\square + \square) \cdot (\square + \square) = 7a + ac + 7b + bc$

b) $(\square + \square) \cdot (\square + \square) = 36 + 12b + 3a + ab$

c) $(\square + \square) \cdot (\square - \square) = 10 - 2c + 5b - bc$

d) $(\square - \square) \cdot (\square + \square) = 32a + 8ab - 28 - 7b$

e) $(\square - \square) \cdot (\square - \square) = 9ab - 18a^2 - b^2 + 2ab$

f) $(\square - \square) \cdot (\square - \square) = 9ac + ae + 18bc + 2be$

g) $(\square + \square) \cdot (\square - \square) = 36a - 54ab + 16b - 24b^2$

h) $(\square - \square) \cdot (\square - \square) = 30ab + 30a^2 + 8bc + 8ac$

Terme zum Abstreichen:

2	3	4
4	5	7
7	12	
a	a	$-a$
b	b	b
b	b	b
c	c	e
$2a$	$2a$	$8a$
$9a$	$9a$	$-15a$
$2b$	$-2b$	$4b$
$6b$	$4c$	$-9c$

Anwenden und Vernetzen

6 Bewerte zuerst die Vorschläge zur Berechnung des Flächeninhaltes des Bildes.
Erkläre danach, wie man auf die richtig aufgestellten Terme kommen kann.
Zusatzaufgabe: Ermittle weitere passende Terme.

Saskia: $(a - 2x) \cdot (b - 2x)$ ________________

Larissa: $ab - ((a - x) \cdot (b - x))$ ________________

Clemens: $ab - (2xb + 2x \cdot (a - 2x))$ ________________

Tom: $(a + x) \cdot (b - x)$ ________________

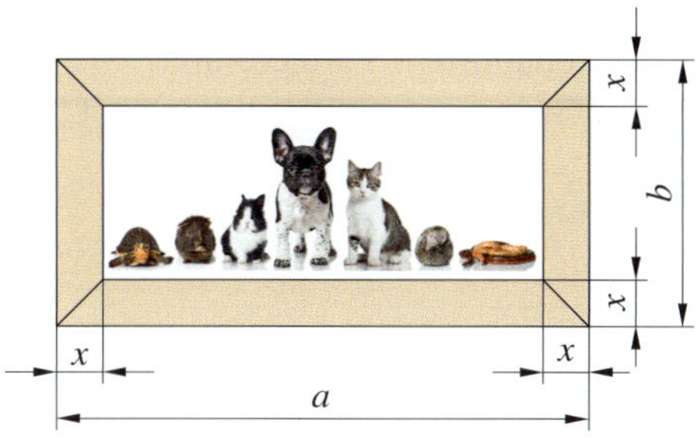

Binomische Formeln

▶ Grundwissen

Die drei binomischen Formeln sind Sonderfälle der Multiplikation von Summen.

1. binomische Formel $(a+b)^2 = a^2 + 2ab + b^2$

2. binomische Formel $(a-b)^2 = a^2 - 2ab + b^2$

3. binomische Formel $(a+b)\cdot(a-b) = a^2 - b^2$

Beispiele:

$(7+c)^2 =$ ______ $(7-e)^2 =$ ______ $(7+g)\cdot(7-g) =$ ______

(____ $+ 1)^2 = 4d^2 + 4d + 1$ (____ $- 2)^2 = 9f^2 - 12f + 4$ (____ $)\cdot(3h-9) = 9h^2 - 81$

▶ **Auftrag:** Vervollständige die Beispiele.

Trainieren

1 Ergänze mithilfe der 1. binomischen Formel.

a) $(3+h)\cdot(3+h) =$ ______

b) $(5x+y)\cdot$ ______ $= 25x^2 + 10xy$ ______

c) $(z+10)^2 =$ ______

d) $(9s +$ ______ $)^2 =$ ______ $+ 4t^2$

2 Ergänze mithilfe der 2. binomischen Formel.

a) $(6-c)\cdot(6-c) =$ ______

b) $(2x-4y)\cdot$ ______ $= 4x^2 - 16xy$ ______

c) $(5a-3b)^2 =$ ______

d) $(7y -$ ______ $)^2 =$ ______ $+ 4z^2$

3 Ergänze mithilfe der 3. binomischen Formel.

a) $(7a-b)\cdot(7a+b) =$ ______

b) $(3c+10d)\cdot($ ______ $) = 9c^2 -$ ______

c) ______ $= 0{,}25\,o^2 - 64p^2$

d) $(0{,}2s$ ______ $)\cdot(0{,}2s +$ ______ $) =$ ______ $s^2 - 121t^2$

4 Wende binomische Formeln an.
Gib im Stern die geeignete Formel mit „1“, „2“ oder „3“ an.

a) $(3+t)^2 =$ ______ ☆

b) $(7-a)\cdot(7+a) =$ ______ ☆

c) $(k-6)^2 =$ ______ ☆

d) $(5s-2)^2 =$ ______ ☆

e) $(4a+2b)^2 =$ ______ ☆

f) $(-5+e)\cdot(-5-e) =$ ______ ☆

g) $(3u-4v)\cdot(3u-4v) =$ ______ ☆

h) $(7+9x)\cdot(7+9x) =$ ______ ☆

5 Ergänze so, dass die Aussagen wahr sind.

a) $x^2 - 6x + 9 = (x -$ ☐ $)^2$

b) $(4 -$ ☐ $)\cdot(4 +$ ☐ $) = 16 - x^2$

c) $36s^2 + 120s + 100 = (6s +$ ☐ $)^2$

d) $16a^2 +$ ☐ $+ 16b^2 = (4a+4b)^2$

e) $25v^2 - 10vw + w^2 = (5v -$ ☐ $)^2$

f) $25 + 4x^2 -$ ☐ $= (5-2x)^2$

g) $81r^2 - 36s^2 = ($ ☐ $+ 6s)\cdot($ ☐ $- 6s)$

h) $49x^2 +$ ☐ $xy + 25y^2 = (7x+5y)^2$

6 Markiere gleichwertige Terme mit der gleichen Farbe.
Hinweis: Du benötigst vier Farben.

$(8x+y)^2$	$(y-8x)^2$	$(-8x+y)^2$	$(-y+8x)\cdot(y+8x)$	$64x^2-y^2$
$(y-8x)\cdot(y+8x)$	$(8x+y)\cdot(8x-y)$	$-64x^2+y^2$	$64x^2+16xy+y^2$	
$-64x^2-8xy+8yx+y^2$	$64x^2+8xy+8xy+y^2$	$64x^2-16xy+y^2$		

7 Berechne mithilfe der binomischen Formeln.

a) $97\cdot 103=(100-3)\cdot(100+3)=$ ____________________

b) $85\cdot 75=$ ____________________

c) $69^2=(70-1)^2=$ ____________________

d) $111^2=$ ____________________

e) $107\cdot 93=$ ____________________

f) $398^2=$ ____________________

Anwenden und Vernetzen

8 Gegeben ist ein Quadrat mit der Seitenlänge c.
Durch Verlängern von c um 2 cm entsteht ein neues Quadrat.
Gib eine Formel zur Berechnung des Flächeninhalts des neuen Quadrates an.

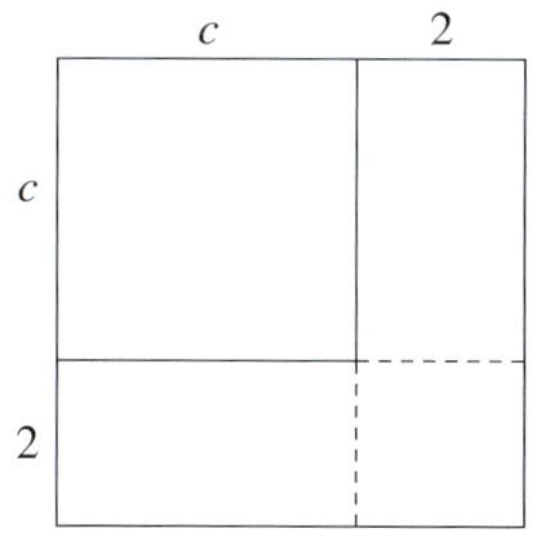

____

____

9 Multipliziere und vereinfache so weit wie möglich.

$(a+b)^3=(a+b)\cdot(a+b)^2=$ ____________________

____

10 Frau Schmidt hat die Wahl zwischen einem quadratischen Grundstück und einem rechteckigen Grundstück.
Das quadratische Grundstück hat eine Seitenlänge von 20 m.
Die eine Seite des rechteckigen Grundstücks ist 7 m länger und die andere Seite 7 m kürzer als die des quadratischen Grundstücks.
Vergleiche die Fläche der beiden Grundstücke.

____

____

____

____

Gleichungen aufstellen und lösen

▶ Grundwissen

Gleichungen können durch Äquivalenzumformungen gelöst werden.
Man darf auf beiden Seiten
- den gleichen Term subtrahieren,
- den gleichen Term addieren,
- durch den gleichen Term ($\neq 0$) dividieren,
- mit dem gleichen Term ($\neq 0$) multiplizieren.

Beispiel:

$5x - 6 = 10 + 3x$	| ______	
$2x - 6 = 10$	| ______	
$2x = 16$	| ______	
$x = 8$		Lösung: 8

▶ **Auftrag:** Ergänze die Äquivalenzumformungen.

Trainieren

1 Wie viele ◯ sind so schwer wie ein ☒?
Veranschauliche die Lösungsschritte und schreibe passende Gleichungen auf.

a)

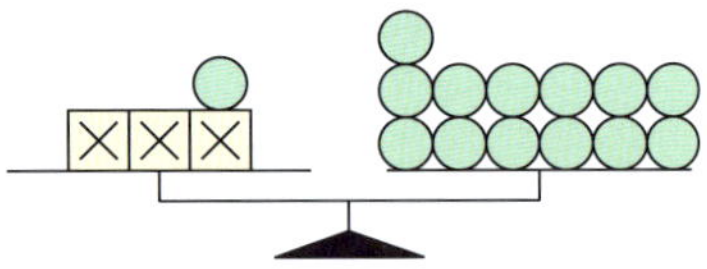

$3x + 1 = 13$ $\quad | -1$

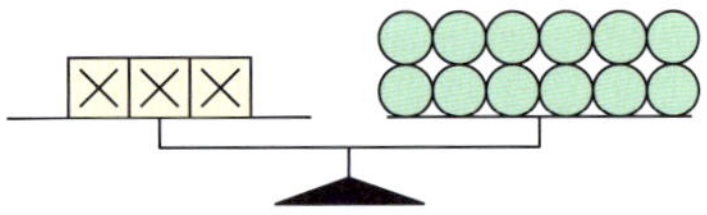

______ = ______ | ____

______ = ______

b)

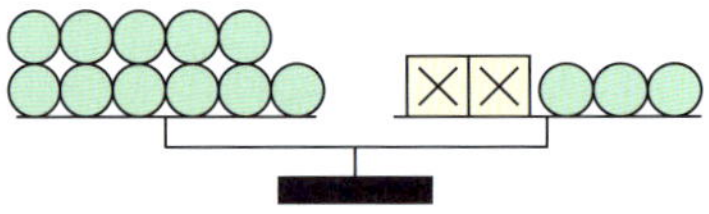

______ = ______ | ____

______ = ______ | ____

______ = ______

c)

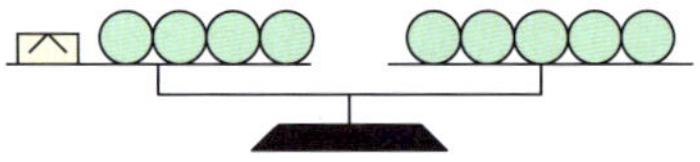

______ = ______ | ____

______ = ______ | ____

______ = ______

2 Ergänze.

a)
$8x + 3 = 2x + 9$ | ____
$8x = 2x + 6$ | $-2x$
______________ | ____
$x = 1$
Lösung: ____________

b)
$10x - 9 = 6x + 11$ | ____
$10x = 6x + 20$ | $-6x$
______________ | ____
____
Lösung: ____________

c)
$2x - 15 + 3x = -x + 15$ | ____
______ $= -x + 30$ | $+x$
______________ | ____
____
Lösung: ____________

3 Ermittle die Lösungen.
Hinweis: Bringe zuerst alle „x“ auf die Seite, wo bereits mehr „x“ sind.

a) $12x - 9 = 8x + 3$

b) $31x - 99 = 6x + 1$

c) $7x - 15 + 11x = -2x + 15$

4 Die folgenden Gleichungen wurden nicht richtig gelöst.
Unterstreiche zuerst alle Fehler. Löse danach die Gleichungen.
Zusatzaufgabe: Führe jeweils die Probe durch.

a)
$8 + 15x = 5x + 8 \quad | +5x$
$8 + 20x = 8 \quad | -8$
$20x = 0 \quad | : 20$
$x = 0$

Lösung: 0

b)
$14x - 81 = 6x + 7 - 6x$
$14x - 81 = 12x + 7 \quad | -12x$
$2x - 81 = 7 \quad | +81$
$2x = 88 \quad | -2$
$x = 86$

Lösung: 86

c)
$9x - 9 + 41x = -5x + 11$
$9 + 50x = -5x + 11 \quad | +5x$
$9 + 55x = 11 \quad | +9$
$55x = 20 \quad | : 20$
$x = \frac{55}{20}$

Lösung: 2,75

Anwenden und Vernetzen

5 Vier Schülerinnen unterhalten sich über ihr Alter. Wie alt sind Janne und die anderen?

a) Kreuze die passende Gleichung an.

☐ $x + (x + 3) + (x + 3) + (2x + 9)$
☐ $x + (x + 3) + (x + 3) + (2x - 9)$
☐ $x + (x + 3) + (2x - 9)$

b) Ermittle das Alter jedes der vier Mädchen.

Formeln

▶ Grundwissen

Formeln sind spezielle Gleichungen. Die Äquivalenzumformungen für Gleichungen gelten somit auch für Formeln.

Beispiel: Ermitteln der Kantenlänge a des abgebildeten Quaders mit insgesamt 96 cm Kantenlänge.

1. Umstellen nach der gesuchten Größe. $16a = k$ | ______

   $a =$ ______

2. Einsetzen der gegebenen Größe(n) und Berechnen der gesuchten Größe. $a =$ ______

   $a =$ ______

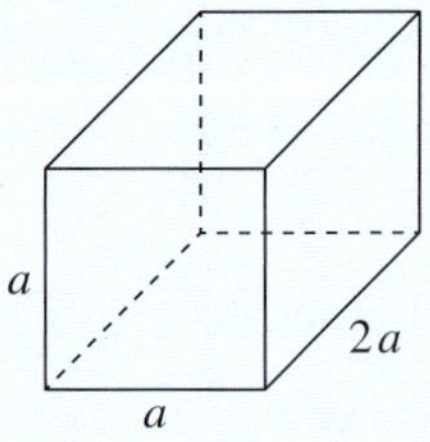

▶ **Auftrag:** Vervollständige das Beispiel.

Trainieren

1 Einsetzen in Formeln und berechnen von Werten

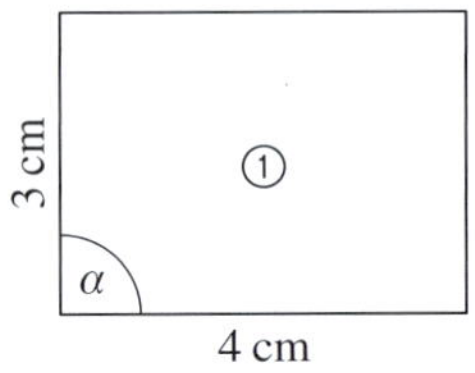

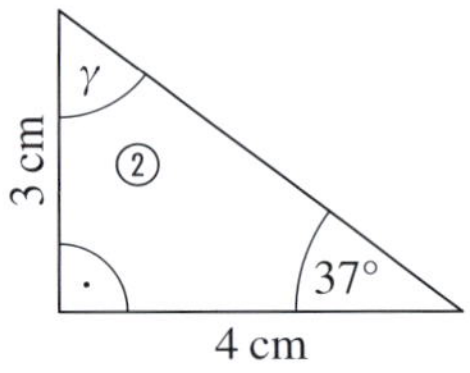

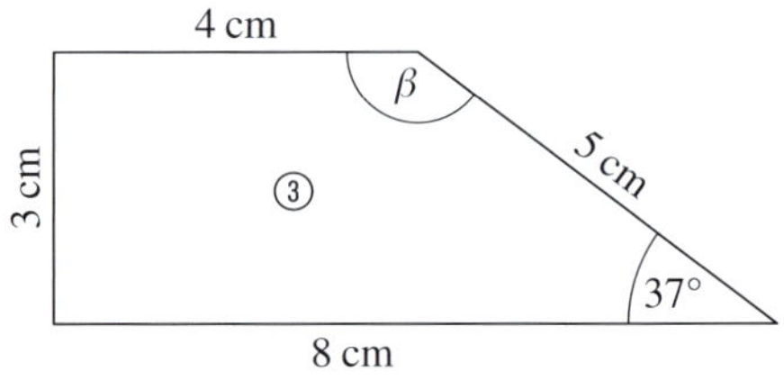

a) Berechne die Flächeninhalte der drei Figuren.

$A_{①} = a \cdot b$	$A_{②} = \frac{a \cdot b}{2}$	$A_{③} = 1{,}5 \cdot a \cdot b$
$A_{①} =$ ______	$A_{②} =$ ______	$A_{③} =$ ______
$A_{①} =$ ______	$A_{②} =$ ______	$A_{③} =$ ______

b) Berechne die Umfänge der drei Figuren.

$u_{①} = 2a + 2b$	$u_{②} = a + b + c$	$u_{③} = 3a + b + c$
$u_{①} =$ ______	$u_{②} =$ ______	$u_{③} =$ ______
$u_{①} =$ ______	$u_{②} =$ ______	$u_{③} =$ ______

c) Berechne die Winkelgrößen der drei Figuren.

$\alpha_{①} = 360° : 4$	$\gamma_{②} = 180° - \alpha - \beta$	$\beta_{③} = 90° + \gamma$
$\alpha_{①} =$ ______	$\gamma_{②} =$ ______	$\beta_{③} =$ ______

2 Mit der Formel kann man Flächeninhalte von Trapezen berechnen. Vervollständige die Umformungen nach a und h.

a) Umformen nach h

$A = \frac{1}{2}(a + c) \cdot h$ | ______

______ $= h$

______ $= 2A : (a + c)$

b) Umformen nach a

$A = \frac{1}{2}(a + c) \cdot h$

$A = 0{,}5\,ah +$ ______ | ______

______ $= 0{,}5\,ah$ | ______

$(A - 0{,}5\,ch) : 0{,}5\,h =$ ______

3 Formeln umstellen und Werte berechnen
Hinweis: Es handelt sich um Flächen wie bei Aufgabe **1**. Die Maße sind jedoch andere.

a) Stelle jeweils zuerst die Formel nach a um.
Setze danach die angegebenen Größen ein und berechne a.

$b = 2\,\text{cm}$ $A = 72\,\text{cm}^2$

1. Umstellen nach a

$A_{\textcircled{1}} = a \cdot b$ | ____ $A_{\textcircled{2}} = \frac{a \cdot b}{2}$ | ____ $A_{\textcircled{3}} = 1{,}5 \cdot a \cdot b$ | ____

____ = ____ ____ = ____ | ____ ____ = ____

____ = ____

2. Einsetzen und berechnen

$a_{\textcircled{1}} =$ ____ $a_{\textcircled{2}} =$ ____ $a_{\textcircled{3}} =$ ____

$a_{\textcircled{1}} =$ ____ $a_{\textcircled{2}} =$ ____ $a_{\textcircled{3}} =$ ____

b) Stelle jeweils zuerst die Formel nach b um.
Setze danach die angegebenen Größen ein und berechne b.

$u = 50\,\text{cm}$ $a = 5\,\text{cm}$ $c = 10\,\text{cm}$

1. Umstellen nach b

$u_{\textcircled{1}} = 2a + 2b$ | ____ $u_{\textcircled{2}} = a + b + c$ | ____ $u_{\textcircled{3}} = 3a + b + c$ | ____

____ = ____ | ____ ____ = ____ | ____ ____ = ____ | ____

____ = ____ ____ = ____ ____ = ____

2. Einsetzen und berechnen

$b_{\textcircled{1}} =$ ____ $b_{\textcircled{2}} =$ ____ $b_{\textcircled{3}} =$ ____

$b_{\textcircled{1}} =$ ____ $b_{\textcircled{2}} =$ ____ $b_{\textcircled{3}} =$ ____

Anwenden und Vernetzen

4 Wer mehr als 93 % der erreichbaren Punkte hat, bekommt einen Preis.

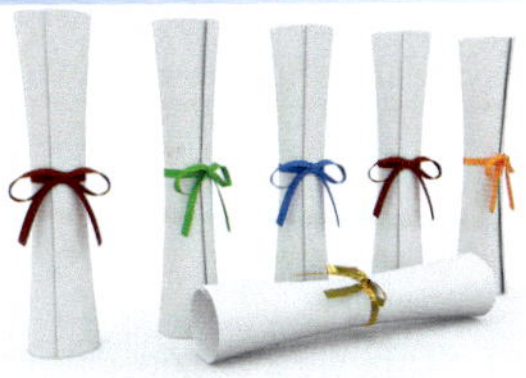

a) Beantworte die Fragen.
Hinweis: Rechne auf einem zusätzlichen Blatt. Nutze den Dreisatz.

Isla fragt: „Gibt es einen Preis, wenn 23 von 26 Punkten erreicht wurden?“ ____

Oliver fragt: „Ab welcher Punktzahl gibt es einen Preis, wenn 40 Punkte möglich sind?“ ____

Grace fragt: „23 Punkte sind genau 92 %. Wie viele Punkte können erreicht werden?“ ____

b) Ethean sagt: „Im Internet steht: Mit der Gleichung $\frac{W}{p} = \frac{G}{100}$ kann man alle Aufgaben zur Prozentrechnung lösen.
Man muss nur umstellen, einsetzen und ausrechnen.
W steht für die Größe des Anteils vom Ganzen. p steht für den Anteil vom Ganzen. G steht für das Ganze.“

Stelle zuerst die Gleichung nach W, p und G um.
Prüfe danach, ob du mithilfe der Formeln bei Teilaufgabe **a** zu den gleichen Ergebnissen kommst.

Funktionen

▶ Grundwissen

Eine Zuordnung, bei der jedem x-Wert genau ein y-Wert zugeordnet wird, heißt Funktion.

Beispiel für ________ Funktion:

$x \to x^2$

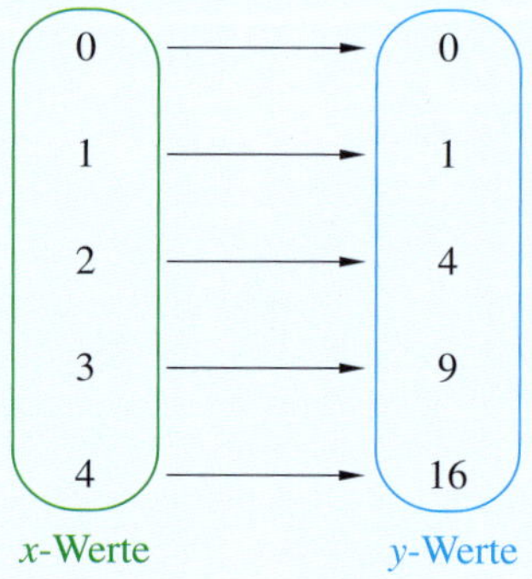

Beispiel für ________ Funktion:

Abstand zu „0“ → Zahlen

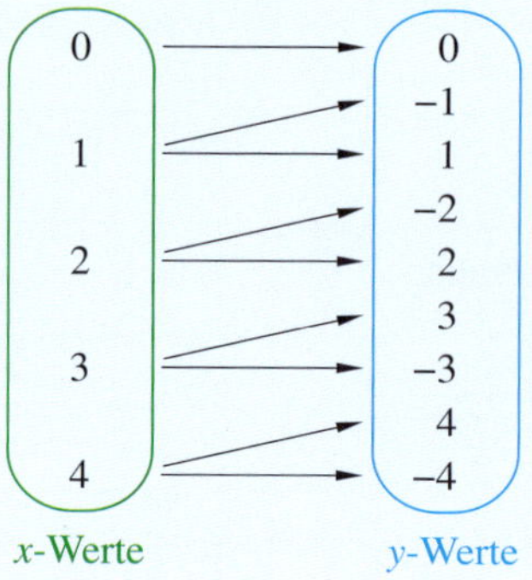

▶ Auftrag: Welches Beispiel zeigt eine bzw. keine Funktion?

Trainieren

1 Kreuze die Funktionen an.
Hinweis: Erkläre einer Mitschülerin oder einem Mitschüler, was anders sein müsste, damit es eine Funktion ist.

a) Graphen zu Zuordnungen

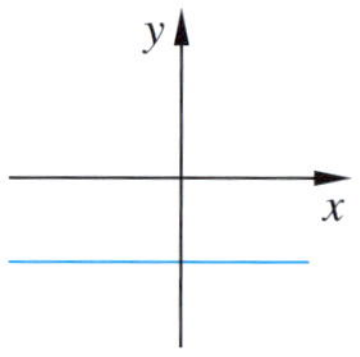

☐ Funktion

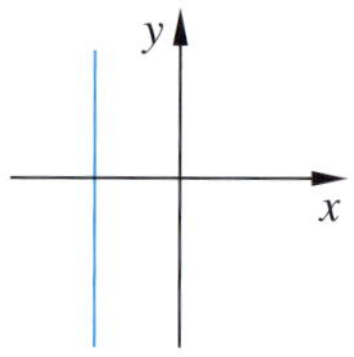

☐ Funktion

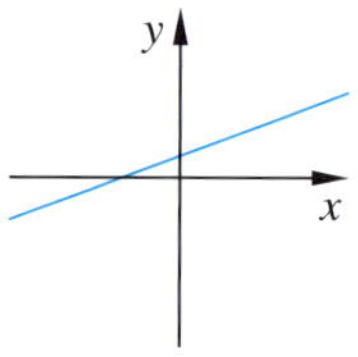

☐ Funktion

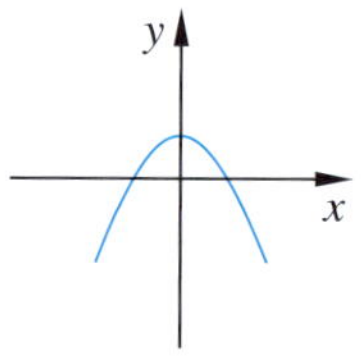

☐ Funktion

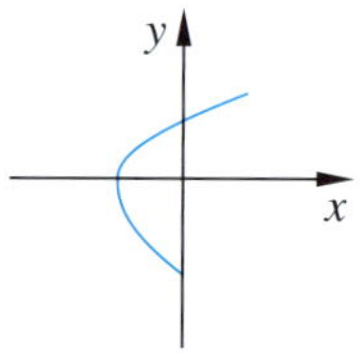

☐ Funktion

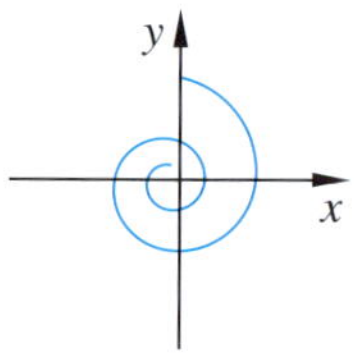

☐ Funktion

b) Wortvorschriften zu Zuordnungen

Mitschüler → letzte Sportnote ☐ Funktion

Tür → Schlüssel ☐ Funktion

Sternzeichen → Geburtsmonat ☐ Funktion

Ort → Telefonvorwahl ☐ Funktion

Schüler → Klassenlehrer ☐ Funktion

Tageszeit → Ortstemperatur ☐ Funktion

c) Tabellen zu Zuordnungen

Tageszeit	6:00	8:00	9:00	9:30
Temperatur in °C	7	8	9	9

☐ Funktion

Wochentag	Mo.	Di.	Mi.	Do.
Unterrichtsstunden	7	6	7	7

☐ Funktion

Reisedauer	4 d	5 d	6 d	7 d
Reisepreis in €	200	250	250	280

☐ Funktion

Gäste	1	2	3	2
bestellte Getränke	1	3	3	2

☐ Funktion

2 Gib zwei Funktionen zu Dreiecken an.

Seitenlänge
vom Dreieck → ______________________

Seitenlänge
vom Dreieck → ______________________

3 Stelle die Zuordnungen, die keine Funktionen sind, im Koordinatensystem dar.
Markiere im Koordinatensystem die Stellen, an denen du erkennst, dass es sich nicht um Funktionen handelt.

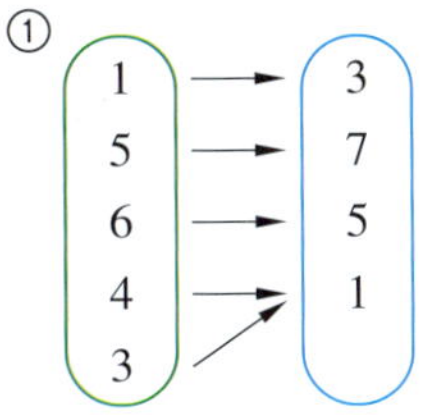

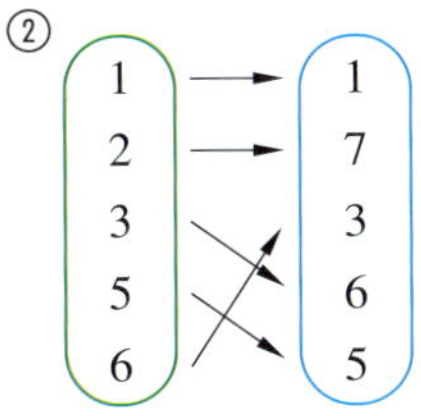

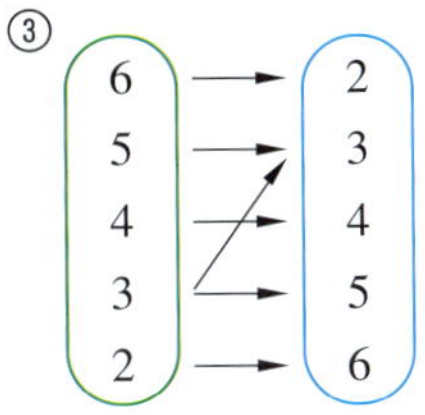

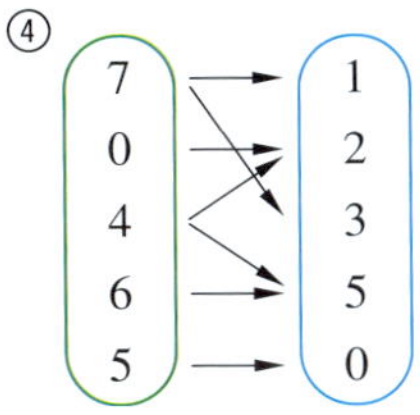

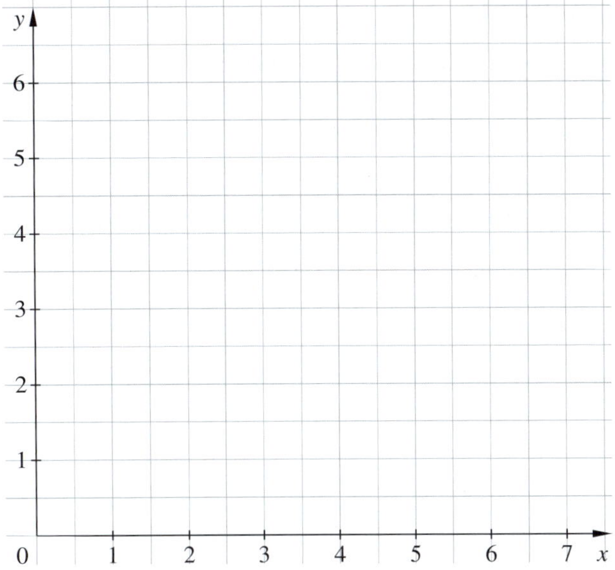

Anwenden und Vernetzen

4 Leonie, ist die Leichteste und Maja ist kleiner als Leonie, aber sie ist nicht viel schwerer.
Julia ist kleiner als Amelie, aber schwerer.
Doreen ist 4 cm größer als Julia, und Ulrike ist nur 1 cm kleiner als Julia.
Eine der beiden gleich großen Mädchen muss Kerstin sein.
Die Schwerste ist Doreen, und Amelie sowie Julia unterscheiden sich um 1 kg.
Kerstin ist schlanker als Ulrike, also bestimmt leichter als sie.

a) Trage jeden Namen an der richtigen Stelle ein.
Hinweis: Trage zunächst mit Bleistift die Anfangsbuchstaben der Namen an passenden Stellen ein.

Masse \ Größe	161 cm	166 cm	167 cm	168 cm	168 cm	172 cm	174 cm
55 kg							
59 kg							
64 kg							
67 kg							
68 kg							
70 kg							
71 kg							

b) Kreuze die Funktion an.

☐ Größe → Masse ☐ Masse → Größe

Vervollständige die Pfeildiagramme und begründe deine Entscheidung grafisch.

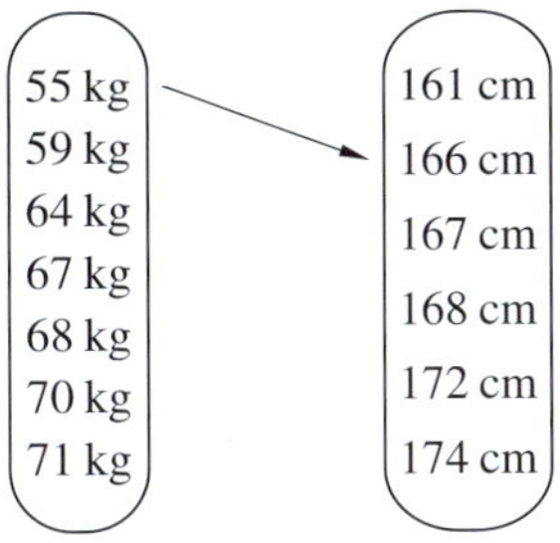

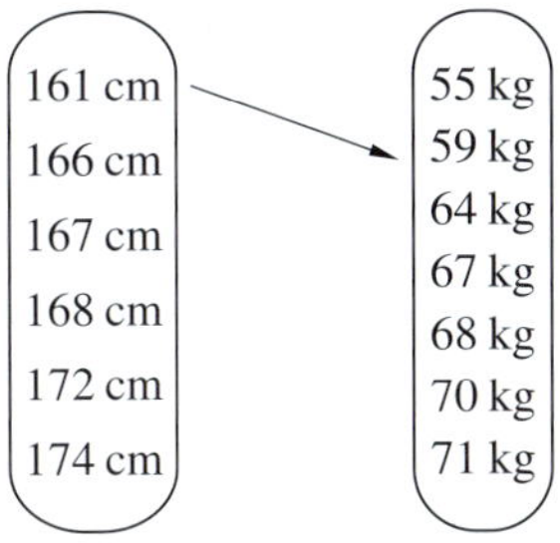

Lineare Funktionen

▶ Grundwissen

Eine Funktion der Form $y = mx + n$ heißt lineare Funktion.
Ihr Graph ist eine Gerade mit der Steigung m und dem Achsenabschnitt n auf der y-Achse.

Beispiele:

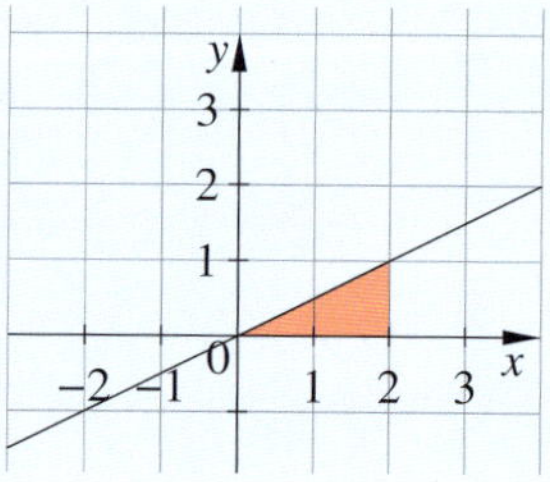

$m =$ ___ $n =$ ___

$y =$ ___

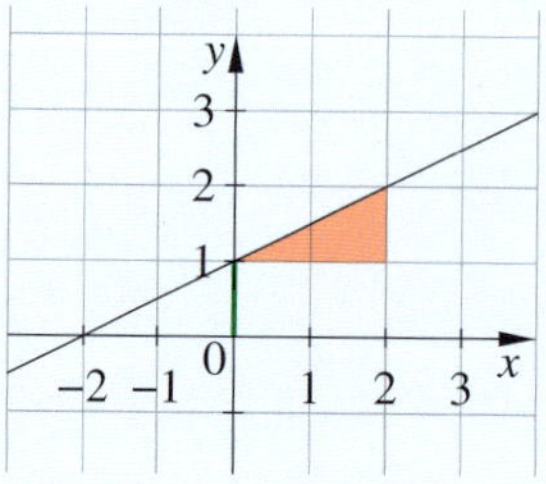

$m =$ ___ $n =$ ___

$y =$ ___

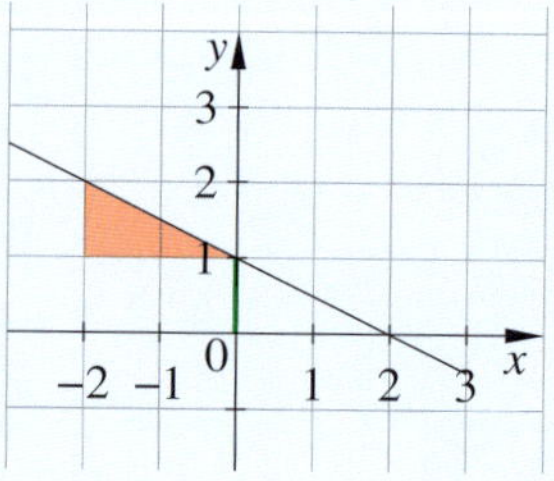

$m =$ ___ $n =$ ___

$y =$ ___

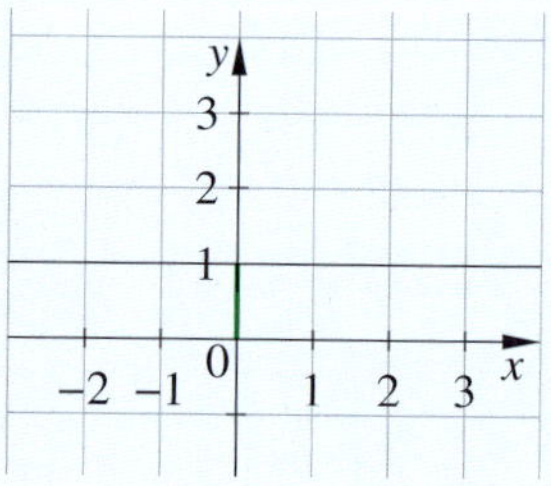

$m =$ ___ $n =$ ___

$y =$ ___

▶ Auftrag: Gib jeweils m, n und die Funktionsgleichung an.

Trainieren

1 Ergänze zuerst den Schnittpunkt mit der y-Achse.
Entscheide danach, ob die Gerade von links nach rechts fällt oder steigt.

a) $y = x + 6$ $P(0\,|$ ___ $)$ ist der Schnittpunkt mit der y-Achse. Die Gerade … ☐ fällt ☐ steigt

b) $y = 2x - 7$ $P(0\,|$ ___ $)$ ist der Schnittpunkt mit der y-Achse. Die Gerade … ☐ fällt ☐ steigt

c) $y = -3x + 8$ $P(0\,|$ ___ $)$ ist der Schnittpunkt mit der y-Achse. Die Gerade … ☐ fällt ☐ steigt

d) $y = -4x - 9$ $P(0\,|$ ___ $)$ ist der Schnittpunkt mit der y-Achse. Die Gerade … ☐ fällt ☐ steigt

2 Funktionsgleichungen und Graphen

a) Gib jeweils zuerst m und n an und beschrifte danach die Graphen.

$y_1 = 3x + 6$ $m =$ ___ $n =$ ___

$y_2 = 3x + 3$ $m =$ ___ $n =$ ___

$y_3 = 3x - 2$ $m =$ ___ $n =$ ___

$y_4 = \frac{2}{3}x - 2$ $m =$ ___ $n =$ ___

b) Gib jeweils zuerst m und n an und zeichne danach die Graphen.

$y_5 = -2$ $m =$ ___ $n =$ ___

$y_6 = -2x + 3$ $m =$ ___ $n =$ ___

$y_7 = -x - 2$ $m =$ ___ $n =$ ___

$y_8 = -x$ $m =$ ___ $n =$ ___

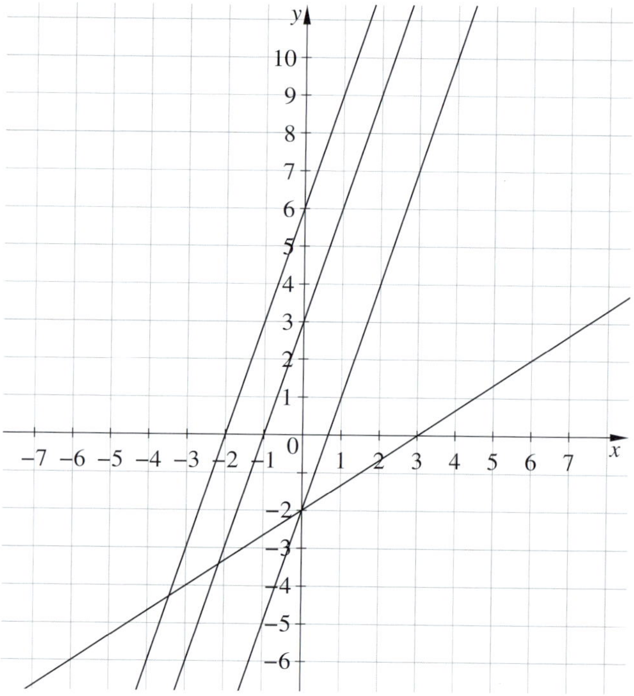

3 Im Koordinatensystem ist der Graph einer linearen Funktion eingezeichnet.

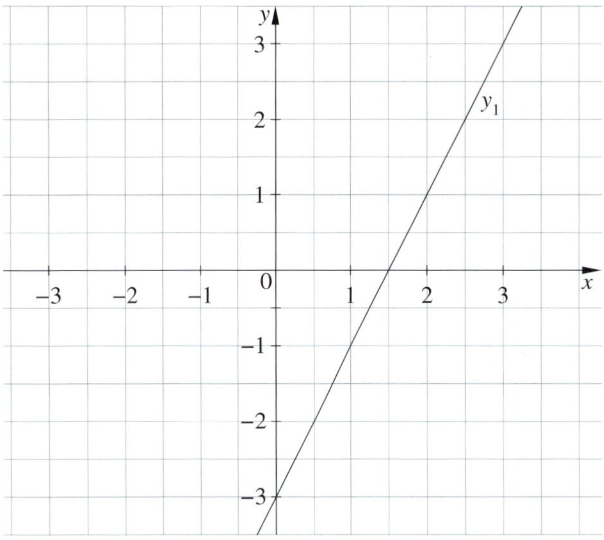

a) Gib die Funktionsgleichung dieser linearen Funktion y_1 an.

y_1 = ____________________

b) Verschiebe die Gerade y_1 fünf Einheiten nach oben. Gib die Funktionsgleichung zu dieser Geraden y_2 an.

y_2 = ____________________

c) Zeichne eine Gerade y_3, die senkrecht zu y_1 verläuft und durch den Punkt $P(1{,}5\,|\,0)$ geht. Gib ihre Gleichung an.

y_3 = ____________________

d) Spiegele die Gerade y_1 an der y-Achse und ermittle die zugehörige Funktionsgleichung.

y_4 = ____________________

4 Graphen mit Gemeinsamkeiten zu $y = 4{,}6x - 12{,}8$.

a) Gib die Funktionsgleichung des Graphen an, der durch $P(0|0)$ und parallel zu dem von $y = 4{,}6x - 12{,}8$ verläuft. ____________________

b) Gib die Funktionsgleichung des Graphen an, der durch $P(0|12{,}8)$ verläuft und halb so stark steigt. ____________________

Anwenden und Vernetzen

5 Leni verreiste mit ihren Eltern. Sie fuhren zuerst 62 km auf Landstraßen mit sehr unterschiedlichen Geschwindigkeiten und danach durchschnittlich 112,5 Kilometer pro Stunde auf der Autobahn.

a) Vervollständige die Tabelle zur Fahrt auf der Autobahn und trage die Wertepaare in das Koordinatensystem ein.

Zeit in min	Strecke in km
0	62,0
8	
16	
20	
40	
60	

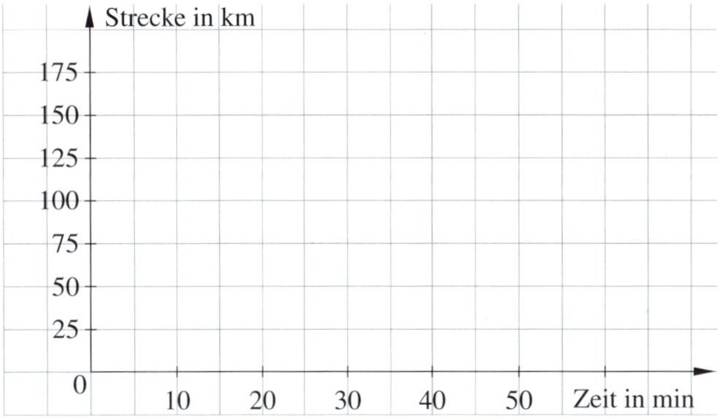

b) Warum ist es angebracht, die Punkte miteinander zu verbinden?

____

c) Schreibe eine Funktionsgleichung zum Graphen bei Teilaufgabe **a** auf. Gib die praktische Bedeutung beider Variablen an.

Funktionsgleichung: ____________________

y steht für ____________________

x steht für ____________________

Zufallsexperimente und Wahrscheinlichkeiten

▶ Grundwissen

- Nach einer großen Anzahl von Versuchen ändert sich bei einem Zufallsexperiment die relative Häufigkeit durch weitere Versuche nur noch wenig. (Gesetz der großen Zahlen)
- Bei einer großen Anzahl von Versuchen ist die relative Häufigkeit ein Schätzwert für die Wahrscheinlichkeit eines Ausgangs.

Beispiel: „Rot“ würfeln.

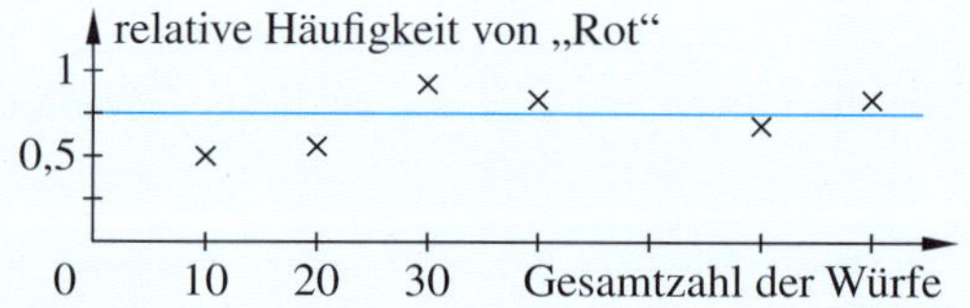

Ein Schätzwert für die Wahrscheinlichkeit von „Rot“ ist ________

▶ Auftrag: Gib einen Schätzwert für die Wahrscheinlichkeit von „Rot“ an.

Trainieren

1 Kreuze zuerst die Zufallsexperimente an. Gib danach gegebenenfalls die möglichen Ausgänge an.
Zusatzaufgabe: Sind die Ausgänge eines der Zufallsexperimente gleichwahrscheinlich?

☐ Kiara schaut, ob die Autoampel „Grün“ zeigt. ________________

☐ Philip schreibt den Betrag von −13 richtig auf. ________________

☐ Nele schaut aus dem Fenster, ob es regnet. ________________

☐ Viktor begegnet Viktoria an einem Wochentag. ________________

2 Würfeln mit zehnseitigen Würfeln

a) Ermittle die relativen Häufigkeiten der „6“.

Anzahl der Versuche	10	50	100	150	200	250	300	350	400
absolute Häufigkeit	0	5	10	18	22	24	29	34	43
relative Häufigkeit									

b) Veranschauliche zuerst die relativen Häufigkeiten der „6“ im Diagramm.
Schätze danach, mit welcher Wahrscheinlichkeit eine „6“ fällt. Zeichne dazu eine Linie ein.

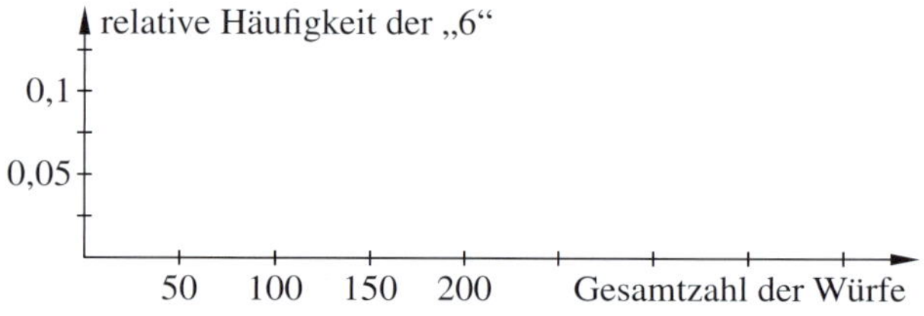

c) Ermittle die relativen Häufigkeiten, „zwei gleiche Augenzahlen“ mit zwei Würfeln zu erhalten.

Anzahl der Versuche	10	50	100	150	200	250	300	350	400
absolute Häufigkeit	1	3	6	10	10	13	15	24	29
relative Häufigkeit									

d) Veranschauliche zuerst die relativen Häufigkeiten „zweier gleicher Augenzahlen“ im Diagramm.
Schätze danach, mit welcher Wahrscheinlichkeit die Augenzahlen gleich sind. Zeichne dazu eine Linie ein.

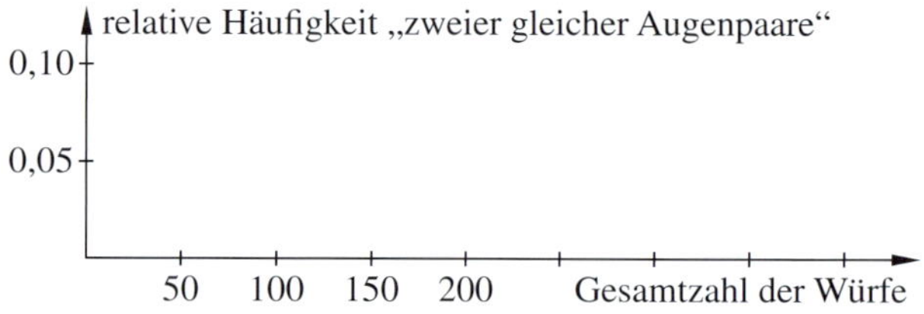

3 Ist die Wahrscheinlichkeit „0“ oder „1“ oder zwischen „0 und 1“?
Kreuze an.

	0 %	50 %	100 %
a) Ein zufällig ausgewählter Schüler hat morgen Geburtstag.	☐	☐	☐
b) Ein zufällig ausgewählter Schüler hat in den nächsten 13 Monaten Geburtstag.	☐	☐	☐
c) Ein zufällig ausgewählter Schüler hat sechs mal Geburtstag in einem Schuljahr.	☐	☐	☐
d) Ein zufällig ausgewählter Schüler hat eine Schwester.	☐	☐	☐
e) Ein zufällig ausgewählter Schüler hat keinen Bruder.	☐	☐	☐
f) Ein zufällig ausgewählter Schüler hat drei Mütter.	☐	☐	☐
g) Ein zufällig ausgewählter Schüler hat heute verschlafen.	☐	☐	☐
h) Ein zufällig ausgewählter Schüler deiner Klasse ist älter als 9 Jahre.	☐	☐	☐

Anwenden und Vernetzen

4 Gleichzeitiges Würfeln mit einem Würfel und einem Quader mit den Ziffern „1“ bis „6“
Hinweis: Nimm als Quader z. B. einen Radiergummi oder einen Baustein.

a) Ermittle die absoluten Häufigkeiten der Augensummen bei jeweils 50 Versuchen.
Hinweis: Erfasse die Anzahl der Versuche mit einer Strichliste auf einem zusätzlichen Blatt.

	50 Versuche	50 Versuche	50 Versuche	50 Versuche	50 Versuche	50 Versuche	50 Versuche	50 Versuche
„Summe 2“								
„Summe 3“								
„Summe 4“								
„Summe 5“								
„Summe 6“								
„Summe 7“								
„Summe 8“								
„Summe 9“								
„Summe 10“								
„Summe 11“								
„Summe 12“								

b) Ermittle die relativen Häufigkeiten der insgesamt „häufigsten Augensumme“ beider Würfel.

Anzahl der Versuche	50	100	150	200	250	300	350	400
absolute Häufigkeit								
relative Häufigkeit								

c) Stell dir vor, dass das Experiment mit zwei regulären sechsseitigen Würfeln durchgeführt wurde.
Sind die Summen gleichwahrscheinlich?
Zusatzaufgabe: Vergleiche die Wahrscheinlichkeiten.

Wahrscheinlichkeiten bei Laplace-Experimenten

► Grundwissen

Für Zufallsexperimente, bei denen alle Ergebnisse gleichwahrscheinlich sind, gilt:

$$\text{Wahrscheinlichkeit eines Ereignisses} = \frac{\text{Anzahl der günstigen Ergebnisse}}{\text{Anzahl aller möglichen Ergebnisse}}$$

Beispiel: Würfeln keiner „1“; „2“; „3“ oder „4“

Anzahl der für das Ereignis günstigen Ergebnisse: ____________________

Anzahl aller möglichen Ergebnisse: ____________________

P (Würfeln keiner „1“; „2“; „3“ oder „4“) ____________________

► Auftrag: Ergänze das Beispiel.

Trainieren

1 Die Spieler beim „Mensch ärgere dich nicht“ haben zwei Ziele.
Sie wollen mit dem nächsten Wurf mit einem Mal Würfeln einen Stein ins Ziel bringen oder einen Stein eines Gegners „rauswerfen“. Im Zielbereich darf ein Stein übersprungen werden.

a) Welche Augenzahl ist beim nächsten Wurf demzufolge jeweils ein günstiges Ergebnis?

Günstiges Ergebnis, wenn „Gelb“ als Nächstes würfelt.

____

Günstiges Ergebnis, wenn „Schwarz“ als Nächstes würfelt.

____

Günstiges Ergebnis, wenn „Rot“ als Nächstes würfelt.

____

b) Ermittle die Wahrscheinlichkeiten.

Ein gelber Stein kommt beim nächsten Wurf im Ziel an. ____________________

Ein roter Stein kommt beim nächsten Wurf im Ziel an. ____________________

Ein roter Stein wirft beim nächsten Wurf einen schwarzen Stein raus. ____________________

Kein schwarzer Stein kann beim nächsten Wurf bewegt werden. ____________________

2 Aus einem vollständigen Skatspiel wird eine Karte gezogen.
Gib die Wahrscheinlichkeiten der Ereignisse an.

a) Eine Pik-Karte wird gezogen. ____________________

b) Ein König wird gezogen. ____________________

c) Eine Herz-Karte, die kein Ass ist, wird gezogen. ____________________

d) Eine Herz-Karte oder eine Pik-Karte wird gezogen. ____________________

3 Peter und Paul spielen mit einem 20-seitigen Spielwürfel.
Schreibe jeweils die Wahrscheinlichkeit des Ereignisses auf.
Hinweis: Schreibe die günstigen Ergebnisse auf.

a) Mit welcher Wahrscheinlichkeit fällt eine gerade Zahl?

b) Mit welcher Wahrscheinlichkeit fällt eine durch 6 teilbare Zahl?

c) Mit welcher Wahrscheinlichkeit fällt eine Zahl, die man nicht durch 7 teilen kann?

d) Mit welcher Wahrscheinlichkeit fällt eine Quadratzahl?

e) Mit welcher Wahrscheinlichkeit fällt eine Zahl, die durch 5 oder durch 8 teilbar ist?

f) Mit welcher Wahrscheinlichkeit fällt eine Primzahl?

Anwenden und Vernetzen

4 Peter und Paul wetten beim Würfeln mit einem 20-seitigen Würfel.
Peter gewinnt, wenn die Zahl größer als 12 ist. Paul gewinnt, wenn die Zahl durch 3 teilbar ist.
Ist das fair? Begründe.

5 In einer Kiste sind mehrere Karten. Auf 5 Karten ist ein Quadrat, auf 7 Karten ist ein Rechteck, auf 9 Karten ist ein unregelmäßiges Dreieck und auf 4 Karten ist ein Kreis abgebildet.
Es wird jeweils nur eine Karte aus der Kiste gezogen. Danach wird diese zurückgelegt.
Gib jeweils die Wahrscheinlichkeit des Ereignisses in drei unterschiedlichen Schreibweisen an.

a) Die Innenwinkelsumme der Figur auf der Karte beträgt 360°.

b) Eine Karte ohne Kreis wird gezogen.

c) Eine Karte mit einer symmetrischen Figur wird gezogen.

d) Die Wahrscheinlichkeit eines Ereignisses beträgt 56 %. Welches Ereignis kann dies sein?

Wahrscheinlichkeiten nutzen und deuten

▶ Grundwissen

- Zahlreiche Aussagen zu Wahrscheinlichkeiten beruhen auf ______________________ statistischer Erhebungen oder durchgeführter Versuche. Es sind Durchschnittswerte. Für die Vorhersage von Einzelergebnissen sind sie somit nur bedingt geeignet.
- Wahrscheinlichkeiten können auch genutzt werden, um Häufigkeiten ______________________

Beispiel: Aussage: 25 % der Schülerinnen und Schüler sind erfahrungsgemäß im November krank.
Frage: Wie viele der 24 Schülerinnen und Schüler einer Klasse sind im November vermutlich krank?
Antwort: 25 % der Klasse sind 6 Schülerinnen und Schüler, die vermutlich im November krank sind. (In diesem Jahr kann trotzdem die gesamte Klasse im November gesund sein.)

▶ **Auftrag:** Ergänze die Sätze.

Trainieren

1 Ordne wie bei Teilaufgabe **a** mit Pfeilen den Formulierungen passende Bereiche von Wahrscheinlichkeiten zu.

a) 0 % 50 % 100 %
… ist sicher.

b) 0 % 50 % 100 %
… ist unmöglich.

c) 0 % 50 % 100 %
… ist fast sicher.

d) 0 % 50 % 100 %
… ist fast unmöglich.

e) 0 % 50 % 100 %
… ist fifty-fifty.

f) 0 % 50 % 100 %
… ist sehr wahrscheinlich.

g) 0 % 50 % 100 %
… ist sehr unwahrscheinlich.

h) 0 % 50 % 100 %
… passiert nicht.

2 Ordne mit Pfeilen den Ereignissen passende Wahrscheinlichkeiten zu.
Hinweis: Unterstreiche die Schlüsselwörter.

a) „Nächste Woche schneit es sicher.“ — 0 % 50 % 100 %

b) „Die Chance, dass der Schnee liegen bleibt, ist fifty-fifty.“ — 0 % 50 % 100 %

c) „Es gewittert vermutlich morgen Abend.“ — 0 % 50 % 100 %

d) „Es regnet morgen sehr wahrscheinlich.“ — 0 % 50 % 100 %

e) „In der nächsten Woche wird es auch Glatteis geben.“ — 0 % 50 % 100 %

f) „Der Wasserstand des Flusses wird unmöglich über 3,8 m steigen.“ — 0 % 50 % 100 %

h) „Es passiert kaum, dass zehnmal in Folge eine „6“ gewürfelt wird.“ — 0 % 50 % 100 %

i) „Es ist noch unklar, ob diese Woche Sport vertreten wird.“ — 0 % 50 % 100 %

j) „Die Nachricht ist sicher in 5 Sekunden auf dem Handy zu lesen.“ — 0 % 50 % 100 %

k) „Es ist fast sicher, dass nicht alle pünktlich ankommen.“ — 0 % 50 % 100 %

l) „Den Bus noch pünktlich zu erreichen, ist fast unmöglich.“ — 0 % 50 % 100 %

n) „Es ist sehr unwahrscheinlich, dass man morgen einen Sonnenschutz benötigt.“ — 0 % 50 % 100 %

3 Schätze die Häufigkeiten

a) Die Wahrscheinlichkeit, „Zahl“ oder „Kopf“ zu werfen, ist 50 %.
Wie oft fällt etwa „Zahl“ bei 300 Münzwürfen?

____

b) Die Wahrscheinlichkeit, eine „6“ zu würfeln, ist $\frac{1}{6}$.
Wie oft fällt etwa die „6“ bei 100-mal Würfeln?

____

c) Auf einem Flyer steht: „Die Chance, Wale zu sehen, liegt bei 80 %.“
Bei wie vielen der 300 Wal-Ausflüge pro Jahr werden Wale gesehen?

____

d) Man schätzt, dass 10 bis 15 von 100 Personen Linkshänder sind.
Wie viele Linkshänder gehen vermutlich in eine Schule mit 800 Schülerinnen und Schülern?

____

e) Die Wahrscheinlichkeit, bei einem Tipp drei richtige Zahlen anzukreuzen, ist rund $\frac{1}{57}$.
In einem Kiosk wurden 120 Tipps angenommen.
Bei wie vielen der Tipps wurden genau drei richtige Zahlen angekreuzt?

____

Anwenden und Vernetzen

4 Mallorca

Wetter auf Mallorca im Oktober

Maximal-Temperatur:	23 °C
Minimal-Temperatur:	14 °C
Sonnenstunden:	7 h
Wassertemperatur:	22 °C
Regentage:	9

a) Eine Familie möchte in den Oktoberferien für zehn Tage nach Mallorca reisen.
Kreuze an, was angebracht ist.

Regenzeug	☐ ja	☐ nein
Sonnencreme	☐ ja	☐ nein
dicke Jacke	☐ ja	☐ nein
dünne Jacke	☐ ja	☐ nein

b) Beantworte die Fragen.
Begründe deine Antwort, wenn möglich.

① Alina fragt: „Mit wie vielen Regentagen kann man während des Urlaubs im Oktober auf Mallorca rechnen?“

____

② Matteo fragt: „Kann es sein, dass während des Urlaubs kein Regen fällt?“

____

③ Rebecca fragt: „An wie vielen der zehn Urlaubstage werden voraussichtlich über 20 °C erreicht?“

____

④ Noah fragt: „Ist es an den zehn Urlaubstagen zu kalt zum Schwimmen im Mittelmeer?“

____

c) Zusatzaufgabe: Drucke die Wettervorhersagen deines Wohnortes für die nächsten drei Tage aus dem Internet aus. Untersuche, wie weit die Vorhersagen zutreffend sind.

Zinsrechnung

Begriffe der Prozentrechnung

▶ Grundwissen

In der Prozentrechnung unterscheidet man zwischen

Prozentsatz $p\%$, (Anteil eines Ganzen)	Prozentwert W und (Größe eines Anteils)	Grundwert G. (Größe eines Ganzen)
Beispiele: Wie viel Prozent sind 7 Schüler von 20 Schülern?	Ermittle 16 % von 50 Schülern.	50 Schüler sind bereits angemeldet. Das sind 20 %. Gib die Gesamtzahl an.

• Berechnung mit Dreisatz:

	Schüler	Anteil ($p\%$)	
: 20	20	100 %	: 20
· 7	1	5 %	· 7
	7	35 %	

	Anteil ($p\%$)	Schüler	
: 100	100 %	50	: 100
· 16	1 %	0,5	· 16
	16 %	8	

	Anteil ($p\%$)	Schüler	
: 20	20 %	50	: 20
· 100	1 %	2,5	· 100
	100 %	250	

• Berechnung mit Formeln:

$p\% = \frac{W}{G}$ $\qquad W = \frac{p \cdot G}{100}$ $\qquad G = \frac{W \cdot 100}{p}$

$p\% =$ ________ $\qquad W =$ ________ $\qquad G =$ ________

▶ Auftrag: Ergänze die Berechnungen mit Formeln.

Trainieren

1 Betrachte die eingefärbten Anteile. Ergänze passende Angaben bzw. färbe Teile ein.

	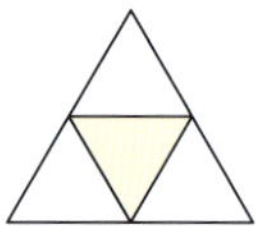	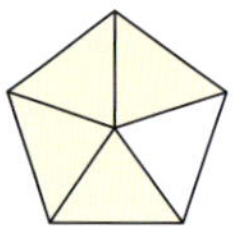	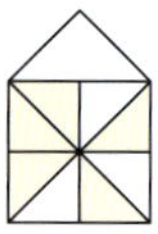	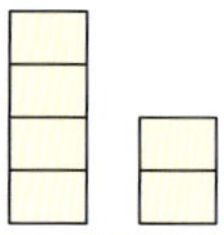		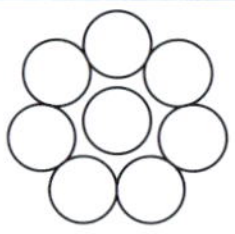	
Prozentsatz $p\%$	25 %				20 %		30 %
Prozentwert W		4		6		4	
Grundwert G	4			4			

2 Ermittle die Prozentsätze mithilfe des Dreisatzes.

a) Wie viel Prozent sind 7 cm von 20 cm? ________

Länge in cm	Anteil
20	100 %
1	
7	

b) Wie viel Prozent sind 150 g von 500 g? ________

Masse in g	Anteil

c) Wie viel Prozent sind 12 min von 60 min? ________

Zeit in min	Anteil

3 Berechne die Prozentsätze.

a) 9 cm von 45 cm sind ________
b) 5 kg von 20 kg sind ________
c) 6 € von 24 € sind ________
d) 17 cm von 50 cm sind ________
e) 8,7 kg von 10 kg sind ________
f) 51 g von 300 g sind ________

4 Ermittle die Prozentwerte mithilfe des Dreisatzes.
Zusatzaufgabe: Überprüfe deine Ergebnisse mithilfe von Hundertsteln.

a) 80 % von 200 Karten sind weg.

Das sind ____________

Anteil	Karten
100 %	200
1 %	
80 %	

b) 300 g Ketchup enthalten 22 % Zucker.

Das sind ____________

Anteil	Masse

c) 19 % von 110 € gibt es Rabatt.

Das sind ____________

Anteil	Rabatt

5 Berechne die Prozentwerte.

a) 25 % von 80 m sind ________ **b)** 3 % von 200 g sind ________ **c)** 10 % von 60 min sind ________

d) 70 % von 8 kg sind ________ **e)** 75 % von 2 l sind ________ **f)** 13 % von 11 s sind ________

6 Ermittle die Grundwerte mithilfe des Dreisatzes.

a) 10 Teile (5 %) sind defekt.

Insgesamt sind es ____ Teile.

Anteil	Teile

b) 3,8 % (76 ml) sind Fett.

Insgesamt sind es ____ Milch.

Anteil	Milch
3,8 %	76 ml
1 %	
100 %	

c) 30 % (13,5 Punkte)

Insgesamt gab es ____ Punkte.

Anteil	Punkte

7 Berechne die Grundwerte.

a) 10 % von ______ sind 7 h. **b)** 15 % von ______ sind 15 m. **c)** 20 % von ______ sind 8 s.

d) 19 % von ______ sind 38 €. **e)** 7 % von ______ sind 8,4 €. **f)** 1,75 % von ______ sind 8,75 ml.

Anwenden und Vernetzen

8 *„Heute geben Ihnen unsere Verkäufer 16 % Rabatt auf alle Möbel und die Kassiererinnen ziehen danach zusätzlich 2 % Skonto bei Barzahlung an der Kasse ab."*

Ein Händler wirbt mit dem Aktionsangebot.
Ein Kunde fragt, wie viel der regulär 270 € teure Schrank heute kostet und wie viel Prozent er insgesamt sparen kann.
Gib passende Antworten.

____

____

____

Begriffe der Zinsrechnung

▶ Grundwissen

In der Zinsrechnung sind die Bezeichnungen anders als in der Prozentrechnung, man unterscheidet zwischen
Zinssatz $p\,\%$ (p. a.), (Prozentsatz $p\,\%$) | Jahreszinsen Z (Prozentwert W) und | Kapital K. (Grundwert G)

Beispiele:

Für das Leihen von 200 € sind nach einem Jahr 40 € zu zahlen. Berechne den Zinssatz.

Der Zinssatz für geduldete Überziehung beträgt 12 %. Berechne die Jahreszinsen für 50 €.

50 € Zinsen wurden nach einem Jahr gezahlt. Der Zinssatz war 2 % p. a. Berechne das Anfangskapital.

• Berechnung mit Dreisatz:

	Betrag in €	Anteil ($p\,\%$)	
: 200	200	100 %	: 200
· 40	1	0,5 %	· 40
	40	20 %	

	Anteil ($p\,\%$)	Betrag in €	
: 100	100 %	50	: 100
· 12	1 %	0,5	· 12
	12 %	6	

	Anteil ($p\,\%$)	Betrag in €	
: 2	2 %	50	: 2
· 100	1 %	25	· 100
	100 %	2 500	

• Berechnung mit Formeln:

$p\,\% =$ ____________ $Z =$ ____________ $K =$ ____________

$p\,\% =$ ____________ $Z =$ ____________ $K =$ ____________

▶ **Auftrag:** Ergänze die Formeln und die Berechnungen mit Formeln.

Trainieren

1 Ergänze die Zinssätze, die Jahreszinsen bzw. das Kapital.

a) Frau Arndt leiht sich für ein Jahr 50 € und zahlt dafür 3,00 € Zinsen bei einem Zinssatz von ____________

b) Frau Clas legt für ein Jahr 4 000 € an und erhält dafür 128,00 € Zinsen bei einem Zinssatz von ____________

c) Herr Drake leiht sich für ein Jahr 800 € zu einem Zinssatz von 12,5 % p. a. Seine Jahreszinsen betragen ____________

d) Herr Ernst leiht sich für ein Jahr 300 € zu einem Zinssatz von 11,5 % p. a. Seine Jahreszinsen betragen ____________

e) Frau Genz zahlte bei einen Zinssatz von 10 % nach einem Jahr 200 € Zinsen. Sie lieh sich demnach ____________

f) Herr John erhielt bei einen Zinssatz von 1,53 % nach einem Jahr 30,60 € Zinsen. Er legte demnach ____________ an.

2 Ergänze die Tabelle.

Z		900 €	456,75 €	565,11 €		121,75 €	0,12 €
K	4 000 €		8 700 €		7 860 €		137,50 €
$p\,\%$	13 %	7,5 %		13,5 %	0,5 %	0,25 %	

3 Färbe je zwei gleichartige Formeln gleich ein.

$p\,\% = \frac{Z}{K}$ | $Z = \frac{p \cdot K}{100}$ | $p\,\% = \frac{G}{W}$

$G = \frac{W \cdot 100}{p}$ | $K = \frac{Z \cdot 100}{p}$ | $W = \frac{p \cdot G}{100}$

4 Bankgeschäfte

a) Frau Schmidt erhielt nach einem Jahr 12,20 € Zinsen für 500 €.
Herr Len bekam bei einer anderen Bank nach einem Jahr 19,52 € Zinsen für 800 €.
Wer hatte den höheren Zinssatz?

____

____

b) Frau Bag legt Geld stets für ein Jahr an. Sie lässt sich jeweils am Ende der Laufzeit die Zinsen zusammen mit dem Anfangskapital auszahlen.
Dieses Jahr bekam sie 74,75 € Zinsen bei 2,3 % p. a. und im letzten Jahr waren es 72,00 € bei 2,4 % p. a.
Wie viel hatte sie in den beiden Jahren angelegt?

____

____

c) Herr Reiner leiht sich für ein Jahr 2 599 € für 5,8 % p. a.
Berechne den Betrag, der nach einem Jahr an die Bank zu zahlen ist.

____

____

5 Ergänze die Sätze.
Zusatzaufgabe: Prüfe jeweils, ob das Ergebnis stimmen kann, indem du eine gegebene Angabe berechnest.

a) Jana hat 560 € auf ihrem Konto. Sie erhält 3,1 % Zinsen p. a. Nach einem Jahr sind __________ auf dem Konto.

b) Familie Krüger hat einen Kredit für 7,2 % Zinsen p. a. 108,00 € Zinsen zahlen sie nach einem Jahr für __________

c) Der Zinssatz bei der X-Bank beträgt __________ p. a. und die nach einem Jahr zu zahlenden Zinsen 50,40 € bei einer Kreditsumme von 1 000 €. Die Bearbeitungsgebühr ist 1 %. Sie wird auf die Kreditsumme aufgeschlagen.

Anwenden und Vernetzen

6 Profitieren auch Sie von den Gewinnchancen der Börse mit Ihrem Sparkonto. Sie legen Ihr Geld für ein Jahr fest bei uns an. Wir gewähren Ihnen dafür einen Basiszins von einem Prozent.
Wenn die Börse zum Wochenende im Plus schließt (also um einige Prozent gestiegen ist), verzinsen wir Ihren Anlagebetrag zusätzlich mit dem gleichen Prozentsatz für diese sieben Tage rückwirkend am Jahresende, jedoch mit maximal 5 % zu Ihren garantierten 1 %.
Wenn die Börse Verluste macht, bekommen Sie nur den Basiszins.
Ihre dadada-Bank

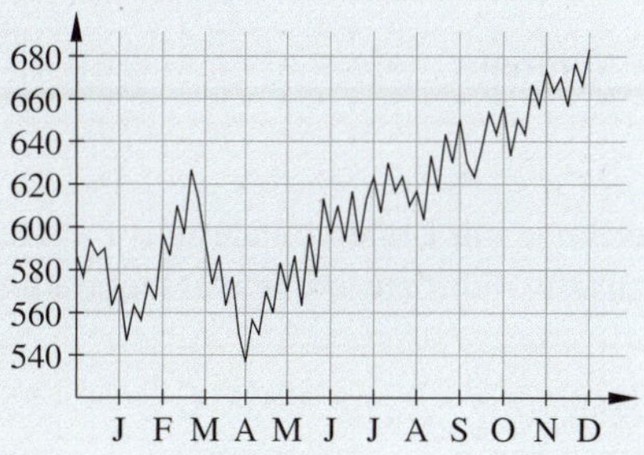

a) Mit welchem Zinssatz kann ein Anleger maximal rechnen? __________

b) Man kann sein Geld auch für 3 % p. a. anlegen. Ist dies eine interessante Alternative?

____

c) Der Börsenkurs ist in einem Jahr um 22 % gestiegen. Erläutere die Entwicklung des Sparguthabens.

____

____

Zinsen für unterschiedliche Anlagedauern

▶ Grundwissen

Zinsen für einen Teil eines Jahres kann man berechnen, indem die Zinsen für ein Jahr mit dem passenden Bruch (Anteil des Jahres) multipliziert werden. Oft gilt: 1 Monat = 30 Tage und 1 Jahr = 360 Tage.

Beispiel: 2 000 € werden mit 3 % p. a. verzinst.

- Zinsen für ein Jahr: $Z = \frac{p \cdot K}{100}$ — Zinsen für ______ $Z = \frac{3 \cdot 2000\,€}{100} = 60\,€$
- Zinsen für d Tage: $Z_d = \frac{p \cdot K}{100} \cdot \frac{d}{360}$ — Zinsen für ______ $Z = \frac{3 \cdot 2000\,€}{100} \cdot \frac{60}{360} = 60\,€ \cdot \frac{1}{6} = 10\,€$
- Zinsen für m Monate: $Z_m = \frac{p \cdot K}{100} \cdot \frac{m}{12}$ — Zinsen für ______ $Z = \frac{3 \cdot 2000\,€}{100} \cdot \frac{4}{12} = 60\,€ \cdot \frac{1}{3} = 20\,€$

▶ **Auftrag:** Ergänze im Beispiel die Anlagedauern.

Trainieren

1 Ergänze die Tabelle.

a) 10 000,00 € werden mit 3 % p. a. unterschiedlich lange verzinst. Berechne die Zinsen.
Hinweis: Überlege, wie man mit geringem Aufwand schnell zu den Ergebnissen kommt.

Kapital	10 000,00 €	10 000,00 €	10 000,00 €	10 000,00 €	10 000,00 €	10 000,00 €
Zinssatz p. a.	3 %	3 %	3 %	3 %	3 %	3 %
Anlagedauer	1 Jahr	30 Tage	72 Tage	3 Monate	5 Monate	halbes Jahr
Zinsen						

b) Berechne die Zinsen.

Kapital	7 500,00 €	7 400,00 €	2 500,00 €	2 500,00 €	750,00 €	500,00 €
Zinssatz p. a.	2 %	2,5 %	3,25 %	8 %	11,5 %	16,2 %
Anlagedauer	90 Tage	90 Tage	330 Tage	2 Monate	7 Monate	viertel Jahr
Zinsen						

2 Verbinde mit Linien mindestens zwei zusammenpassende Angaben zu Kapital, Zinssatz, Anlagedauer und Zinsen.
Hinweis: Fünf zusammenpassende Angaben sind zu finden.

Kapital	1 500,00 €	4 500,00 €	800,00 €	2 500,00 €	900,00 €	2 000,00 €
Zinssatz p.a.	12,2 %	5 %	2,5 %	3,25 %	12,5 %	0,5 %
Anlagedauer	viertel Jahr	90 Tage	90 Tage	144 Tage	2 Monate	2 Monate
Zinsen	45,75 €	25,00 €	45,00 €	1,67 €	7,50 €	116,67 €

3 Eine Bank bietet einen Zinssatz von 2 %, wenn 10 000,00 € für 4 Jahre angelegt werden.
Jeder Kunde kann entscheiden, ob seine Zinsen am Ende jedes Jahres ausgezahlt werden oder erst nach 4 Jahren.
Ergänze die Tabellen und berechne den Unterschied der insgesamt ausgezahlten Zinsen.

Zinsen werden am Ende jedes Jahres ausgezahlt		
	Zinsen	Kapital
Anfang		10 000,00 €
1 Jahr	200,00 €	10 000,00 €
2 Jahre		10 000,00 €
3 Jahre		10 000,00 €
4 Jahre		10 000,00 €

Zinsen werden erst nach 4 Jahren ausgezahlt		
	Zinsen	Kapital
Anfang		10 000,00 €
1 Jahr	200,00 €	10 200,00 €
2 Jahre		10 404,00 €
3 Jahre		10 612,08 €
4 Jahre		10 824,32 €

Anwenden und Vernetzen

4 Herr Zukunft hat ein Sparbuch mit gestaffelten Zinssätzen.
Am 1. Januar eines Schaltjahres (366 Tage) waren 5 850,00 € auf seinem Sparbuch.
Am 28. März hat er 890,00 € abgehoben und am 20. Dezember 1 980,00 €.
Am 7. Mai wurden 4 570,00 € eingezahlt, am 14. August 740,00 € und am 12. Oktober 580,00 €.

Berechne taggenau $\left(\frac{x}{366}\right)$ das Guthaben von Herrn Zukunft am 1. Januar des Folgejahres.

Zinssatz p. a.	Kapital
1,50 %	unter 1 000,00 €
2,00 %	über 1 000,00 € bis 5 000,00 €
2,50 %	über 5 000,00 € bis 10 000,00 €
2,75 %	über 10 000,00 € bis 20 000,00 €
3,00 %	über 20 000,00 € bis 50 000,00 €
3,50 %	über 50 000,00 €

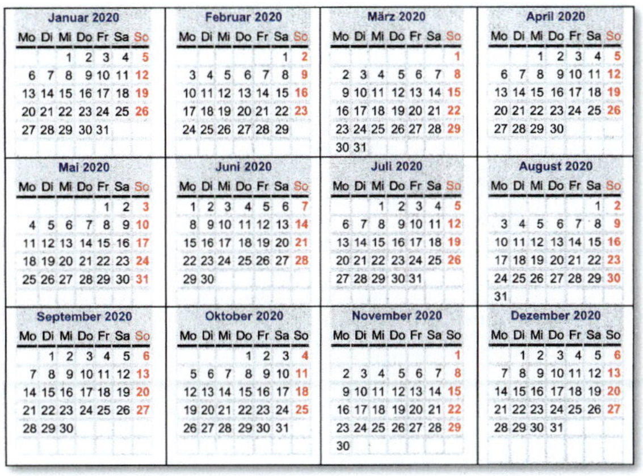

Zeitraum	Kapital	Anlagezeit	Zinssatz p. a.	Zinsen
1. Januar bis 27. März	5 850,00 €	87 d	2,50 %	34,76 €

Zinseszinsen

▶ Grundwissen

Werden Zinsen am Jahresende zum jeweiligen Kapital hinzugefügt und im folgenden Jahr mit verzinst, so spricht man vom Zinseszins.

Beispiel: Familie Barte legt 5 000,00 € mit Zinseszins für 2 Jahre zu einem Zinssatz von 4 % p. a. an.

Kapital nach dem 1. Jahr: $5\,000{,}00\,€ + \frac{5\,000{,}00\,€ \cdot 4}{100} =$ ____________________

Kapital nach dem 2. Jahr: 5 200,00 € + ____________________

Am Ende der Laufzeit werden 5 408,00 € ausgezahlt.

▶ **Auftrag:** Ergänze das Beispiel.

Trainieren

1 Familie Bach möchte 4 000,00 € mit Zinseszins für 4 Jahre zu einem Zinssatz von 3 % p. a. anlegen. Berechne, wie viel am Ende der Laufzeit ausgezahlt wird.

Kapital nach dem 1. Jahr: ____________________

Kapital nach dem 2. Jahr: ____________________

Kapital nach dem 3. Jahr: ____________________

Kapital nach dem 4. Jahr: ____________________

____

2 Familie Händel leiht sich 2 500,00 € mit Zinseszins zu einem Zinssatz von 4,5 % p. a. für 4 Jahre. Berechne, wie viel am Ende der Laufzeit zurückzuzahlen ist.

Schulden nach dem 1. Jahr: ____________________

Schulden nach dem 2. Jahr: ____________________

Schulden nach dem 3. Jahr: ____________________

Schulden nach dem 4. Jahr: ____________________

____

3 Ergänze die Tabelle zur Verzinsung mit Zinseszins.

Startkapital	500,00 €	1 000,00 €	1 200,00 €
Zinssatz p. a.	2 %	4 %	4,2 %
Zinsen für das 1. Jahr			
Kapital insgesamt am Ende des 1. Jahres			
Zinsen für das 2. Jahr			
Kapital insgesamt am Ende des 2. Jahres			

4 Gedankenexperiment:
Stell dir vor, dass 1 000,00 € mit Zinseszins zu einem Zinssatz von 14 % p. a. geliehen werden.
Nach wie vielen Jahren haben sich die Schulden auf über 2 000,00 € verdoppelt, wenn nichts zurückgezahlt wird.
Hinweis: Behalte jeweils das letzte Ergebnis im Taschenrechner und rechne damit weiter.

5 Herr Neyder bekam bisher pro Jahr 2 % mehr Gehalt und Herr Prediger 0,8 %.
Beide gehen davon aus, dass dies so bleibt.

a) Berechne, mit wie viel Gehalt pro Monat sie rechnen.

	derzeitiger Stand	nach dem 1. Jahr	nach dem 2. Jahr	nach dem 3. Jahr	nach dem 4. Jahr
Herr Neyder	2 000,00 €				
Herr Prediger	2 100,00 €				

b) Berechne, mit welcher Steigerung des Monatsgehalts sie im Vergleich zum Vorjahr rechnen.
Gehe von einem Anfangsgehalt von 2 000,00 € und von 2 100,00 € aus.

	nach dem 1. Jahr	nach dem 2. Jahr	nach dem 3. Jahr	nach dem 4. Jahr	nach dem 5. Jahr
Herr Neyder					
Herr Prediger					

c) Zusatzaufgabe: Berechne, mit wie viel Gehalt beide nach 10 Jahren rechnen.
Nutze dafür z. B. eine Tabellenkalkulation.

Anwenden und Vernetzen

6 Familie Horn hat 10 000 € von den Großeltern geschenkt bekommen.
Das Geld soll für zwei Jahre angelegt werden.
Für welches Angebot sollten sie sich entscheiden? Begründe deine Antwort mit Rechnungen.

Angebot A
Festgeld für 2 Jahre
2,6 % Zinsen p. a.

Angebot B
1. Jahr: 0,9 % Zinsen
2. Jahr: 1,7 % Zinsen

Angebot C
Festgeld für 2 Jahre
2,1 % Zinsen p. a.
Bonus am Ende: 100 €

Angebot D
1. Jahr: 2,8 % Zinsen
2. Jahr: 2,4 % Zinsen
jährliche Zinsauszahlung

Ratensparen, Kredite und Tilgung

► Grundwissen

- Beim Ratensparen wird ______________________________

  z. B. jährlich zum 1. Januar 500,00 €.
  Die Zinsen werden jeweils addiert und mit angelegt.
  Das Kapital am Anfang jedes Jahres ist die Summe aus dem Kapital des Vorjahres und der Rate.

- Im Tilgungsplan steht, wie ______________________________

  Restschuld und Zinsen werden addiert und ergeben zusammen die zu tilgende Summe.
  Davon wird die Tilgungsrate abgezogen.
  Die Restschuld ist die Differenz aus der zu tilgenden Summe und der Tilgungsrate.

► Auftrag: Ergänze den Text.

Trainieren

1 Kann es sich um Ratensparen handeln? Kreuze an.

Laras Eltern überweisen jeden Monat 10,00 € auf ein Konto mit 2,2 % Zinsen p. a.	☐ ja	☐ nein
Claras Eltern überweisen nach jedem Geburtstag unterschiedlich viel Geld auf ein Sparbuch.	☐ ja	☐ nein
Bens Eltern überweisen jeden Monat alles über 1 000,00 € vom Girokonto auf ein anderes Konto.	☐ ja	☐ nein
Simons Eltern stecken jede Woche 10,00 € in das Sparschwein für den Urlaub.	☐ ja	☐ nein

2 Ratensparen mit jährlich 100,00 € Geburtstagsgeld

______________ 100,00 €   ______________ 2%

0	100,00 €	2,00 €	102,00 €
1	202,00 €	4,04 €	206,04 €
2	306,04 €	6,12 €	312,16 €
3	412,16 €	8,24 €	420,40 €
4	520,40 €	10,41 €	

Bezeichnungen zum Abstreichen:

Kapital am Jahresanfang

Kapital am Jahresende

Jahr

Jahreszinsen

jährliche Rate

Zinssatz p. a.

a) Trage die passenden Bezeichnungen ein.

b) Schreibe auf, wie die vier blauen Werte berechnet werden können.

____

____

c) Berechne alle fünf fehlenden Werte.

____

____

____

d) Zusatzaufgabe: Ermittle mithilfe einer Tabellenkalkulation das Kapital am Ende des 18. Jahres.

3 Tilgungsplan zur Autofinanzierung

Darlehen: 12 000 €   Zinssatz: 1 % p. a.   jährliche Rate: 1 200 €

Jahr	Restschuld	Zinsen	Restschuld + Zinsen	Tilgungsrate	Restschuld nach Tilgung
1	12 000 €	120 €	12 120 €	1 200 €	10 920 €
2	10 920 €	109 €	11 029 €	1 200 €	9 829 €
3	9 829 €				
					6 491 €

a) Ergänze die fehlenden Werte.

b) Schätze, nach wie vielen Jahren der Kredit für das Auto bei einem Zinssatz von 1 % p. a. getilgt ist. Die anderen Werte bleiben unverändert.

c) Schätze, nach wie vielen Jahren der Kredit für das Auto beim Zinssatz von 10,05 % p. a. getilgt ist. Die anderen Werte bleiben unverändert.

d) Schätze, nach wie vielen Jahren der Kredit für das Auto bei einer Tilgungsrate von 2 000 € p. a. getilgt ist. Die anderen Werte bleiben unverändert.

Anwenden und Vernetzen

4 Aussagen zu Geldgeschäften

- ☐ Person A: „Ich möchte stets eine geringe Monatsrate zahlen, damit ich mir von wenig Geld viel leisten kann."
- ☐ Person B: „Ich möchte stets eine möglichst hohe Tilgung, damit der Kredit schnell abgezahlt ist."
- ☐ Person C: „Ich möchte stets einen möglichst hohen Zinssatz, damit der Kredit schnell abgezahlt ist."
- ☐ Person D: „Ich möchte stets Ratensparen machen, damit ich möglichst nie einen Kredit benötige."
- ☐ Person E: „Ich überziehe mein Girokonto bis zu 2 000,00 €, da brauche ich keinen Kredit."
- ☐ Person F: „Ich nutze gern Finanzierungsangebote von Händlern mit 0 % Zinsen p. a. und ohne Gebühr."
- ☐ Person G: „Ich nutze gern Kredite, macht doch jeder."

a) Kreuze die Aussagen an, die du für vernünftig hältst.

b) Wähle eine der Aussagen aus. Beschreibe, was für eine Person dies in welcher Situation vermutlich ausspricht.

5 Bei vielen Tilgungsplänen wird die Rate monatlich gezahlt, z. B. monatlich 100 € statt 1 200 € einmal im Jahr. Die Zinsen und die Restschuld nach der Tilgung werden für jeden Monat angegeben. Welche Auswirkungen hat das auf die Tilgungsdauer im Vergleich zur Zahlung einmal im Jahr?

6 Zusatzaufgabe: Ein Kredit über 12 000 € soll nach etwa 5 Jahren getilgt sein. Ermittle mithilfe einer Tabellenkalkulation einen passenden Zinssatz und eine passende jährliche Rate.

Umfang und Flächeninhalt vom Dreieck

▶ Grundwissen

Beispiel:

Umfang: $u_{\text{Dreieck}} = a + b + c$ $u = 2{,}5\,\text{cm} + 4{,}9\,\text{cm} + 6\,\text{cm} = 13{,}4\,\text{cm}$

Flächeninhalt: $A_{\text{Dreieck}} = \frac{g \cdot h_g}{2}$ $A =$ ____________

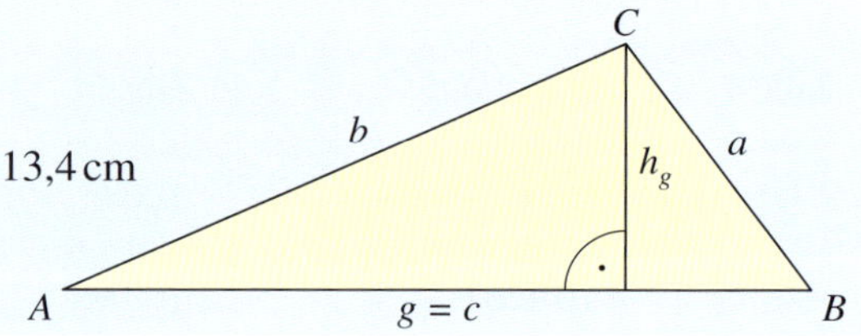

▶ Auftrag: Berechne den Flächeninhalt A des abgebildeten Dreiecks.

Trainieren

1 Miss jeweils zuerst die Längen der Seiten und schreibe diese an das Dreieck. Ermittle danach dessen Umfang.

a)

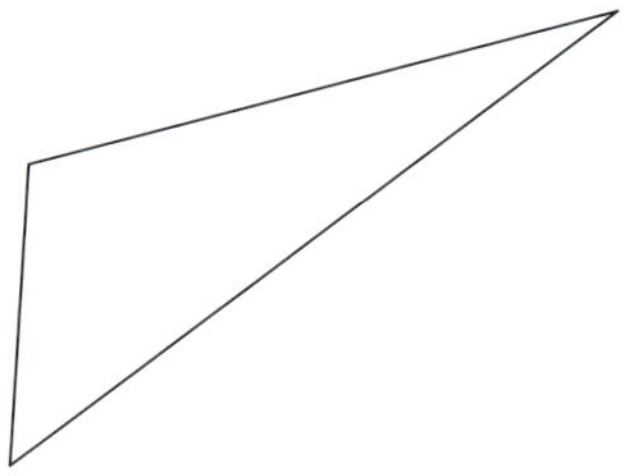

b)

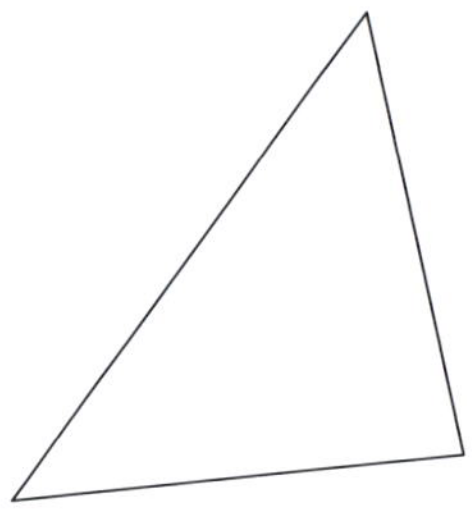

c)

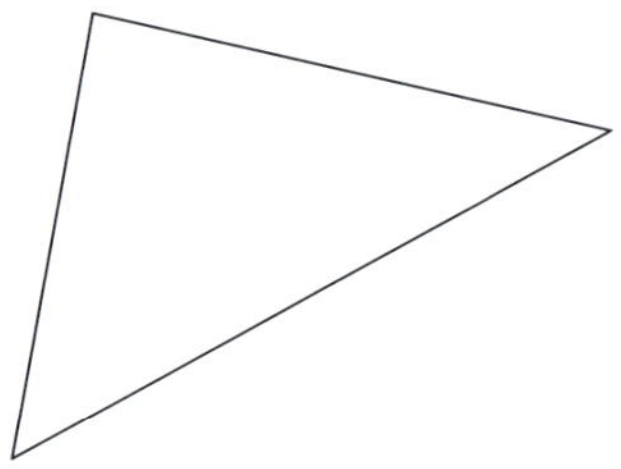

____________ ____________ ____________

2 Ergänze jeweils die fehlende Größe des Dreiecks.

a	2 cm	25 mm	4 dm	1,5 m	8 cm	31 mm	2,4 dm	3,1 m
b	5 cm	35 mm	4 dm	1 m	10 cm	32 mm		2,3 m
c	5 cm	20 mm	4 dm	2 m			4,3 dm	
u					25 cm	100 cm	11,9 dm	9,9 m

3 Gib drei Beispiele für Seitenlängen von Dreiecken mit 15 cm Umfang an.
Hinweis: Überprüfe deine Beispiele mit entsprechend langen Papierstreifen oder einem 15 cm langen Band.

____

4 Färbe jeweils zuerst gleich große Dreiecke mit der gleichen Farbe ein. Berechne danach die Flächeninhalte.

a)

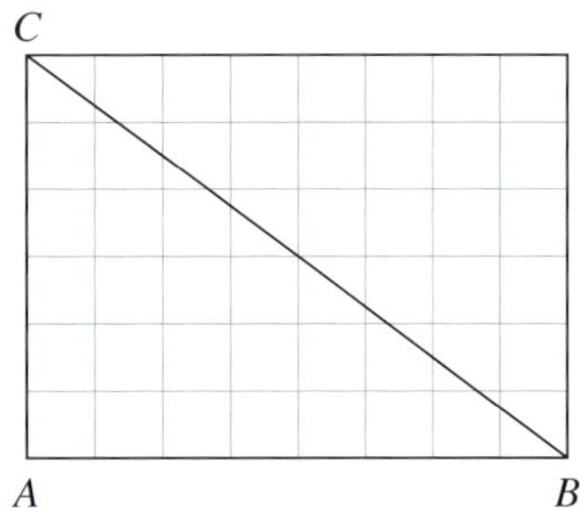

b)

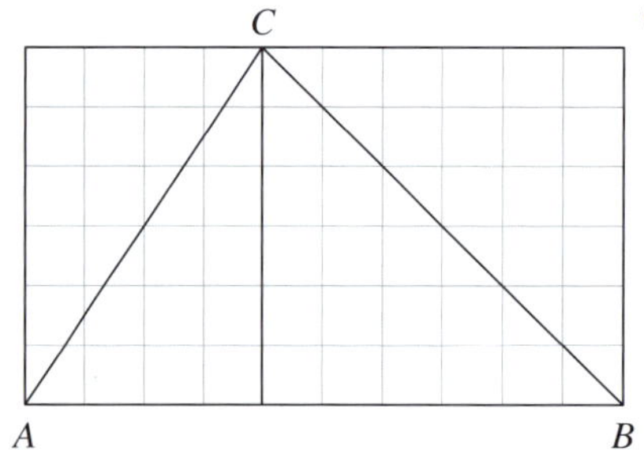

c)

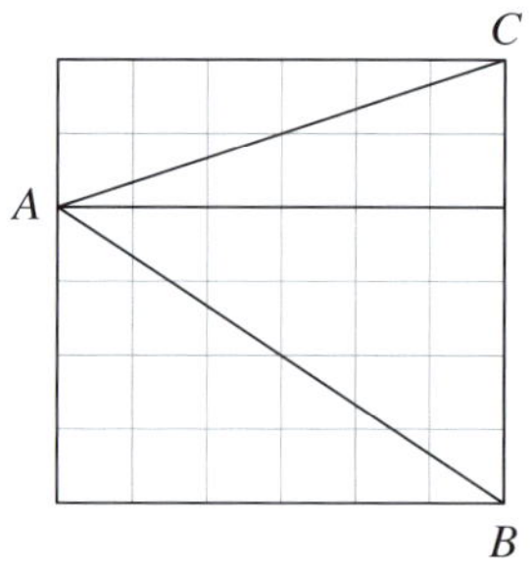

a) Rechteck: $A =$ ____________
Dreieck ABC: $A =$ ____________

b) Rechteck: $A =$ ____________
Dreieck ABC: $A =$ ____________

c) Rechteck: $A =$ ____________
Dreieck ABC: $A =$ ____________

5 Berechne jeweils den Flächeninhalt des Dreiecks. Entnimm die Maße den Zeichnungen.

a)

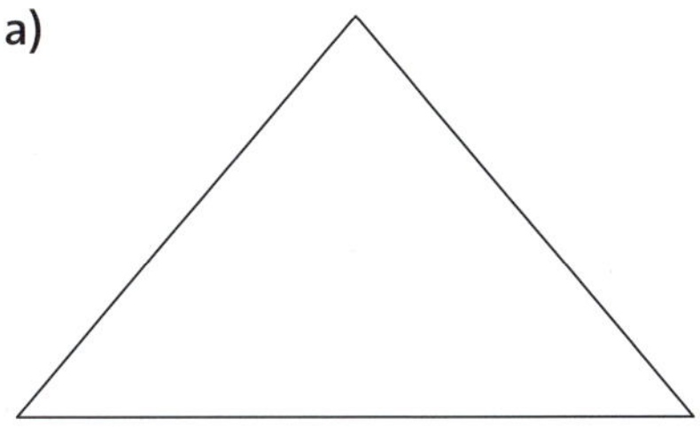

b)

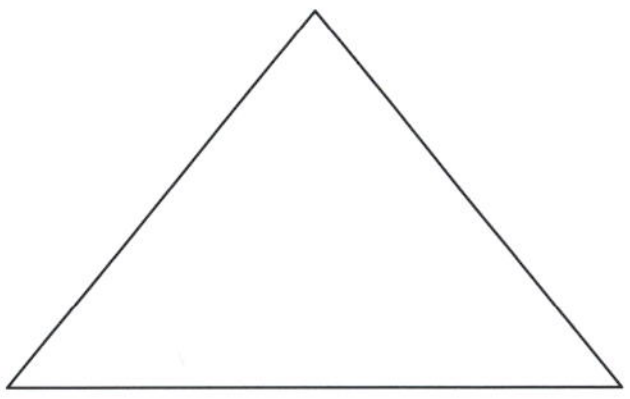

c)

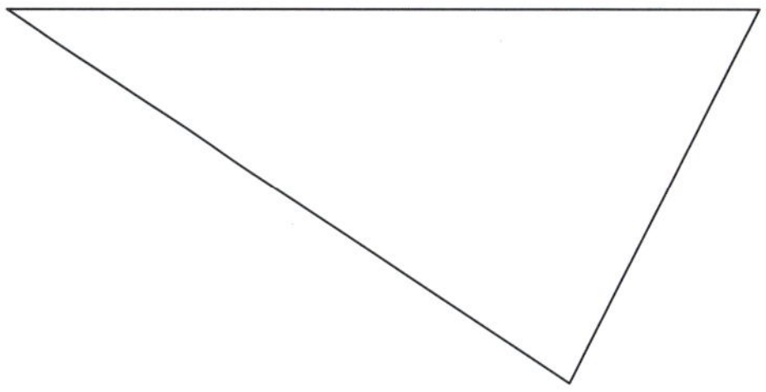

d)

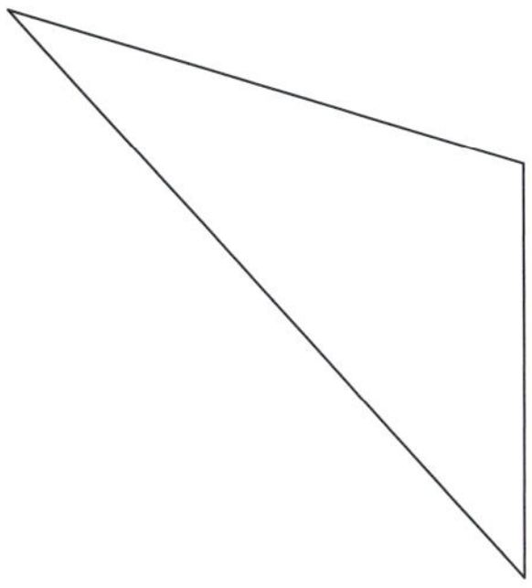

e)

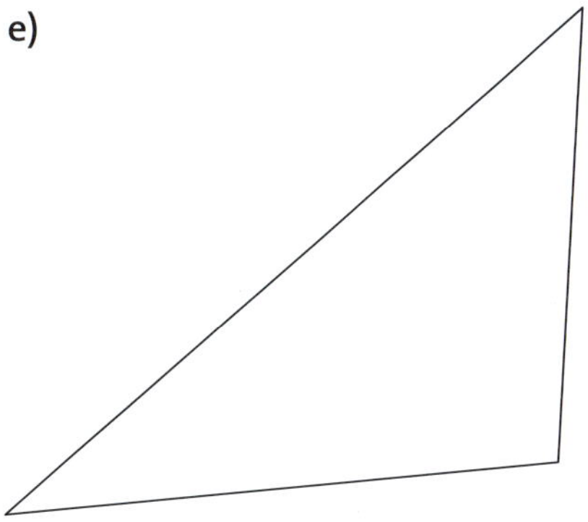

f)

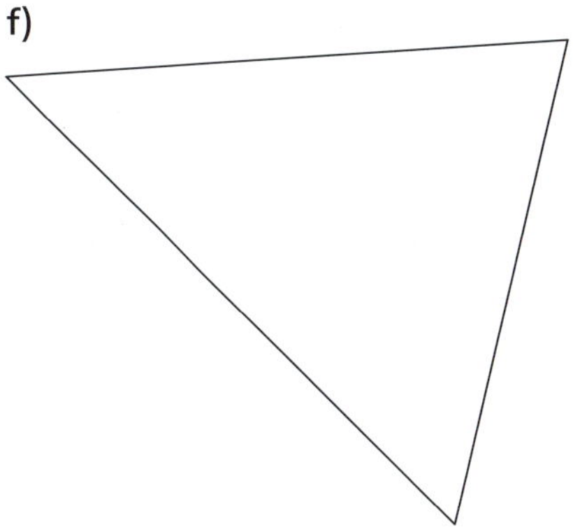

Anwenden und Vernetzen

6 Die Strecken $\overline{AB}$ sollen Seiten von Dreiecken ABC sein, die zum Rechteck flächengleich sind.

a) Ergänze jeweils zu einem dementsprechenden Dreieck ABC. Berechne dazu zuerst den Flächeninhalt.

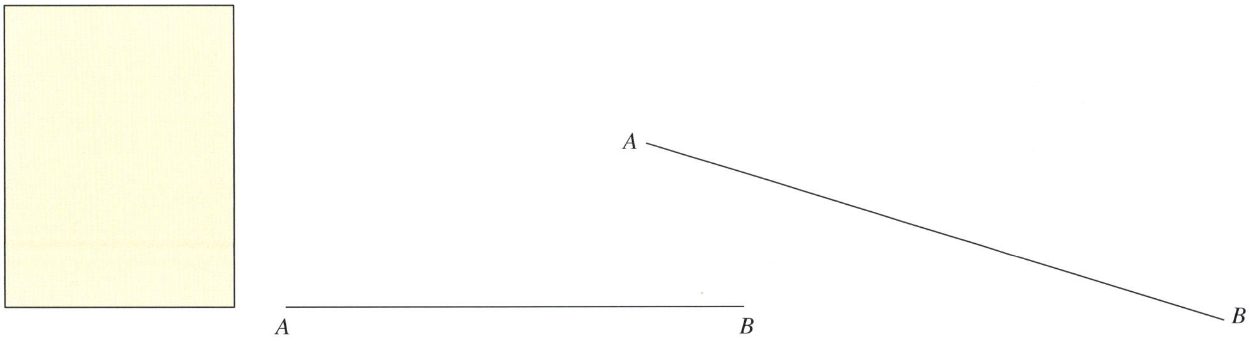

b) Ermittle die Umfänge der Dreiecke.

7 Jans Eltern wollen die maßstäblich abgebildete dreieckige Fläche mit Rollrasen auslegen. 1 m^2 Rollrasen kostet 5,50 €.

a) Wie viel wird der Rollrasen insgesamt kosten?

b) Schätze, wie viel Meter Rasenkantensteine zu kaufen sind.

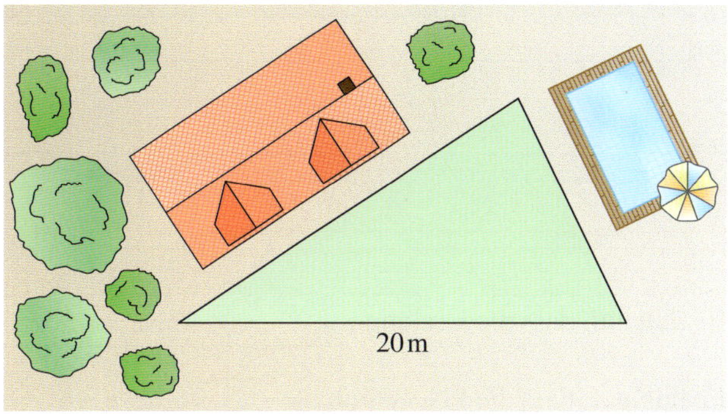

Umfang und Flächeninhalt vom Parallelogramm

▶ Grundwissen

Jedes Viereck mit zwei Paaren gleich langer gegenüberliegender Seiten ist ein Parallelogramm.

Umfang: $u_{\text{Parallelogramm}} = a + b + a + b$
$= 2 \cdot a + 2 \cdot b$

Beispiel:
$u = 2 \cdot 3\,\text{cm} + 2 \cdot 2{,}5\,\text{cm} = 11\,\text{cm}$

Flächeninhalt: $A_{\text{Parallelogramm}} = a \cdot h_a$

$A =$ ____________________

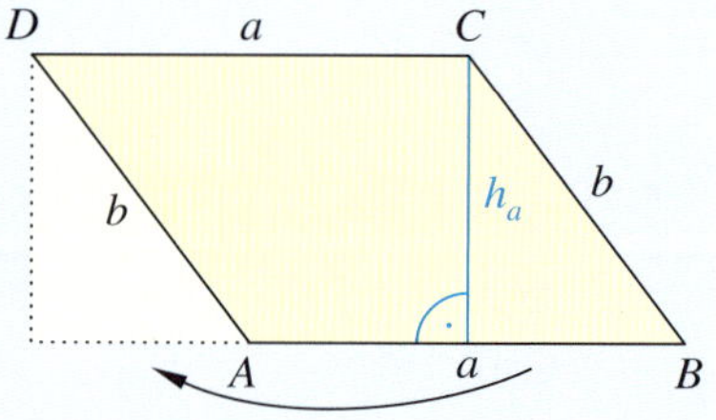

▶ Auftrag: Berechne den Flächeninhalt A des abgebildeten Parallelogramms.

Trainieren

1 Verschiedenartige Parallelogramme

Quadrat | Rechteck | Raute | Parallelogramm

a) Ordne jede der folgenden Bezeichnungen zu.

b) Miss jeweils zuerst die Längen der Seiten und schreibe diese an das Viereck.
Ermittle danach dessen Umfang.

c) Miss jeweils eine Grundseite a sowie die Höhe h_a auf der Grundseite und gib den Flächeninhalt an.
Hinweis: Überprüfe dein Ergebnis mithilfe der Kästchen.

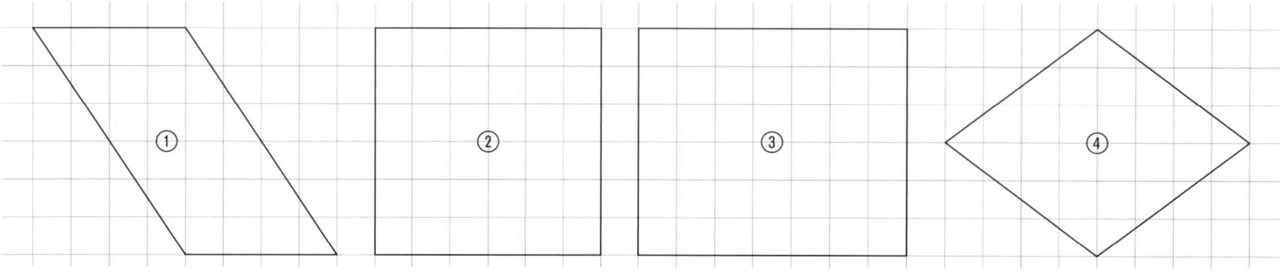

①	②	③	④
____________	____________	____________	____________
$u =$ ____________	$u =$ ____________	$u =$ ____________	$u =$ ____________
$A =$ ____________	$A =$ ____________	$A =$ ____________	$A =$ ____________

2 Ermittle die Umfänge und die Flächeninhalte der Parallelogramme.
Was fällt auf?

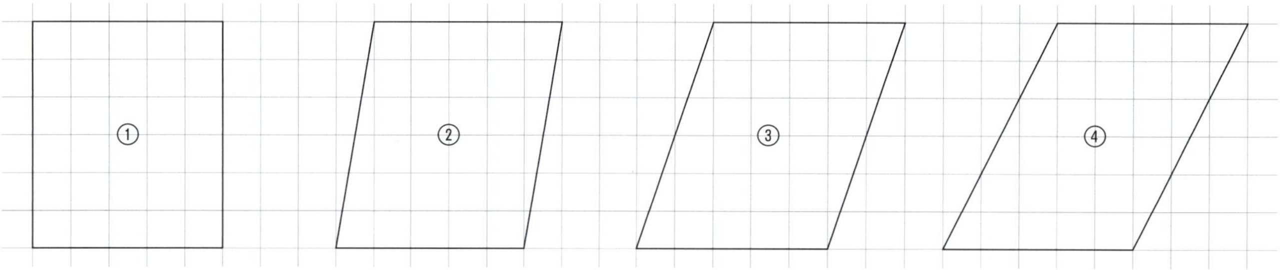

①	②	③	④
$u =$ ____________	$u \approx$ ____________	$u \approx$ ____________	$u \approx$ ____________
$A =$ ____________	$A =$ ____________	$A =$ ____________	$A =$ ____________

Es fällt auf, dass die Umfänge ____

Es fällt auf, dass die Flächeninhalte ____

3 Berechne die Flächeninhalte der Parallelogramme.

a) 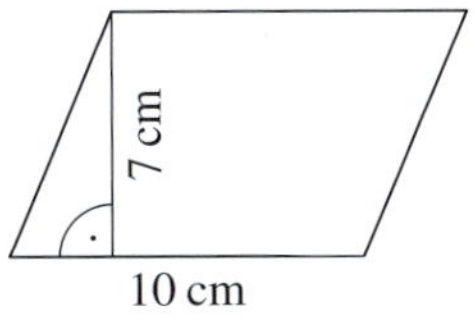

b) 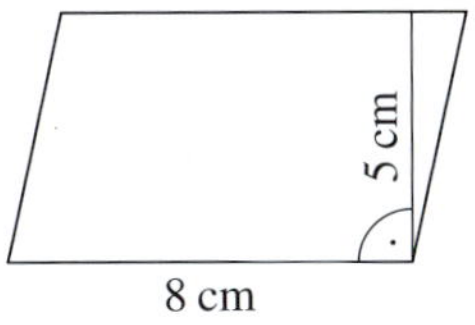

c) 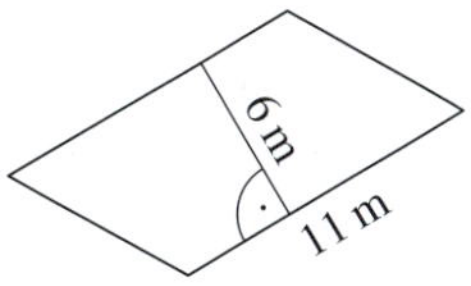

d) 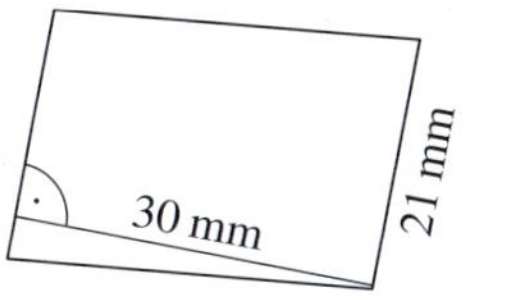

4 Zeichne jeweils ein entsprechendes Parallelogramm. Ermittle dazu benötigte Längen.

a) $A = 15\,\text{cm}^2$; $a = 6\,\text{cm}$

b) $A = 18\,\text{cm}^2$; $h_a = 3\,\text{cm}$

5 Ergänze jeweils die fehlenden Größen des Parallelogramms.
Zusatzaufgabe: Überprüfe deine Ergebnisse mithilfe von maßstäblichen Zeichnungen auf kariertem Papier.

a	2 cm	4 cm	6 cm		9 cm	10 cm	15 mm	
b	2 cm	2 cm		5 cm		7 cm	8 mm	17 m
h_a	1 cm			3 cm			10 mm	12 m
u			22 cm	24 cm	28 cm			60 m
A		$4\,\text{cm}^2$	$24\,\text{cm}^2$		$72\,\text{cm}^2$	$80\,\text{cm}^2$		

Anwenden und Vernetzen

6 Die Koordinaten von drei Eckpunkten eines Parallelogramms *ABCD* sind $A(2{,}5|1)$, $B(7|2)$ und $C(5{,}5|3{,}5)$.

a) Gib die Koordinaten vom Punkt *D* an.

b) Leni sagt: „Wenn eine Einheit 1 cm lang ist, beträgt der Umfang ca. 135 mm und der Flächeninhalt 9 cm.“ Kann das stimmen?

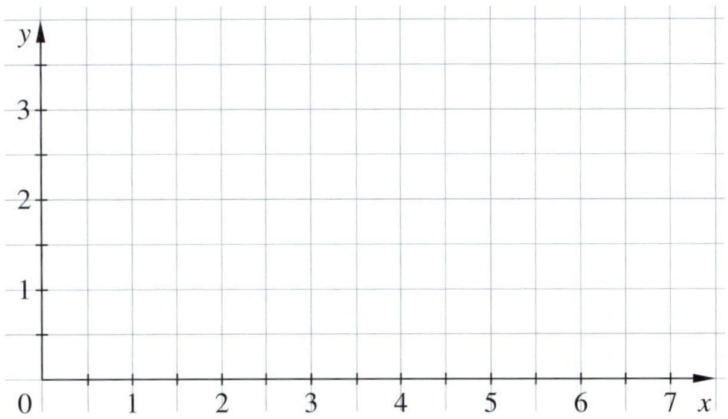

7 Mit 25 der maßstäblich abgebildeten Pfeile soll ein Weg markiert werden. Wie viel Quadratmeter selbstklebender Folie sind dafür mindestens zu kaufen?

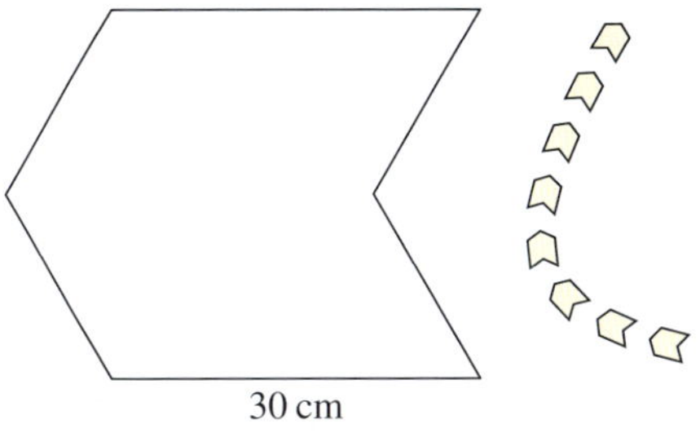

Umfang und Flächeninhalt vom Trapez

▶ Grundwissen

Jedes Viereck mit einem Paar paralleler Seiten ist ein Trapez.

Umfang: $u_{\text{Trapez}} = a + b + c + d$

Flächeninhalt: $A_{\text{Trapez}} = \frac{a+c}{2} \cdot h_a = m \cdot h_a \quad \left(m = \frac{a+c}{2}\right)$

Beispiel: $u = 6{,}2\,\text{cm} + 3{,}5\,\text{cm} + 1{,}8\,\text{cm} + 4\,\text{cm} = 15{,}5\,\text{cm}$

$A =$ ______________________________

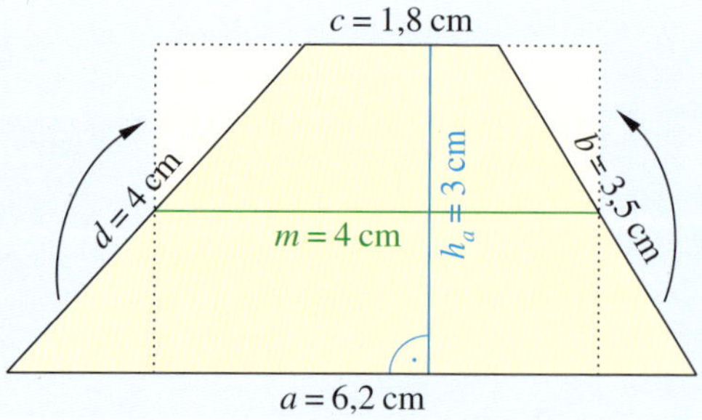

▶ Auftrag: Berechne den Flächeninhalt A des abgebildeten Trapezes.

Trainieren

1 Berechne jeweils die Länge der Mittellinie m und den Flächeninhalt A.

a) 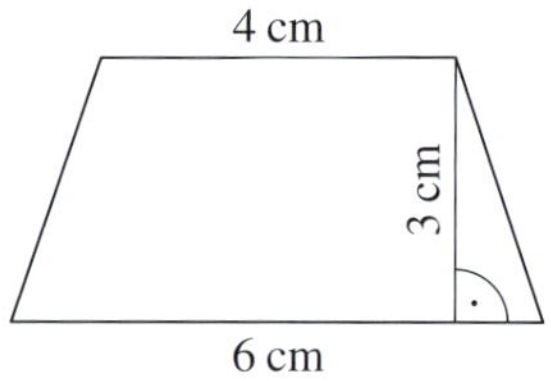

b) 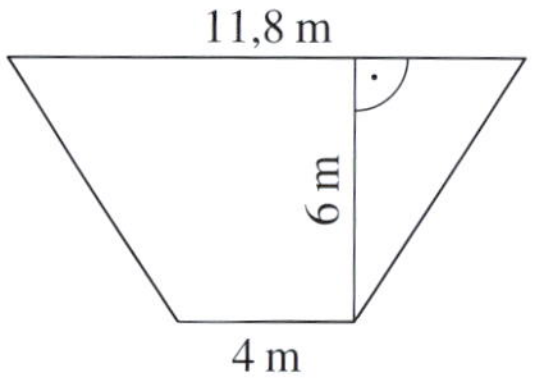

c) 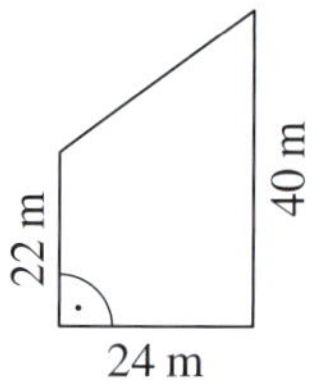

d) 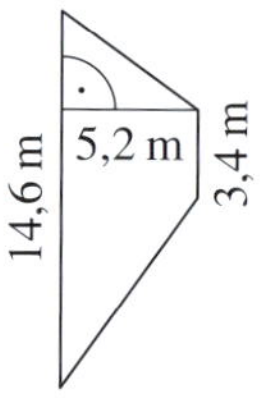

a) $m =$ ____________ $A =$ ____________

b) $m =$ ____________ $A =$ ____________

c) $m =$ ____________ $A =$ ____________

d) $m =$ ____________ $A =$ ____________

2 Trapeze

9,5 cm | 10,5 cm | 10,5 cm | 12,6 cm

a) Ordne jedem Viereck seinen Umfang zu.

b) Zeichne jeweils zuerst die Mittellinie m und die Höhe h ein. Berechne danach damit die Flächeninhalte.
Hinweis: Überprüfe dein Ergebnis mithilfe der Kästchen und flächeninhaltsgleicher Rechtecke.

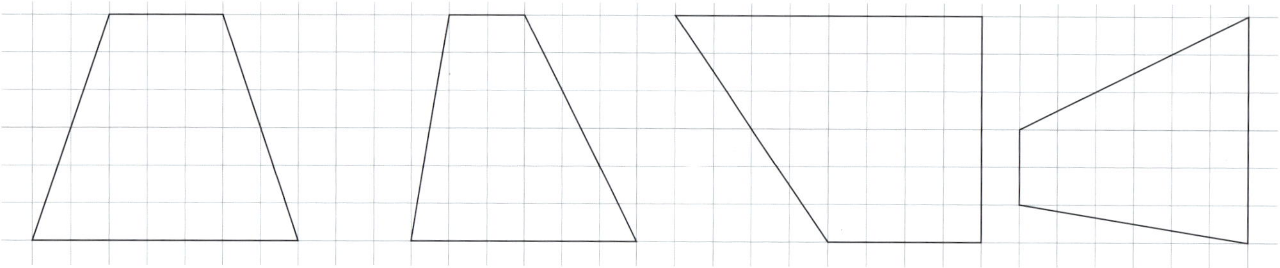

$u \approx$ ____________ $u \approx$ ____________ $u \approx$ ____________ $u \approx$ ____________

$A =$ ____________ $A =$ ____________ $A =$ ____________ $A =$ ____________

3 Berechne die Flächeninhalte folgender Trapeze mit den zueinander parallelen Seiten a und c.

Seite a	3 cm	3,8 cm	75 cm	358 m	5 mm
Seite c	5 cm	2,4 cm	1,45 m	0,7 km	2,8 mm
Höhe h	4 cm	3 cm	0,8 m	47 m	12 mm
Flächeninhalt A					

4 Ein Trapez ist 18 cm² groß. Die zueinander parallelen Seiten sind 6 cm und 3 cm lang.
Ermittle die Höhe des Trapezes.

5 Berechne jeweils die fehlenden Größen des Trapezes mit den zueinander parallelen Seiten a und c.
Hinweis: Skizziere jeweils ein entsprechendes Trapez auf einem zusätzlichen Blatt.

a	10 cm	5 cm	3 cm	7,5 cm		10 cm	2,5 cm
b	6 cm	6,2 cm	4,3 cm	6,8 cm		2,2 cm	6,2 cm
c	5 cm			2 cm	8 cm	4 cm	
d	7,8 cm	6 cm	3,8 cm		3,6 cm	5,4 cm	6,3 cm
u			18,1 cm	20,3 cm	19,2 cm		
m		4 cm			6 cm		4,25 cm
h	6 cm		3,5 cm		3 cm		6 cm
A		24 cm²		19 cm²		14 cm²	

Anwenden und Vernetzen

6 Die Platte des Tisches für eine Kita hat die Form eines Trapezes mit einer 1,2 m langen Seite und drei 60 cm langen Seiten.

a) Wie viele Kita-Kinder können direkt am Tisch stehen, wenn jedes Kind ca. 30 cm beansprucht?

b) Zeichne zuerst eine Tischfläche im Maßstab 1 : 10.
Ermittle danach mithilfe der Zeichnung die Größe der Tischfläche in Quadratdezimetern.

c) Zusatzaufgabe: Schätze, wie viele Doppelseiten dieses Arbeitsheftes man zum vollständigen Abdecken der Tischplatte mindestens benötigt?

Umfang und Flächeninhalt vom Drachen

▶ Grundwissen

Jedes Viereck mit zwei Paaren gleich langer benachbarter Seiten ist ein Drachen.

Umfang: $u_{\text{Drachen}} = a + a + b + b$
$= 2 \cdot a + 2 \cdot b$

Beispiel:
$u = 2 \cdot 1{,}8\,\text{cm} + 2 \cdot 2{,}9\,\text{cm} = 9{,}4\,\text{cm}$

Flächeninhalt: $A_{\text{Drachen}} = \frac{e \cdot f}{2}$

$A =$ ______________________

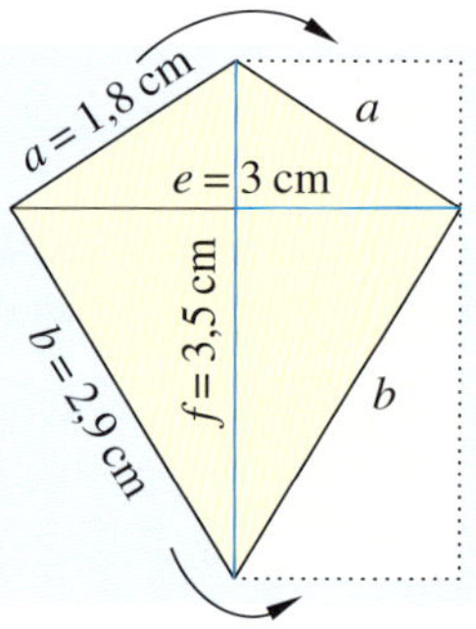

▶ Auftrag: Berechne den Flächeninhalt A des abgebildeten Drachens.

Trainieren

1 Drachen

9 cm | 10,4 cm | 11,4 cm | 13,6 cm | 12,2 cm

a) Ordne jedem Viereck seinen Umfang zu.

b) Zeichne jeweils zuerst die Diagonalen ein.
Berechne danach die Flächeninhalte. Miss dafür benötigte Streckenlängen.
Hinweis: Überprüfe deine Ergebnisse mithilfe der Kästchen und flächeninhaltsgleicher Rechtecke.

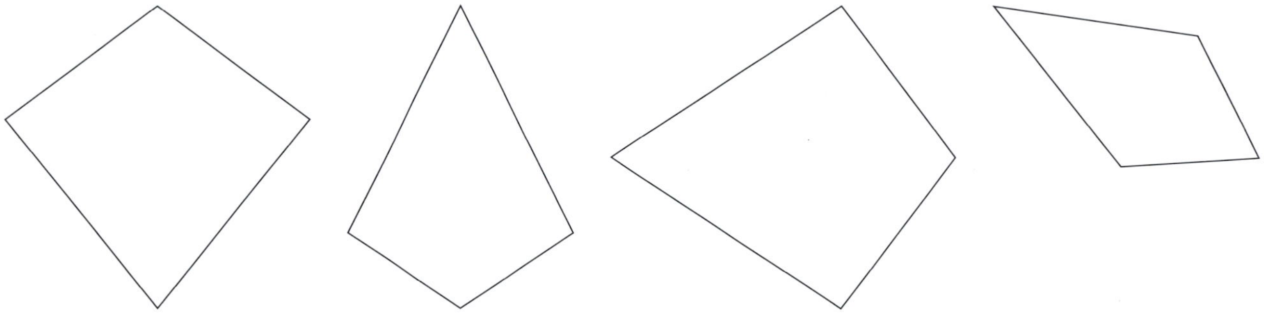

$u \approx$ ______ $u \approx$ ______ $u \approx$ ______ $u \approx$ ______

$A =$ ______ $A =$ ______ $A =$ ______ $A =$ ______

2 Berechne jeweils die fehlende Größe des Drachens.

a) Längen der Seiten und Umfang

a	2 cm	2,5 mm	4 dm	1,5 m	8 cm	31 mm		
b	5 cm	3,5 mm	4 dm	1 m			5,2 dm	2,3 m
u					36 cm	106 mm	15,2 dm	10,8 m

b) Längen der Diagonalen und Flächeninhalt

e	2 cm	4 dm	8 cm	4,5 mm	31 mm	2 m		
f	3 cm	3 dm	10 cm	4 mm			1 m	50 dm
A					341 mm²	2,3 m²	0,75 m²	60 dm²

3 Ein Drachen ist 30 cm² groß. Wie lang können die Diagonalen sein? ______________________

4 Ergänze jeweils zuerst zu einem entsprechenden Drachen.
Gib danach den Flächeninhalt an.

a) $e = 5{,}5\,\text{cm}; f = 6\,\text{cm}$ $A =$ ________

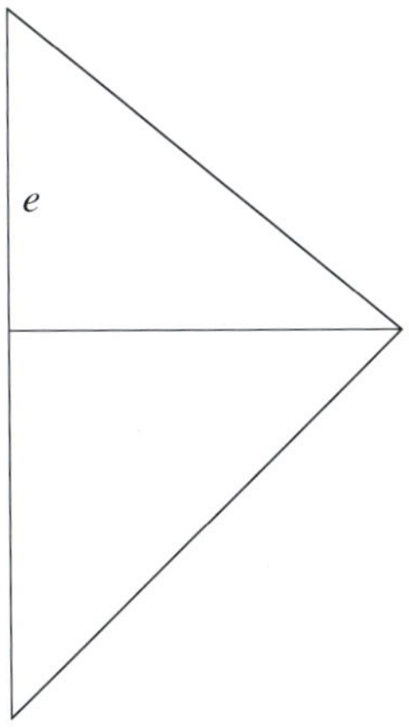

b) $e = 7\,\text{cm}; f = 7\,\text{cm}$ $A =$ ________

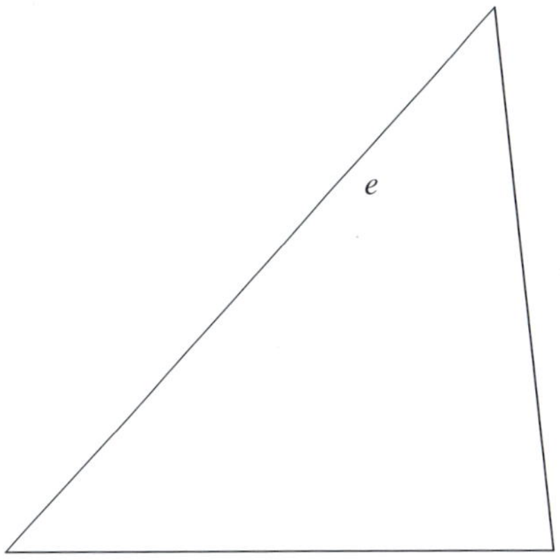

c) $a = 5\,\text{cm}; b = 5\,\text{cm}$ $A =$ ________

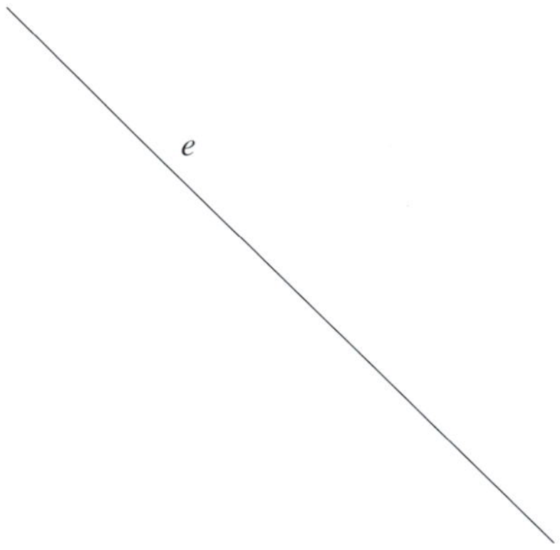

d) $a = b; e = 5\,\text{cm}; f = 7\,\text{cm}$ $A =$ ________

Anwenden und Vernetzen

5 Nele möchte aus zwei Leisten und einem großen Bogen farbigem Papier einen Drachen bauen.
Die Leisten sind 50 cm bzw. 80 cm lang.
Die kürzere Leiste soll etwa 25 cm von der Spitze entfernt angebracht werden.
Der Bogen Papier ist 47 cm breit und 80 cm lang.

a) Zeichne den Drachen maßstabsgetreu auf den Bogen.
Hinweis: Lege zuerst die Leisten mit Papierstreifen.

b) Reichen 2 m Schnur zum Umspannen des Drachens?
Begründe deine Antwort mit einer Rechnung.

____

____

____

c) Schätze, wie viel Prozent des Bogens Papier zu Abfall werden.

☐ ca. 30 % ☐ ca. 40 % ☐ ca. 50 % ☐ ca. 60 %

Umfang und Flächeninhalt vom Vieleck

▶ Grundwissen

- Der Umfang u eines Vielecks ist die Summe der Längen aller Seiten des Vielecks.
- Der Flächeninhalt A eines Vielecks ist die Summe aller Flächeninhalte seiner Teilflächen.

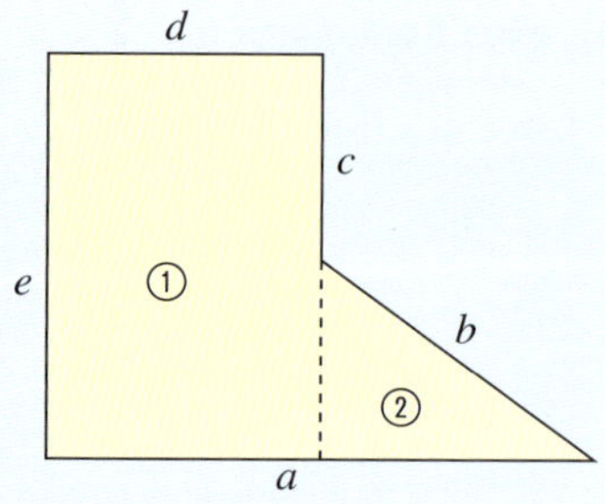

Beispiel: $u = a + b + c + d + e = 4\,\text{cm} + 2{,}5\,\text{cm} + 1{,}5\,\text{cm} + 2\,\text{cm} + 3\,\text{cm} = 13\,\text{cm}$

$A = A_1 + A_2 =$ ____________________

▶ Auftrag: Ermittle den Flächeninhalt A des abgebildeten Vielecks.

Trainieren

1 Zerlege jeweils zuerst in zwei Dreiecke und berechne danach den Flächeninhalt des Vierecks.
Hinweis: Miss die benötigten Längen.

a)

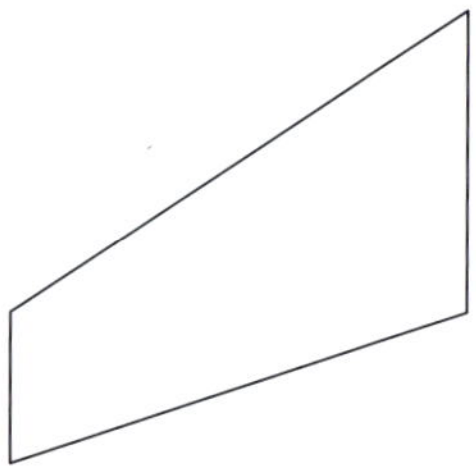

b)

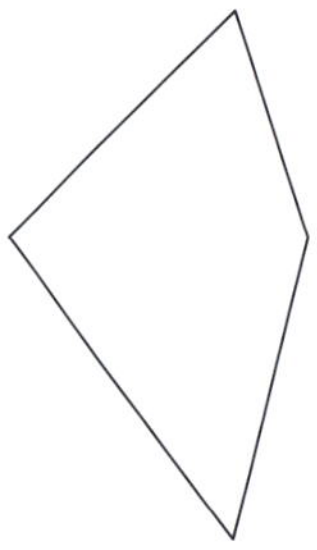

c)

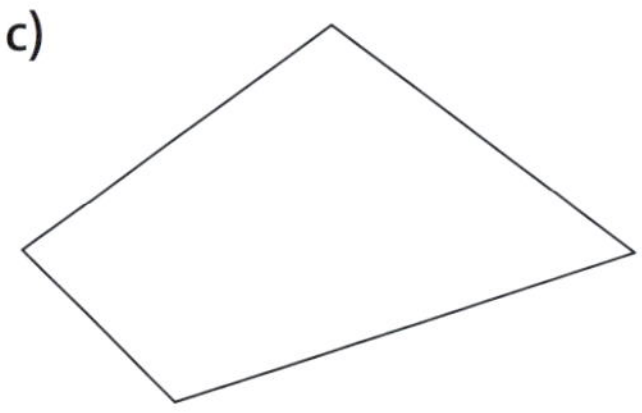

d)

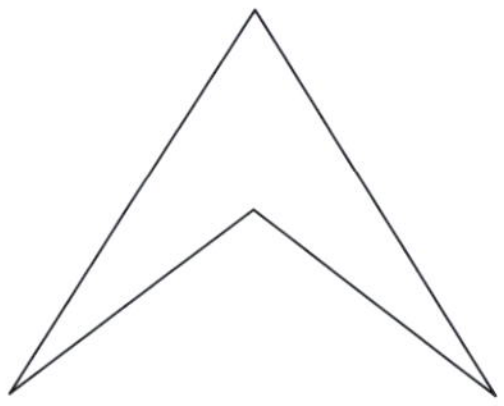

a) $A_1 =$ __________ $A_2 =$ __________ $A =$ __________

b) $A_1 =$ __________ $A_2 =$ __________ $A =$ __________

c) $A_1 =$ __________ $A_2 =$ __________ $A =$ __________

d) $A_1 =$ __________ $A_2 =$ __________ $A =$ __________

2

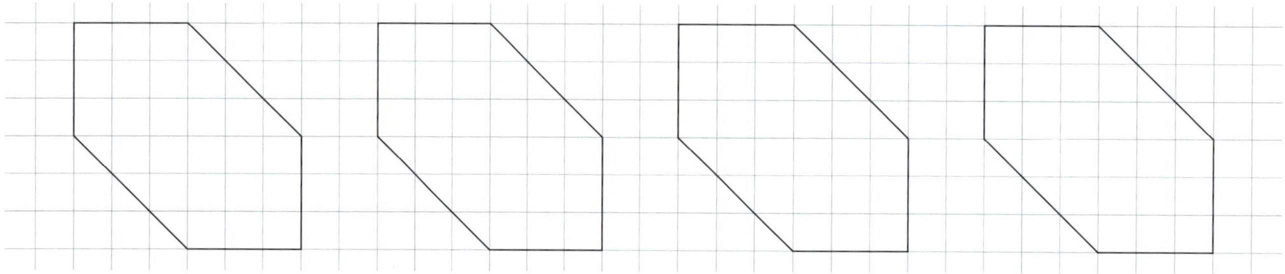

a) Gib vier unterschiedliche Zerlegungen in Teilflächen, deren Flächeninhalt du berechnen kannst, an.

b) Berechne den Umfang und den Flächeninhalt.
Hinweis: Miss die benötigten Längen.

$u =$ ____________________

$A =$ ____________________

c) In einem Heft steht: $A_1 = A - 2 \cdot A_2$

$A_1 = 3\,\text{cm} \cdot 3\,\text{cm} - 2 \cdot \frac{(1{,}5\,\text{cm} \cdot 1{,}5\,\text{cm})}{2}$

Markiere in der Zeichnung die entsprechenden Flächen A_1 und A_2.

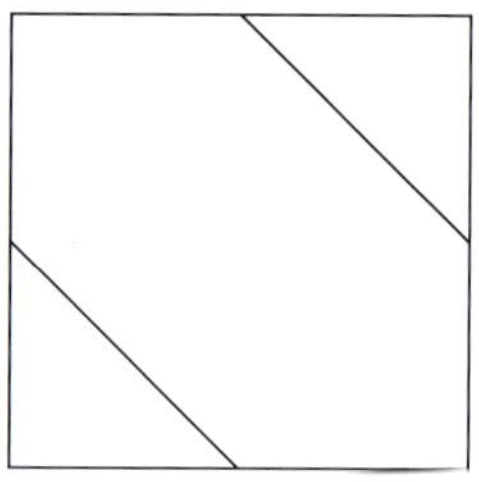

3 Ermittle die Umfänge und die Flächeninhalte durch Zerlegen.
Zusatzaufgabe: Ermittle die Flächeninhalte von zwei Figuren durch Ergänzen oder Umlegen.

„L“ $u =$ ______

$A =$ ______

„U“ $u =$ ______

$A =$ ______

„F“ $u =$ ______

$A =$ ______

„T“ $u =$ ______

$A =$ ______

Anwenden und Vernetzen

4 Familie Groß möchte umziehen. Der Grundriss der neuen Wohnung ist hier abgebildet.
Der Vermieter sagt, dass die monatliche Kaltmiete 5,50 € pro m^2 beträgt und mit 2,50 € pro m^2 Betriebskosten zu rechnen ist. Wie hoch ist die monatliche Miete für diese Wohnung?
Zusatzaufgabe: Verändere den Grundriss, sodass es ein Kinderzimmer gibt. Gib die Größen der Räume an.

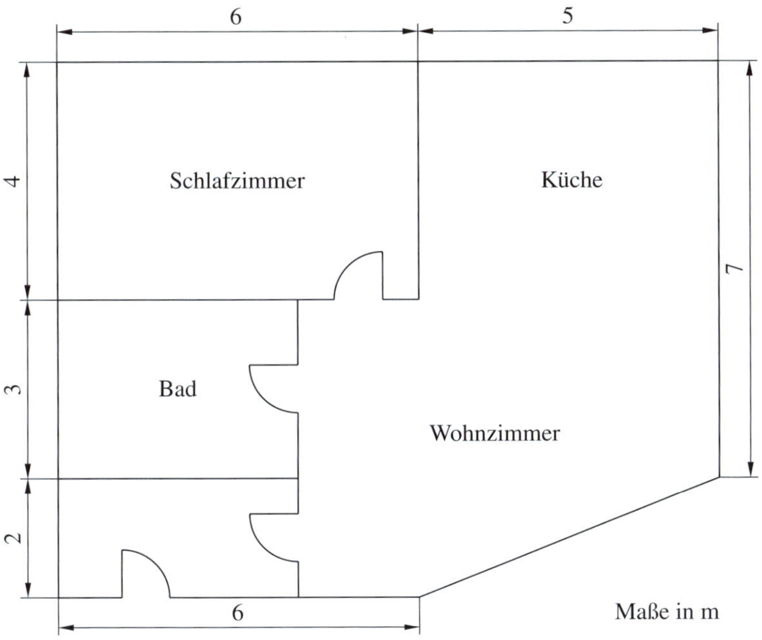

______

Haus der Vierecke mit Umfängen und Flächeninhalten

▶ Grundwissen

- Im Haus der Vierecke sind die Vierecke hinsichtlich ihrer Eigenschaften geordnet.
- Ein Pfeil bedeutet: „... ist auch ein(e) ...“

Beispiel: Ein Parallelogramm ist auch ein Trapez. Ein Parallelogramm hat alle Eigenschaften eines Trapezes. Formeln, die für Trapeze gelten, gelten auch für Parallelogramme.

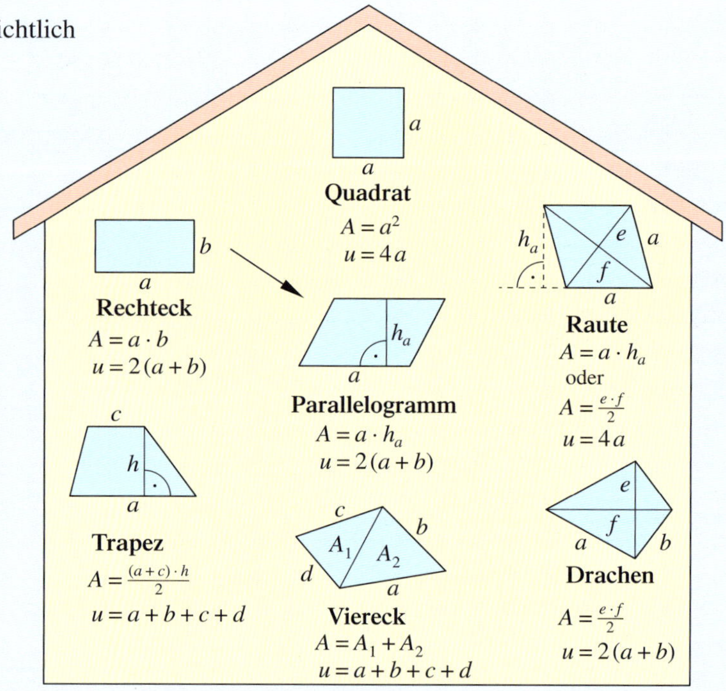

▶ Auftrag: Ergänze die Pfeile.

Trainieren

1 Kreuze alle passenden Arten von Vierecken an.

a) Betrachte Seiten, Winkel und Diagonalen von Vierecken.

	Quadrat	Rechteck	Raute	Parallelogramm	Trapez	Drachen
Vier gleich lange Seiten haben ...						
Vier rechte Winkel haben ...						
Zwei Paare gleich langer Seiten haben ...						
Zwei Paare gleich großer Winkel haben ...						
Zwei zueinander parallele Seiten haben ...						
Einander halbierende Diagonalen haben ...						
Senkrecht aufeinander stehende Diagonalen haben ...						

b) Betrachte Formeln zur Berechnung des Umfangs u und des Flächeninhalts A von Vierecken.

	Quadrat	Rechteck	Raute	Parallelogramm	Trapez	Drachen	Viereck
$u = a + b + c + d$							
$u = 2 \cdot (a + b)$							
$u = 4 \cdot a$							
$A = a \cdot b$							
$A = a \cdot h_a$							
$A = \frac{e \cdot f}{2}$							
$A = m \cdot h$ mit $m = \frac{a+c}{2}$							

2 Hier werden Beziehungen zwischen den Arten von Vierecken veranschaulicht.
Es ist beispielsweise zu sehen, dass jeder Drachen ein Viereck ist.
Trage die fehlenden Bezeichnungen der Arten von Vierecken ein.

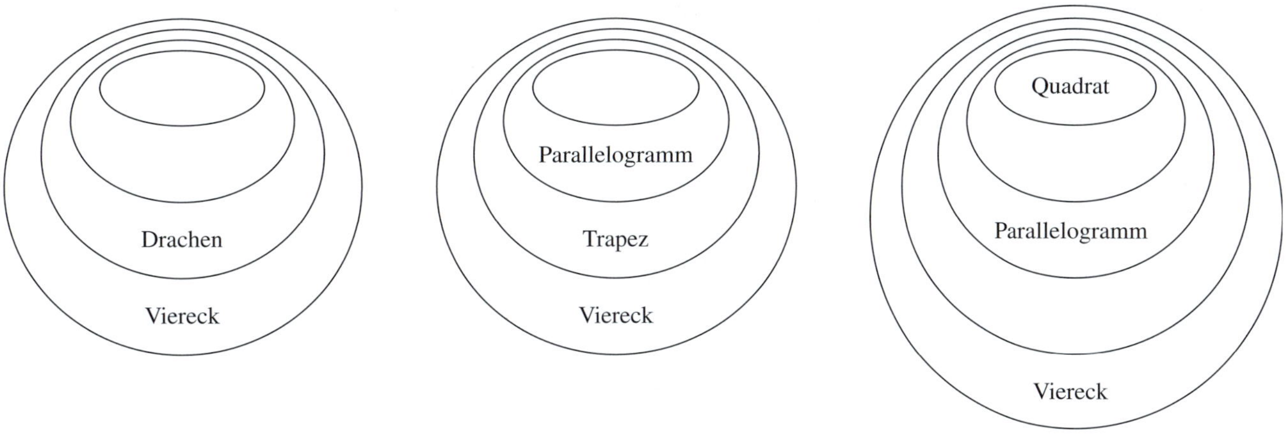

Anwenden und Vernetzen

3 Verschiedenartige Vierecke

a) Spiegele zuerst jeweils die Figur an der Geraden g oder am Drehzentrum Z.
Berechne danach den Umfang und den Flächeninhalt des entstandenen Vierecks.

b) Zeichne in die Vierecke alle möglichen Spiegelgeraden und Drehzentren ein.

①
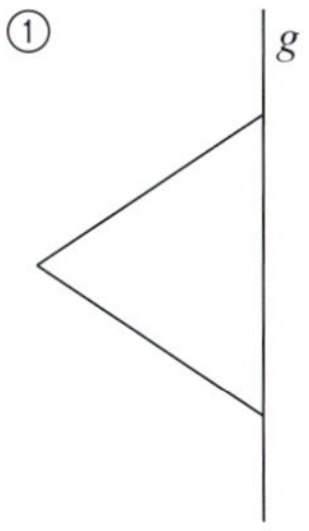

$u =$

$A =$

②
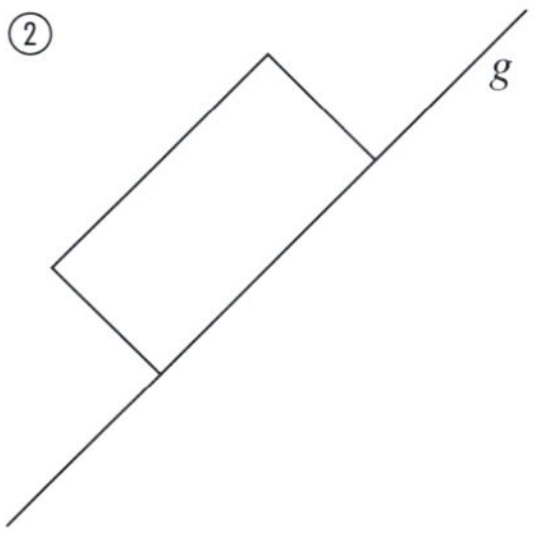

$u =$

$A =$

③
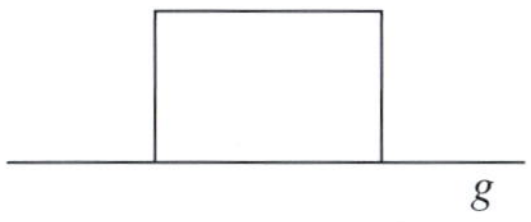

$u =$

$A =$

④
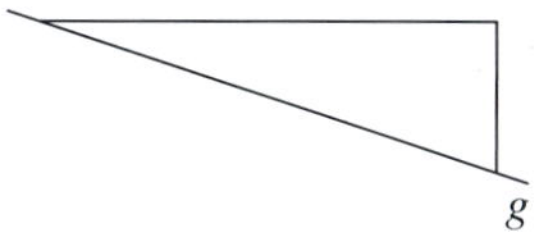

$u =$

$A =$

⑤
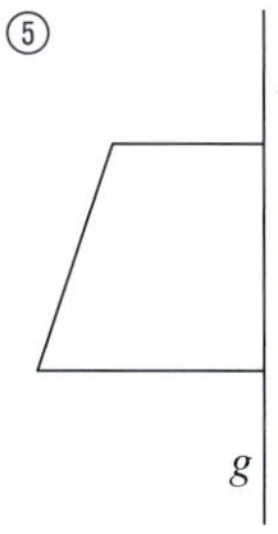

$u =$

$A =$

⑥
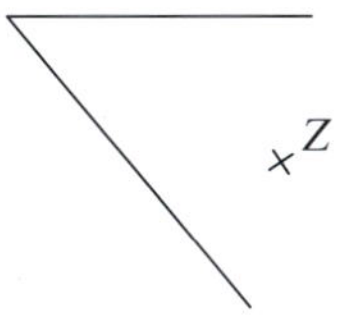

$u =$

$A =$

⑦
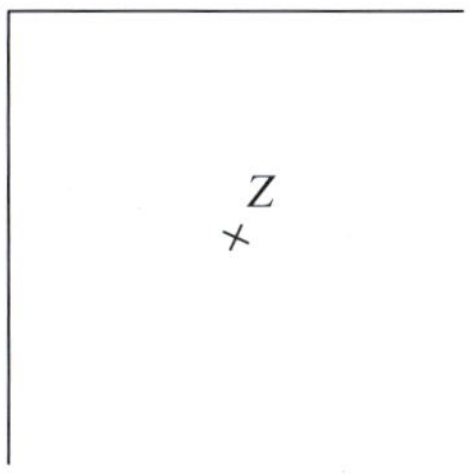

$u =$

$A =$

⑧
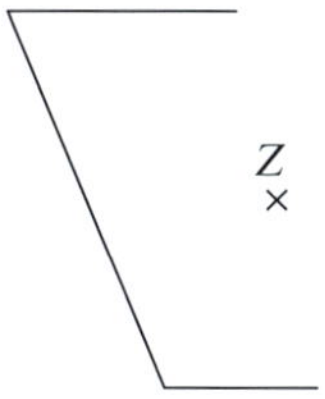

$u =$

$A =$

Boxplots

▶ Grundwissen

Boxplots sind Diagramme, in denen fünf besondere Werte einer Datenmenge dargestellt werden.
Sie werden auch „5-Kennwert-Zusammenfassung" genannt.

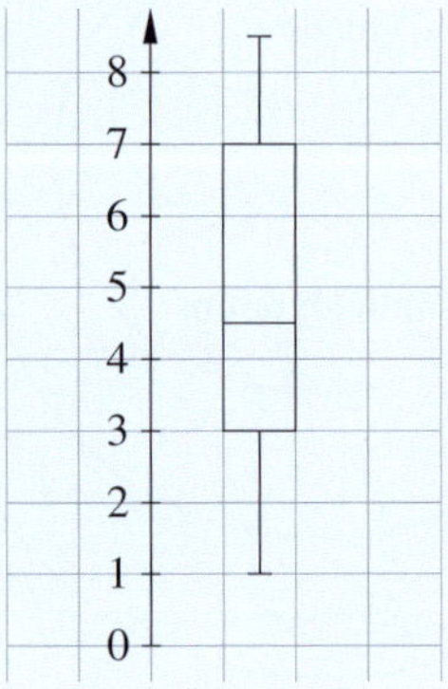

▶ Auftrag: Beschrifte das Diagramm mit den Fachbegriffen der besonderen Werte einer Datenmenge.

Trainieren

1 Geordnete Datenmengen zu Längen von Holzstäben

①

3 cm	5 cm	6 cm	8 cm	11 cm	15 cm

↑ 5 cm ↑ 7 cm

②

1 cm	5 cm	7 cm	10 cm	12 cm	14 cm	18 cm

③

2 cm	4 cm	5 cm	9 cm	15 cm	19 cm	21 cm	24 cm

a) Markiere jeweils das Minimum und das Maximum. ☐ Minimum ☐ Maximum
Hinweis: Das Minimum ist der kleinste Wert und das Maximum der größte Wert.

b) Gib jeweils den Zentralwert an.
Hinweis: Der Zentralwert liegt in der Mitte aller geordneten Daten.

c) Gib jeweils den unteren und den oberen Viertelwert an.
Hinweis: Die Viertelwerte liegen in der Mitte der unteren bzw. oberen Datenhälfte.

2 Lies die Werte bei **a** ab. Zeichne oben bei **b** und **c** jeweils einen Boxplot.

a)

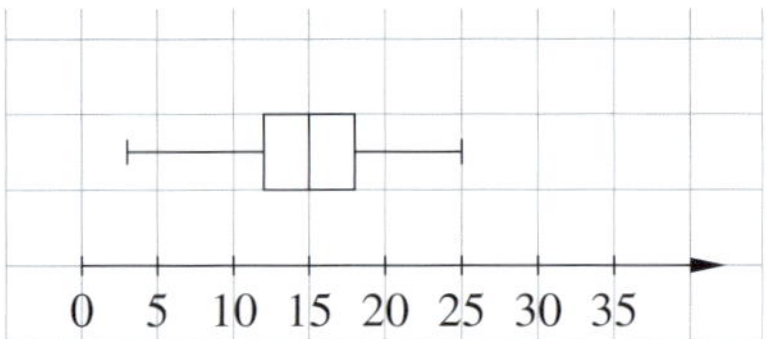

Minimum: _____

unterer Viertelwert: _____

Zentralwert: _____

oberer Viertelwert: _____

Maximum: _____

b)

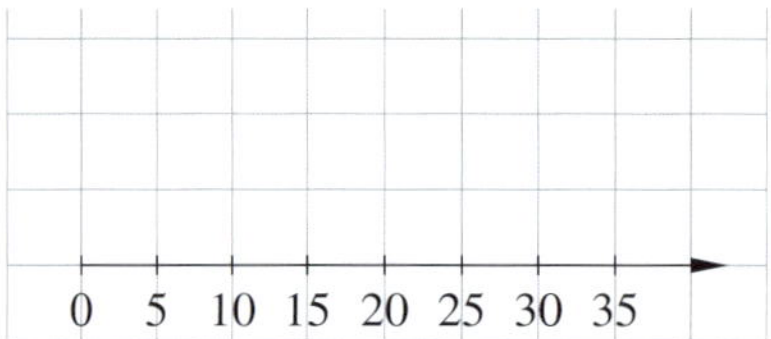

Minimum: 0

unterer Viertelwert: 11

Zentralwert: 14

oberer Viertelwert: 20

Maximum: 26

c)

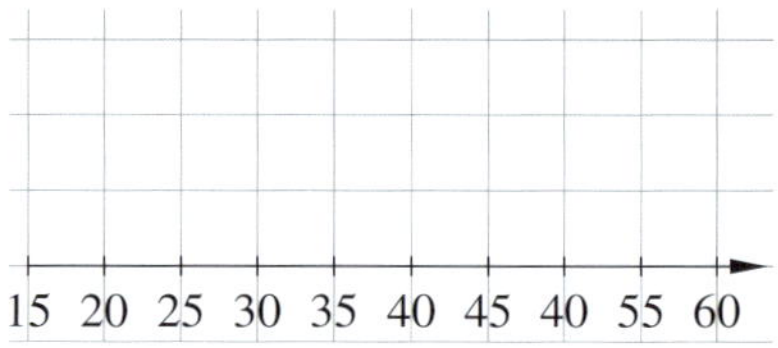

Minimum: 16

unterer Viertelwert: 22

Zentralwert: 30

oberer Viertelwert: 41

Maximum: 58

3 Ein Basketballverein hat die letzten 10 Spiele mit folgenden Korbunterschieden gewonnen bzw. verloren.
–3; 5; –12; 15; 17; –8; 11; –4; –1; 3
Ermittle entsprechende Werte und zeichne ein Boxplot.

Maximum: ______ Minimum: ______ Spannweite: ______

Zentralwert: ______ unterer Viertelwert: ______ oberer Viertelwert: ______

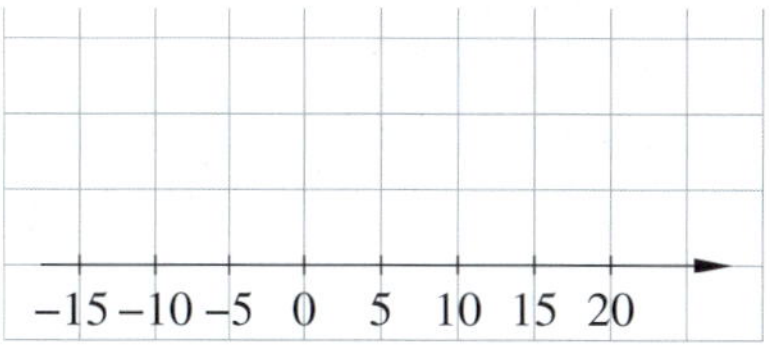

4 An einer Wetterstation wurde im Winter alle zwei Stunden die aktuelle Temperatur gemessen.
Stelle die Daten mithilfe eines Boxplots dar.

Temperaturen in °C:
1,4; –2,3; –3,2; –2,4; –0,8; –0,2; 0,6; 2,4; 1,6; 0,7; 0,3; –0,4; –0,5

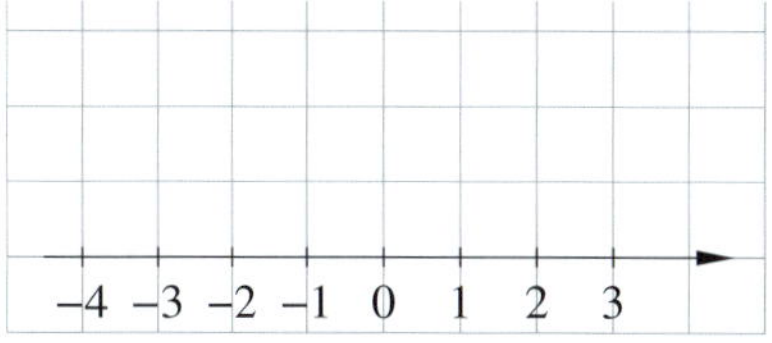

Anwenden und Vernetzen

5 Durchschnittliche Monatstemperaturen von Novogorod (Russland) und von Rio Gallegos (Argentinien)

Ort: ______________________

Monat	Jan.	Febr.	März	April	Mai	Juni	Juli	Aug.	Sept.	Okt.	Nov.	Dez.
Temperatur	–9 °C	–8 °C	–3 °C	4 °C	12 °C	16 °C	17 °C	16 °C	10 °C	5 °C	–1 °C	–6 °C

Ort: ______________________

Monat	Jan.	Febr.	März	April	Mai	Juni	Juli	Aug.	Sept.	Okt.	Nov.	Dez.
Temperatur												

Ort: ______________________

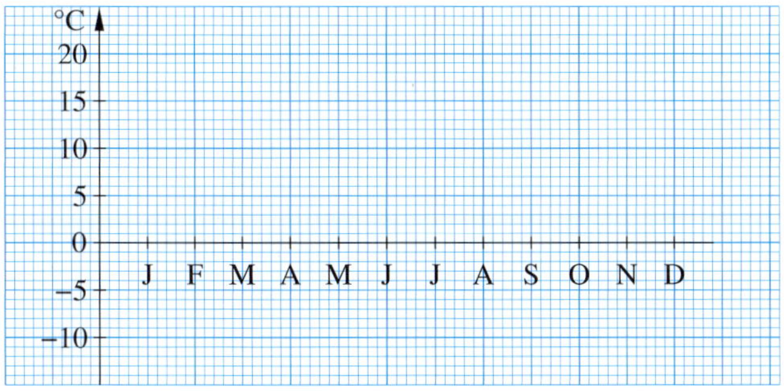

Ort: ______________________

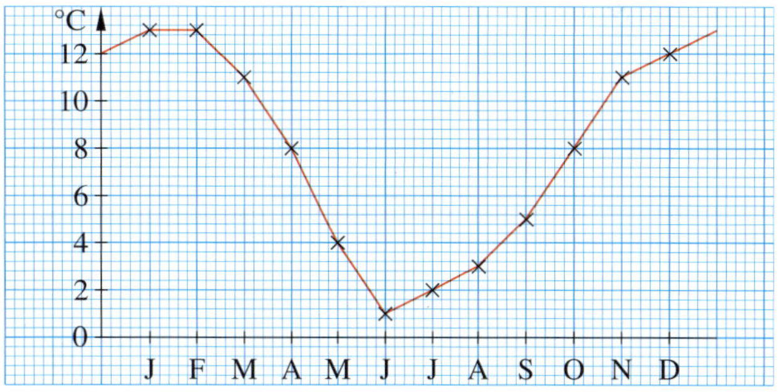

Boxplot

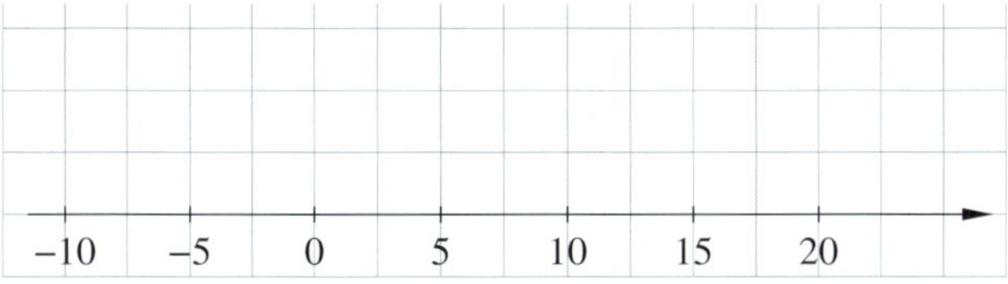

Boxplot

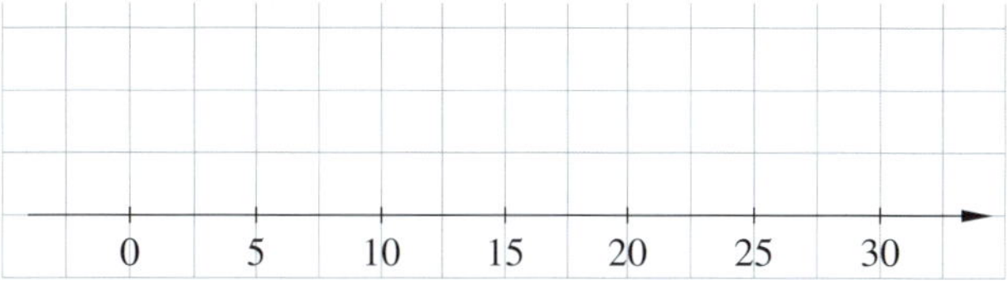

a) Ergänze die fehlenden Angaben in der Tabelle und in den Diagrammen.
Zusatzaufgabe: Überlege, wann welche Art der Darstellung von Daten angebracht ist.

b) Zusatzaufgabe: Wann ist in Rio Gallegos (Argentinien) Winter? Wieso ist das so?
Hinweis: Suche beide Orte auf einer Karte oder auf einem Globus.

____

Manipulationen

▶ Grundwissen

Befragungen und ihre Ergebnisse können manipuliert (beeinflusst) werden.

Beispiele: ______________________

____

____

▶ **Auftrag:** Nenne drei Ansätze zur Manipulation von Befragungen und Darstellungen.

Trainieren

1

① **Umfrage zu gemeinsamer Schulkleidung an unserer Schule**

Frage 1: Kreuze alle Vorteile an, die mit gemeinsamer Schulkleidung verbunden sind.

- ☐ kein Ausgrenzen aufgrund der Kleidung
- ☐ mehr Gleichbehandlung
- ☐ weniger Druck, neue Sachen zu kaufen
- ☐ mehr Zusammengehörigkeitsgefühl

Frage 2: Bist auch du für gemeinsame Schulkleidung nur für den Unterricht?

☐ ja ☐ nein

② **Umfrage zu gemeinsamer Schulkleidung an unserer Schule**

Frage 1: Welche Schulkleidung wünschst du dir? Wähle ein Shirt und eine Hose.

- ☐ blaues Shirt ☐ weißes Shirt
- ☐ beiges Shirt ☐ schwarzes Shirt
- ☐ blaue Hose ☐ beige Hose
- ☐ schwarze Hose

Frage 2: Sollte jeder stets die Wahl haben zwischen zwei Oberteilen, z. B. blaues oder weißes Shirt, und zwei Unterteilen, z. B. Hose oder Rock?

☐ ja ☐ nein ☐ weiß nicht

③ **Umfrage zur Einführung von Schuluniformen an unserer Schule**

Frage 1: Kreuze alle Nachteile an, die mit gemeinsamer Schulkleidung verbunden sind.

- ☐ Man muss auch hässliche Kleidung anziehen.
- ☐ Man wird schnell verwechselt.
- ☐ Man kann neue Sachen nicht mehr zeigen.
- ☐ Jeder sieht, auf welche Schule man geht.

Frage 2: Möchtest du, dass Schuluniformen an unserer Schule eingeführt werden?

☐ ja ☐ nein

☐ hängt vom Aussehen ab

a) Stell dir vor, du kennst jeweils nur den einen Fragebogen. Kreuze auf jedem Fragebogen an.

b) Nach welcher Umfrage werden am ehesten Schuluniformen an der Schule eingeführt?

____

c) Welchen Einfluss hat das Foto auf das Umfrageergebnis?

____

d) Jede der Umfragen enthält Manipulationen. Nenne jeweils zwei Beispiele.

2 Auswertungen der Ergebnisse einer Umfrage zu gemeinsamer Schulkleidung

①

	Mädchen	Jungen
ja	188	203
nein	173	152
weiß nicht	142	142

②

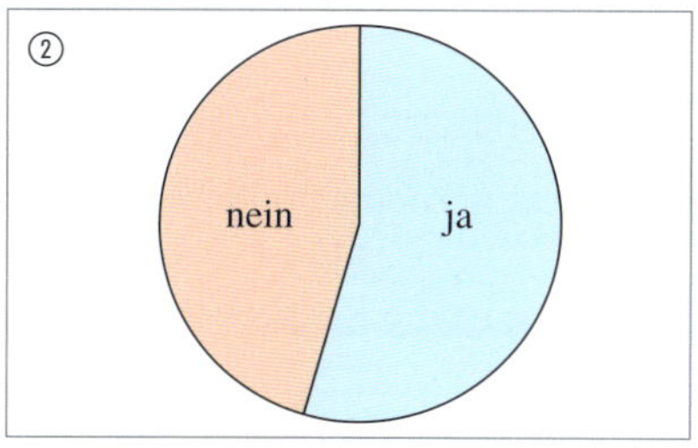

③

④

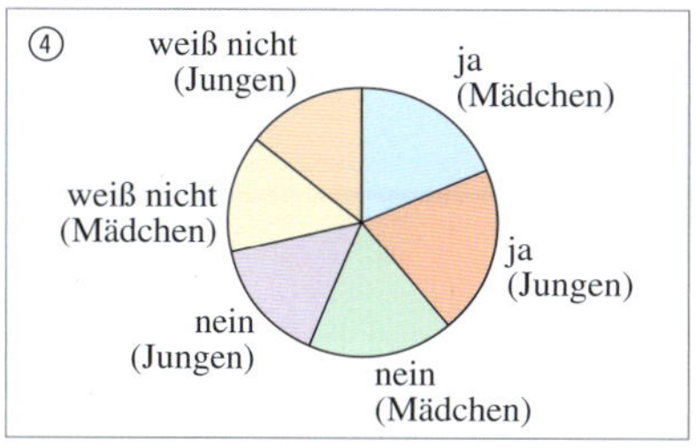

⑤

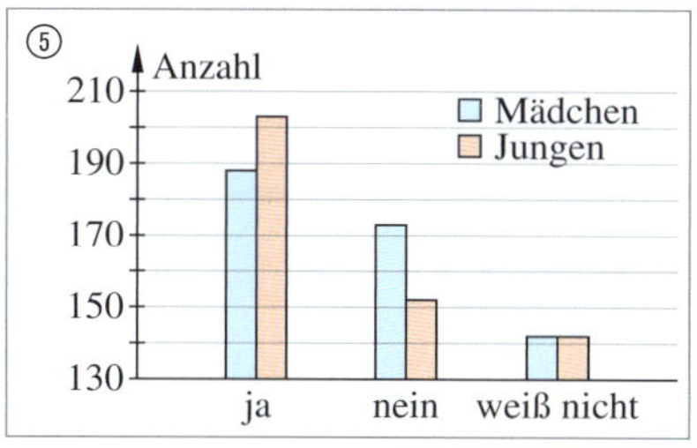

⑥

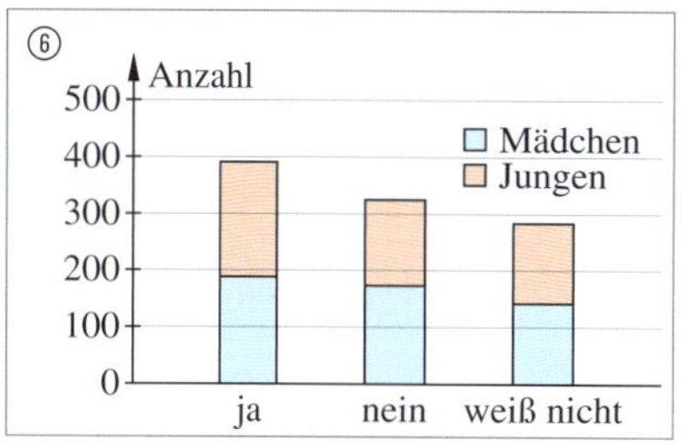

a) Welche drei Darstellungen sind aus deiner Sicht am stärksten manipulierend? Kreuze an. ☐ ① ☐ ② ☐ ③ ☐ ④ ☐ ⑤ ☐ ⑥

b) Wofür könnte jemand Darstellung ② bzw. ④ nutzen?

____

____

Anwenden und Vernetzen

3

a) Bewerte folgende Aussagen zu den Abbildungen zum Kaufpreis von Einfamilienhäusern und zum Energieverbrauch. Entscheide, ob sie zu den Inhalten des Diagramms auf den ersten Blick passen (p) oder nicht passen (np).

Aussage ①: „Die Preise von Einfamilienhäusern haben sich mehr als verdoppelt." ☐ p ☐ np

Aussage ②: „Die Preise von Einfamilienhäusern werden immer weiter steigen." ☐ p ☐ np

Aussage ③: „Die Preise von Einfamilienhäusern sind gestiegen." ☐ p ☐ np

Aussage ④: „Die Preise von Einfamilienhäusern sind höher, als die Häuser wert sind." ☐ p ☐ np

Aussage ⑤: „Das teuerste Haus hat die Energieeffizienzklasse A." ☐ p ☐ np

Aussage ⑥: „Bei Energieeffizienzklasse F ist der Energieverbrauch etwa doppelt so hoch wie bei A." ☐ p ☐ np

Aussage ⑦: „Die beste Energieeffizienzklasse ist A." ☐ p ☐ np

b) Können Aussagen aus Teilaufgabe **a** durch die Darstellungen belegt werden?

____

c) Zusatzaufgabe: Suche drei Beispiele für Manipulationen im Alltag.

Prismen erkennen und beschreiben

▶ Grundwissen

Ein Prisma hat folgende Eigenschaften:
- Die Grund- und Deckfläche sind zueinander kongruente und parallele Vielecke.
- Die Seitenflächen sind Rechtecke.
- Der Abstand zwischen Grund- und Deckfläche ist die Körperhöhe des Prismas.

Beispiel:

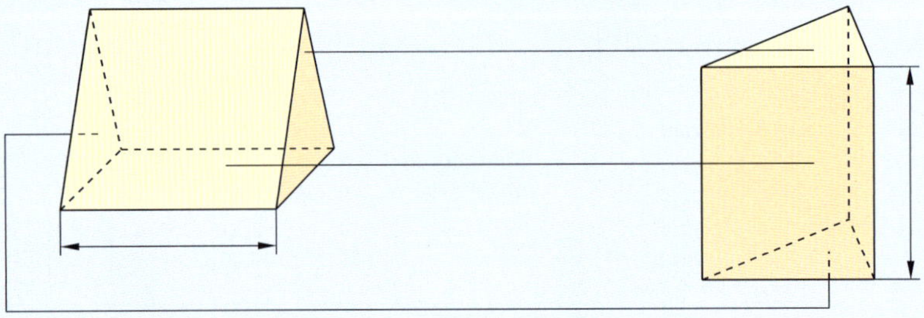

▶ Auftrag: Ergänze die Bezeichnungen auf den Linien.

Trainieren

1 Prismen?

a) Kreuze in den Tabellen die Prismen an.

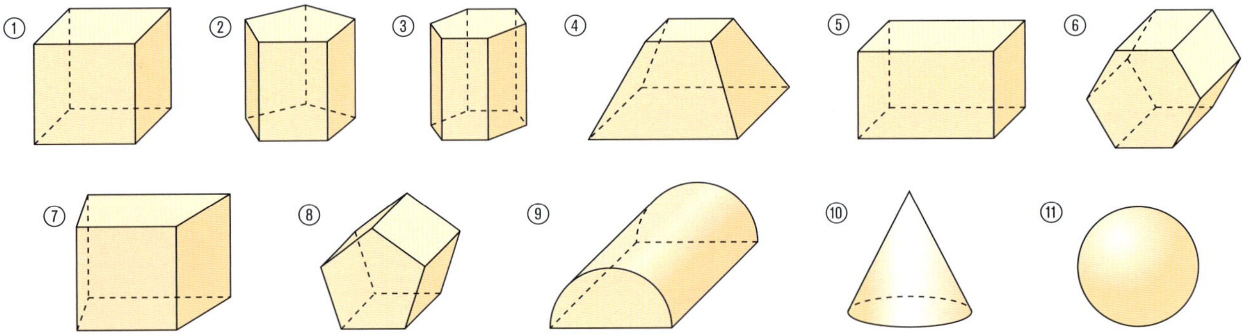

Körper	①	②	③	④	⑤	⑥	⑦	⑧	⑨	⑩	⑪
Prisma											

b) Welche der Buchstaben im Bild haben die Form eines Prismas?

Körper	H	O	L	Z	T	E	C	H	N	I	K
Prisma											

2 Welche der folgenden Flächen können die Grundfläche eines Prismas sein? Markiere sie.

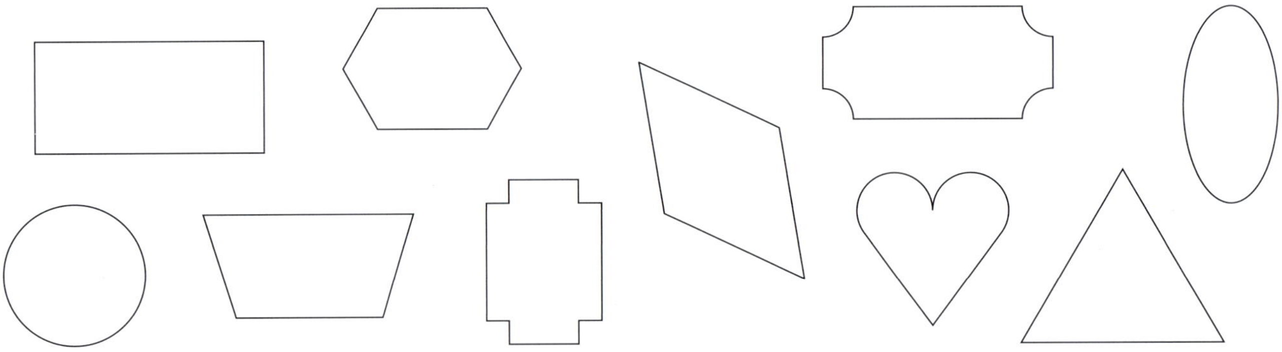

3 Netze

a) Einige der Figuren sind Netze von Prismen.
Markiere in den Netzen von Prismen die Seitenflächen sowie die Grund- und die Deckfläche.
Lege zuvor Farben fest. ☐ Seitenflächen ☐ Grund- und Deckfläche

b) Gib in der Zeichnung die Höhe der Prismen an.

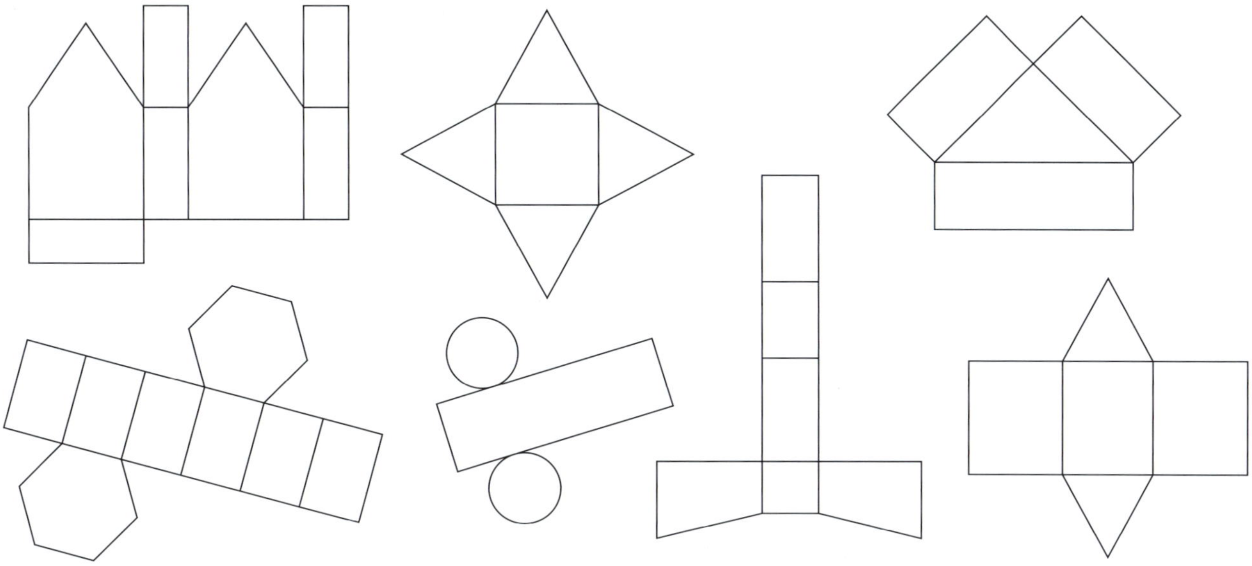

Anwenden und Vernetzen

4 Quaderförmige Holzstücke sind das Ausgangsmaterial für neue Körper.
Zeichne jeweils in das Schrägbild des Quaders die neuen Körper ein.

a) halb so großes, genauso hohes stehendes Prisma mit rechtwinkligem Dreieck als Grundfläche

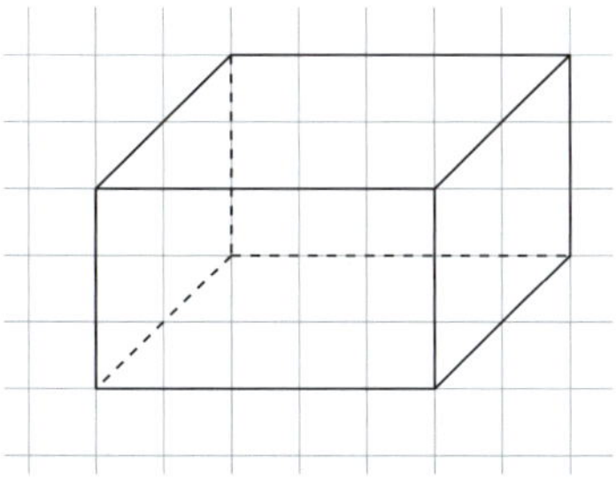

b) halb so großes, genauso hohes liegendes Prisma mit rechtwinkligem Dreieck als Grundfläche

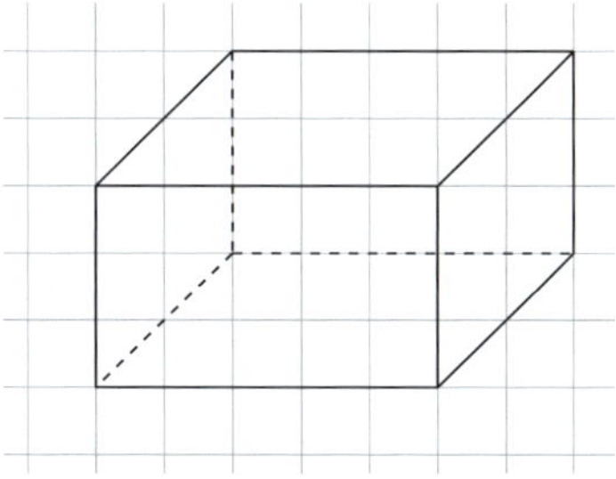

c) halb so großes, genauso hohes liegendes Prisma mit Trapez als Grundfläche

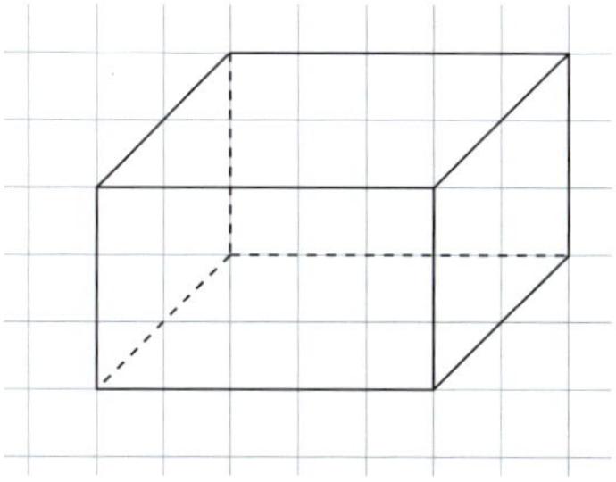

5 Ergänze die Tabelle und skizziere jeweils ein Schrägbild des Körpers.

Körper	Anzahl der …			Art der Begrenzungsflächen
	Ecken	Kanten	Flächen	
①				sechs Rechtecke, von denen jeweils genau zwei zueinander kongruent sind
②				zwei zueinander kongruente Dreiecke und drei zueinander kongruente Rechtecke
③				sechs zueinander kongruente Vierecke

①

②

③

Oberfläche von Prismen

▶ Grundwissen

- Die Oberfläche eines Prismas besteht aus dem Mantel M, der Grund- und der Deckfläche G.
- Für den Flächeninhalt vom Mantel A_M gilt: $A_M = A_1 + A_2 + \ldots + A_n = u_G \cdot h_k$
- Für den Oberflächeninhalt A_O gilt: $A_O = 2A_G + A_M$

Beispiel:

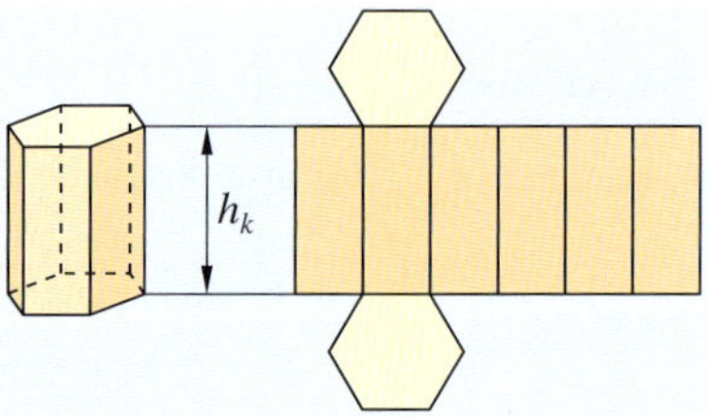

▶ Auftrag: Ergänze die Bezeichnungen M und G in der Abbildung.

Trainieren

1

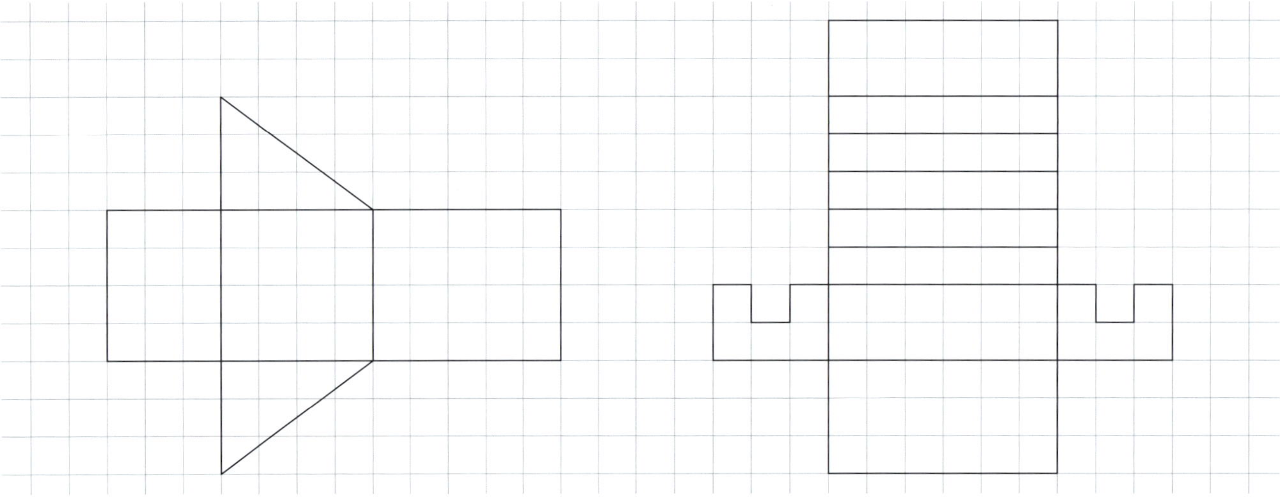

a) Markiere entsprechende Flächen und Strecken. Lege zuvor Farben fest.

☐ Mantel M ☐ Grund- und Deckfläche G
☐ Körperhöhe h_k ☐ Umfang der Grundfläche u_G

b) Ermittle die Größen.

	h_k	u_G	A_M	A_G	A_O
dreiseitiges Prisma					
achtseitiges Prisma					

2 Gib die Oberflächeninhalte auf volle Quadratzentimeter gerundet an. Miss die benötigten Größen in den Körpernetzen.

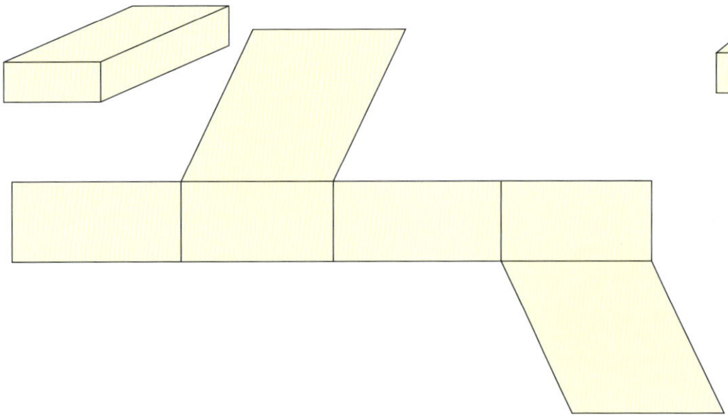

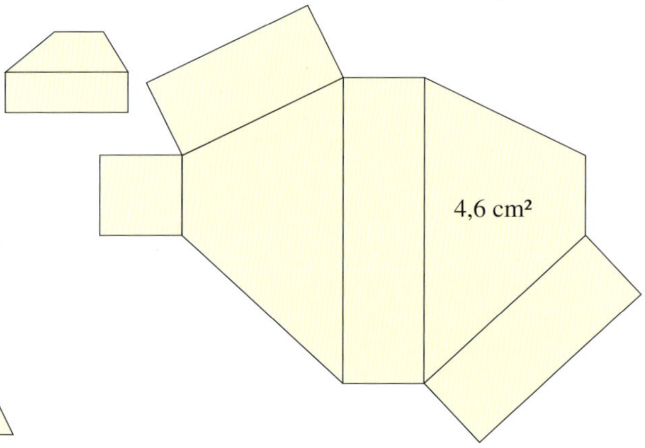

3 Die Grundflächen von 2 cm hohen Prismen wurden im Maßstab 1 : 1 abgebildet. Ergänze die Tabelle.
Hinweis: Rechne auf einem zusätzlichen Blatt.

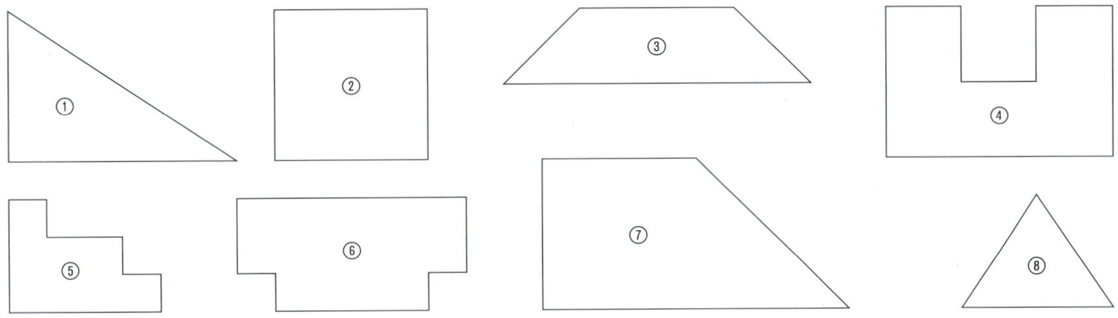

Prisma	①	②	③	④	⑤	⑥	⑦	⑧
Flächeninhalt der Grundfläche in cm^2								
Flächeninhalt der Mantelfläche in cm^2								
Flächeninhalt der Oberfläche in cm^2								

Anwenden und Vernetzen

4 Abgebildet sind zwei Grundflächen von 3 cm hohen Prismen.

a) Ergänze sie zu Schrägbildern.
Hinweis: Trage nach hinten verlaufende Kanten in einem Winkel von 45° und in halber Länge an.

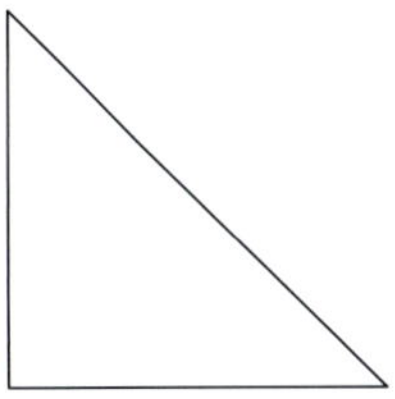

b) Ermittle die Größe der Oberflächen. Runde auf Quadratzentimeter.

dreiseitiges Prisma: ______________________________

____

____

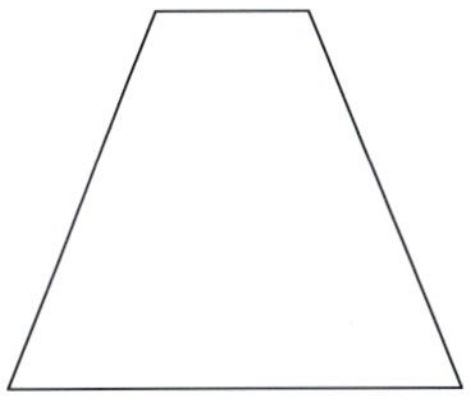

vierseitiges Prisma: ______________________________

____

____

5 Zwei Eisenstützen für einen neuen Balkon sind 2,70 m lang. Sie haben die rechts abgebildete Grundfläche. Vor dem Einbau soll ihre Oberfläche mit Rostschutzmittel gestrichen werden. Die im Fachhandel angebotenen unterschiedlich großen Dosen reichen für 1,5 m^2 bzw. für 2 m^2.
Wie viele Dosen jeder Sorte sollten gekauft werden?

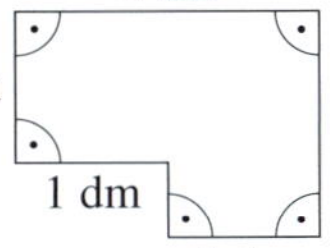

____

____

____

Volumen von Prismen

▶ Grundwissen

Das Volumen V eines Prismas ist das Produkt des Flächeninhalts der Grundfläche A_G und der Körperhöhe h_k.

$V = A_G \cdot h_k$

Beispiel:

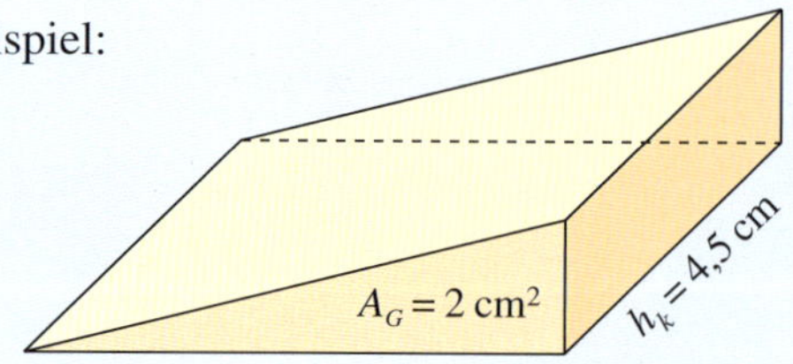

$V =$ ______________________

▶ **Auftrag:** Berechne das Volumen des Prismas.

Trainieren

1 Abgebildet sind Grundflächen von 4 cm hohen Prismen.

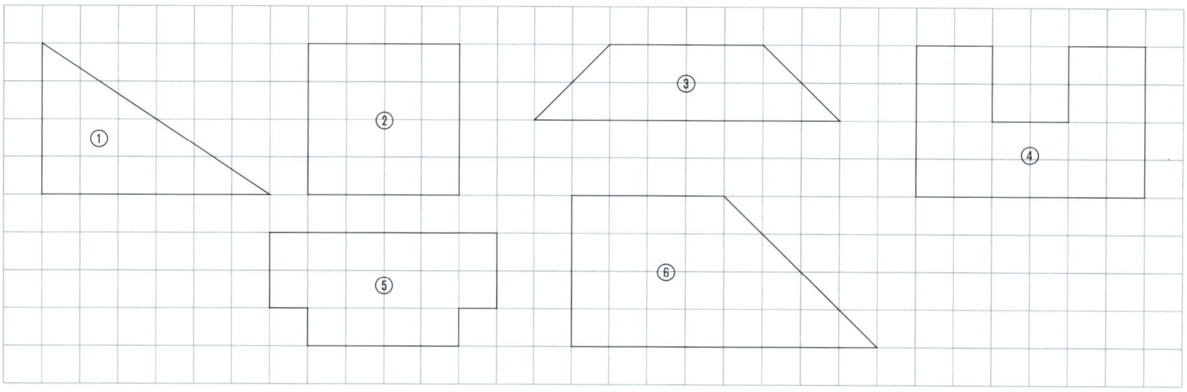

a) Ermittle die Flächeninhalte der Grundflächen mithilfe der Kästchen und berechne die Volumen.

Körper	①	②	③	④	⑤	⑥
Flächeninhalt der Grundfläche						
Körperhöhe	4 cm	4 cm	4 cm	4 cm	4 cm	4 cm
Volumen						

b) Ein Prisma soll jeweils die abgebildete Grundfläche und ein Volumen von 24 cm^3 haben. Ergänze die Flächeninhalte der Grundflächen und ermittle die Körperhöhen.

Körper	①	②	③	④	⑤	⑥
Flächeninhalt der Grundfläche						
Körperhöhe						
Volumen	24 cm^3	24 cm^3	24 cm^3	24 cm^3	24 cm^3	24 cm^3

c) Ergänze jeweils die fehlende Größe des Prismas.

Flächeninhalt der Grundfläche	4 m^2	4 mm^2	1,2 dm^2	15 cm^2		
Körperhöhe	2,5 m	17 mm			0,8 dm	1,3 m
Volumen			9,6 dm^3	31,5 cm^3	0,32 dm^3	1,69 m^3

2 Berechne den Flächeninhalt der Grundfläche A_G und das Volumen V.

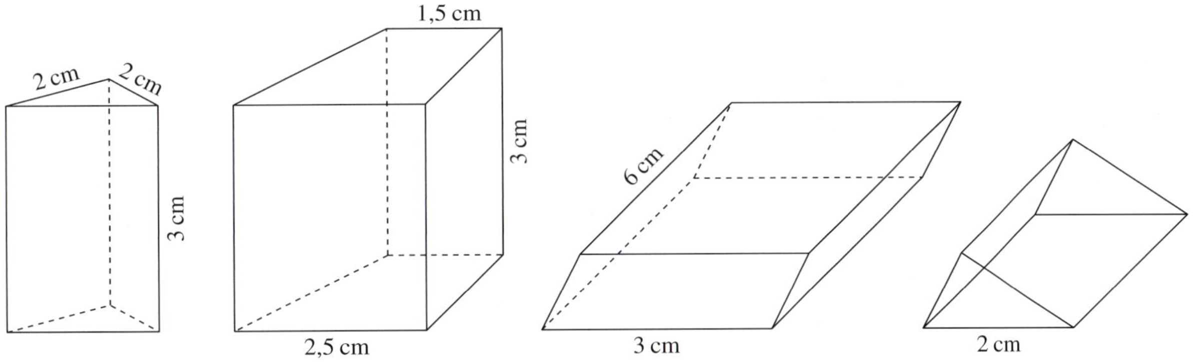

$A_G =$ ____________ $A_G =$ ____________ $A_G =$ ____________ $A_G =$ ____________

____________ ____________ ____________ ____________

$V =$ ____________ $V =$ ____________ $V =$ ____________ $V =$ ____________

Anwenden und Vernetzen

3 Überschlage, wie viel Luft das abgebildete Zelt fasst.
Kreuze an.

☐ 0,4 m³ ☐ 0,8 m³ ☐ 4 m³ ☐ 10 m³

☐ 15 m³ ☐ 400 dm³ ☐ 800 dm³ ☐ 10 000 dm³

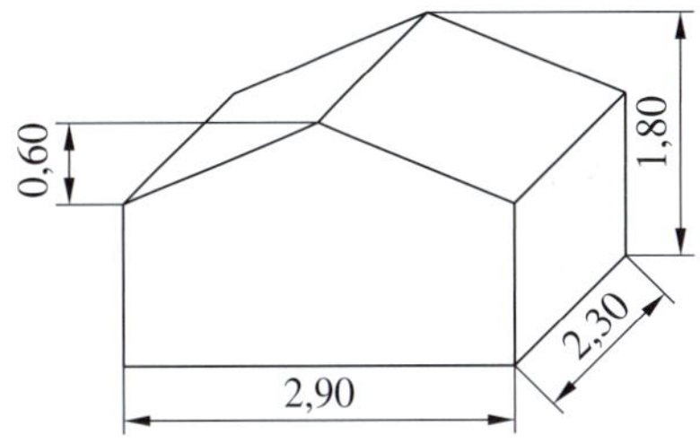

4 Aus einem quaderförmigen Styroporteil mit 1,5 cm, 4 cm und 6 cm langen Kanten wurden Teile ausgestanzt.
Der fertige Körper ist im Bild dargestellt.

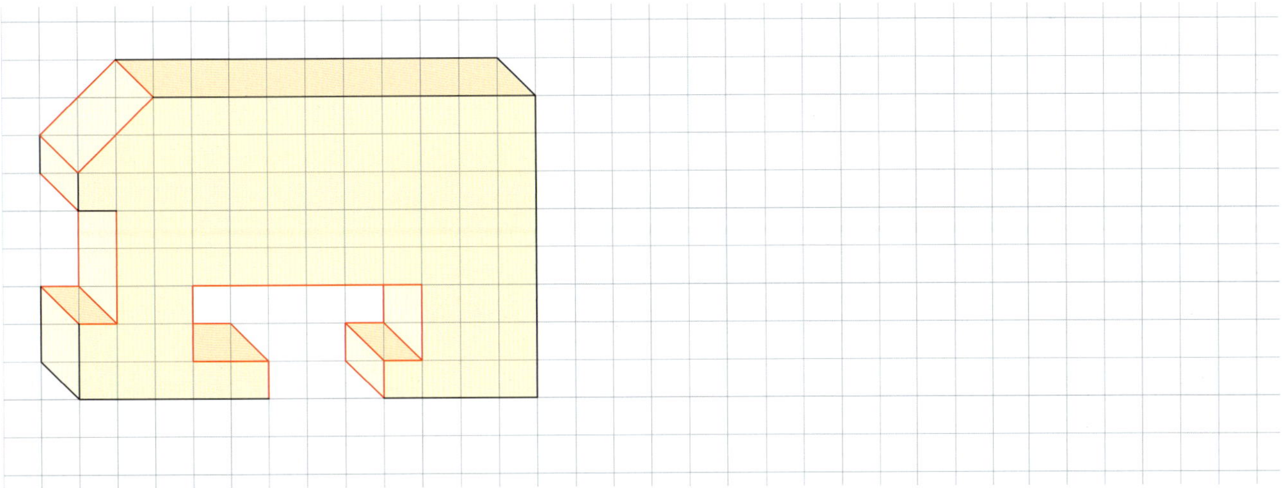

a) Zeichne jeweils ein Schrägbild von jedem der drei ausgestanzten Teile rechts neben den fertigen Körper.

b) Berechne die Volumen der drei ausgestanzten Teile und des fertigen Körpers.

dreiseitiges Prisma: $V =$ ______________________

vierseitiges Prisma: $V =$ ______________________

achtseitiges Prisma: $V =$ ______________________

fertiger Körper: $V =$ ______________________

Kapitel Terme

1 Setze „=“ bzw. „≠“ ein und unterstreiche gegebenenfalls im rechten Term den Fehler.

a) $7 \cdot (5a + 4)$ ☐ $7 \cdot 5a + 5a \cdot 4$ b) $(1 + 2a) \cdot 3b$ ☐ $3b + 6ab$ c) $(1 - 4t) \cdot (4 - t)$ ☐ $4 - t + 16t + t^2$

d) $(2 - 4s) \cdot (2 - 4s)$ ☐ $4 - 16s + 4s^2$ e) $(3r + 9s)^2$ ☐ $9r^2 + 54rs + 81s^2$ f) $(7 - 7n) \cdot (7 + 7n)$ ☐ $49 + 49n^2$

2 Multipliziere.

a) $10 \cdot (7 + 4a) =$ __________ b) $-7b \cdot (6 - 4a) =$ __________

c) $(3b - 11c + 4) \cdot 5a =$ __________ d) $(3d - 4) \cdot (3d - 4) =$ __________

e) $(9e + 8s) \cdot (9e + 8s) =$ __________ f) $(0{,}3 - 0{,}2f) \cdot (0{,}3 + 0{,}2f) =$ __________

g) $(1{,}1 - 2g) \cdot (1{,}1 - h) =$ __________ h) $(0{,}6 - 4h) \cdot (4h + 0{,}6) =$ __________

3 Schreibe als Produkt. Klammere möglichst viel aus.

a) $21a + 28 =$ __________ b) $10a + 20ab - 30ac =$ __________

c) $50c^2 - 40bc =$ __________ d) $d^2 - 4d + 4 =$ __________

e) $9d^2 + 60d + 100 =$ __________ f) $25 - 400f^2 =$ __________

g) $7g^2 - 42gh + 28gi^2 =$ __________ h) $0{,}04h^2 - 0{,}4h + 1 =$ __________

4 Berechne mithilfe der binomischen Formeln.

a) $92 \cdot 108 =$ __________

b) $97^2 =$ __________

c) $38 \cdot 38 =$ __________

5 Familie Lehn sollte zuerst ein quadratisches Grundstück mit der Seitenlänge l erhalten.
An einer Seite wurde aber ein 3 m breiter Streifen zu einem Weg.
Zum Ausgleich gab es einen 3 m breiten Streifen, der senkrecht zum Weg verläuft.
Letztendlich ist es ein rechteckiges Grundstück geworden.

a) Veranschauliche den Sachverhalt.

b) Ermittle mithilfe einer Rechnung, wie sich die Größe des Grundstücks veränderte.

____

____

Kapitel Lineare Gleichungen und Funktionen

1 Ermittle die Lösungen.

a) $7x - 4 = 3$ **b)** $12x - 15 = 4x + 1$ **c)** $3x - 17 + 12x = -5x + 17$

2 Mit den Formeln kann man Umfänge von Flächen berechnen.
Forme jeweils nach a um.

a) Umfang vom Quadrat **b)** Umfang vom Rechteck **c)** Umfang vom gleichschenkligen Trapez

$u = 4 \cdot a$ $u = 2 \cdot (a + b)$ $u = 2 \cdot a + b + c$

3 Ergänze zuerst den Schnittpunkt mit der y-Achse.
Entscheide danach, ob die Gerade von links nach rechts fällt oder steigt.

$y = -\frac{4}{5}x + 9$ $P(\_\_ | \_\_)$ ist der Schnittpunkt mit der y-Achse. Die Gerade … ☐ fällt ☐ steigt

4 Familie Spiegel plant eine 7- bis 14-tägige Reise. Sie hat die Wahl zwischen drei Reiseangeboten.

Angebot 1:
Pauschalreise für 1800,00 € mit bis zu 14 Tagen Aufenthalt

Angebot 2:
An- und Abreise für 500,00 € und 100,00 € pro Übernachtung

Angebot 3:
An- und Abreise für 440,00 € und 165 € pro Übernachtung (+ 10 % Vermittlungsgebühr)

a) Veranschauliche die Angebote im Koordinatensystem. Bei wie vielen Übernachtungen ist das jeweilige Angebot im Vergleich zu den anderen preisgünstig?

Angebot 1: ______________________

Angebot 2: ______________________

Angebot 3: ______________________

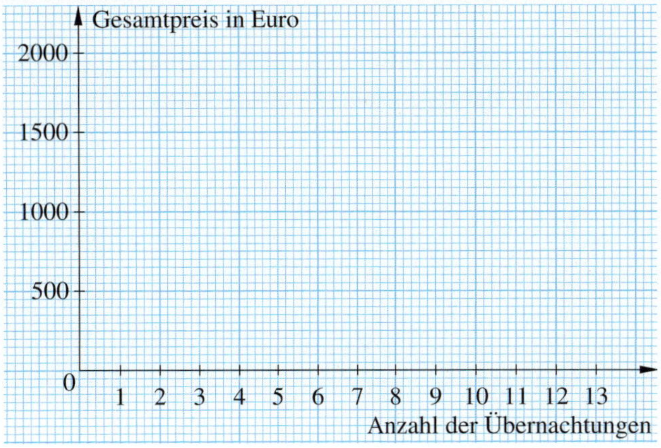

b) Ordne den Graphen Gleichungen zu.

c) Welches Angebot wird vermutlich als Erstes ausgeschlossen?

____

____

Kapitel Zufall und Wahrscheinlichkeit

1 Die abgebildeten Murmeln werden in einem undurchsichtigen Beutel aufbewahrt. Gib jeweils mit einem Bruch die Wahrscheinlichkeiten folgender Ereignisse an.

a) Es wird zufällig zuerst eine blaue Murmel genommen. ________

b) Es wird zufällig zuerst eine gelbe Murmel genommen. ________

c) Es wird zufällig zuerst eine lila oder eine rote Murmel genommen. ________

d) Es wird zufällig zuerst keine lila Murmel genommen. ________

2 Ergänze die Tabelle.

Bruch	$\frac{5}{5}$	$\frac{6}{8}$			
Dezimalbruch			0,5	0,25	
Prozentschreibweise					0 %

3 Zufällige Ereignisse

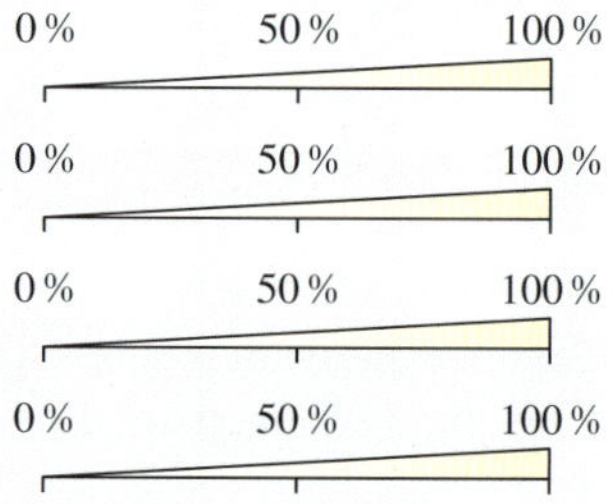

① „Ein zufällig ausgewählter Schüler hat kaum in diesem Monat Geburtstag."

② „Nach einem Münzwurf ist zufällig die Zahl oben zu sehen."

③ „Für morgen wird sehr wahrscheinlich Regen angesagt."

④ „Die Chance, das Spiel zu gewinnen, ist fifty-fifty."

a) Ordne mit Pfeilen den Ereignissen passende Wahrscheinlichkeiten zu.

b) Welches der Experimente ist ein Laplace-Experiment? Gib die Nummer an. ________

4 In einem undurchsichtigen Beutel werden 480 Lose aufbewahrt.

a) Die Wahrscheinlichkeit, eine Niete zu ziehen, ist 0,75.
Wie viele Nieten sind im Beutel?

____

b) Die Wahrscheinlichkeit, den Hauptgewinn zu ziehen, ist rund 1 %.
Wie viele Hauptgewinne sollten im Beutel sein?

____

5 Das Netz eines fairen Würfels ist gegeben. Markiere die Flächen so, dass folgende Wahrscheinlichkeiten gelten.

$P(„1") = \frac{1}{2}$

$P(„2") = \frac{1}{6}$

$P(„3") = \frac{1}{3}$

$P(„rot") = \frac{1}{3}$

$P(„grün") = \frac{2}{3}$

$P(„1" \text{ oder } „rot") = \frac{2}{3}$

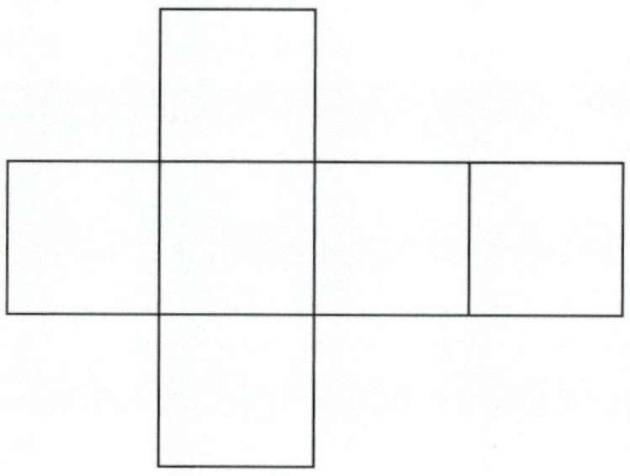

Kapitel Zinsrechnung

1 Ergänze die passenden Bezeichnungen aus der Prozentrechnung und aus der Zinsrechnung.

	Anteil von einem Ganzen	Größe des Anteils von einem Ganzen	Größe von einem Ganzen
Prozentrechnung			
Zinsrechnung			

2 Ermittle die Ergebnisse mithilfe des Dreisatzes.

a) Wie viel Prozent sind 1,2 € von 30 €?

b) Wie viel sind 5 % p. a. von 1600 €?

c) Bei 2,5 % p. a. gibt es 156 € Zinsen. Berechne das Kapital.

3 Ergänze die Tabelle zur Zinsrechnung.

Kapital	200,00 €	200,00 €	500,00 €	1 500,00 €		
Zinssatz p. a.	3 %	6,25 %			4 %	2,9 %
Jahreszinsen			37,50 €	26,25 €	32,00 €	52,20 €

4 Gib die Zinsen für unterschiedliche Laufzeiten an.
Hinweis: Bei mehreren Jahren sind Zinseszinsen zu ermitteln.

Kapital	1 000,00 €	1 800,00 €	2 000,00 €	24 000,00 €	10 000,00 €	13 000,00 €
Zinssatz p. a.	6 %	8,25 %	2 %	2,4 %	9 %	3,9 %
Laufzeit	12 Tage	36 Tage	3 Monate	9 Monate	2 Jahre	2 Jahre
Zinsen für die Laufzeit						

5 Untersuche, welches Angebot besser ist.

Angebot A: Ihr Kapital wird im ersten Jahr mit 1,5 % p. a., im zweiten mit 2 % und im dritten mit 2,5 % verzinst.
Angebot B: Ihr Kapital wird mit Zinseszinsen drei Jahre mit 2 % p. a. verzinst.

Kapitel Dreiecke und Vierecke

1 Gib jeweils passende Formeln zur Berechnung vom Umfang und Flächeninhalt an. Berechne beides. Miss die benötigten Längen.

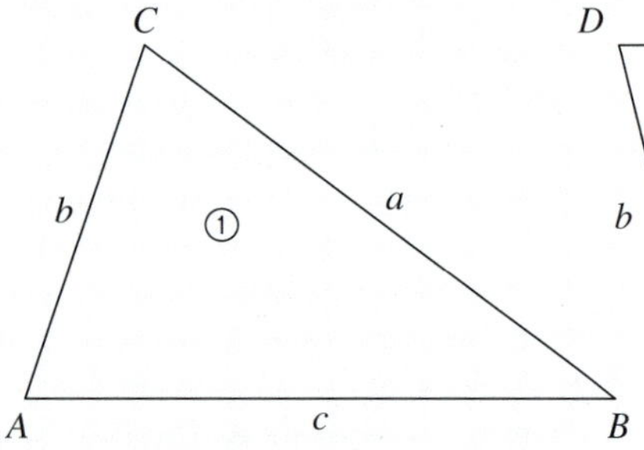

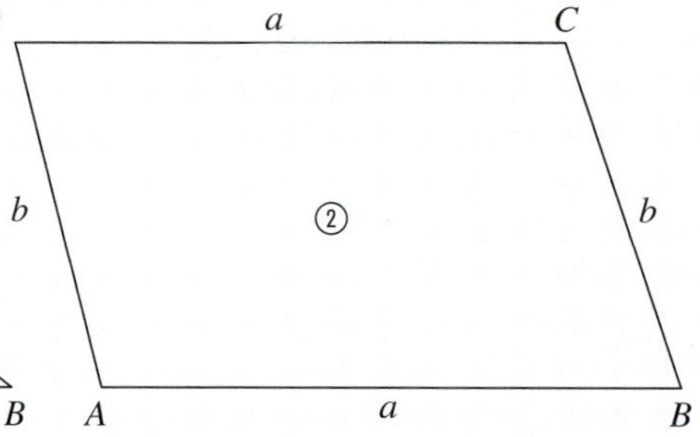

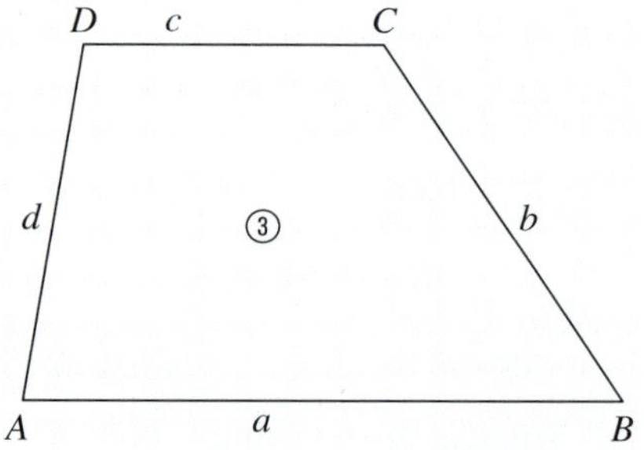

$u =$ ______ $u =$ ______ $u =$ ______

$A =$ ______ $A =$ ______ $A =$ ______

2 Ergänze zu $6\,\text{cm}^2$ großen Flächen.

Dreieck

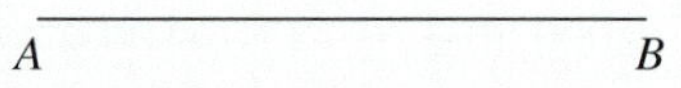

Parallelogramm

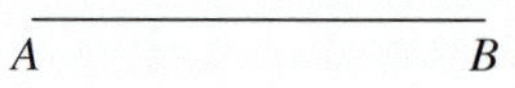

Drachen

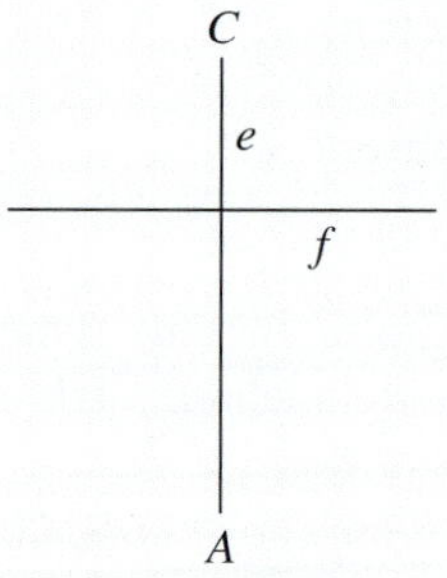

3 Ein Trapez ist $20\,\text{cm}^2$ groß. Die zueinander parallelen Seiten sind 2 cm und 6 cm lang. Ermittle die Höhe des Trapezes.

4 Der Hausgiebel soll mit Platten gedämmt werden. Wie teuer wird dies, wenn mit Kosten von 40 € pro Quadratmeter gerechnet wird? Runde das Ergebnis sinnvoll.

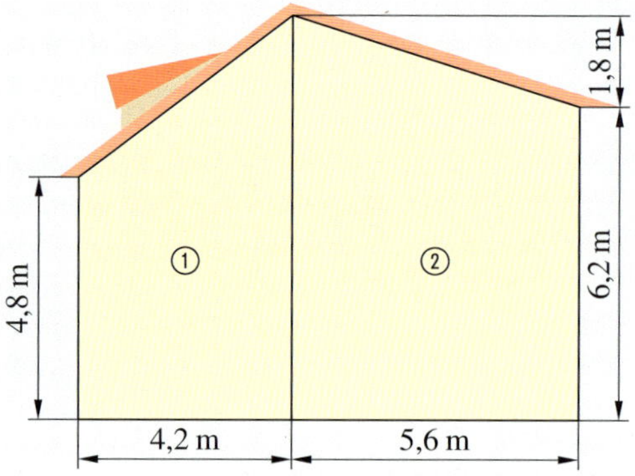

Kapitel Daten

1 Die Punkte eines Basketballspielers pro Spiel im Laufe einer Saison wurden erfasst.

5; 6; 7; 8; 9; 10; 12; 13; 14; 15; 18; 20; 21

a) Gib folgende Kenngrößen an.

Minimum: ____ Maximum: ____

Zentralwert: ____ unterer Viertelwert: ____ oberer Viertelwert: ____

b) Zeichne einen passenden Boxplot.

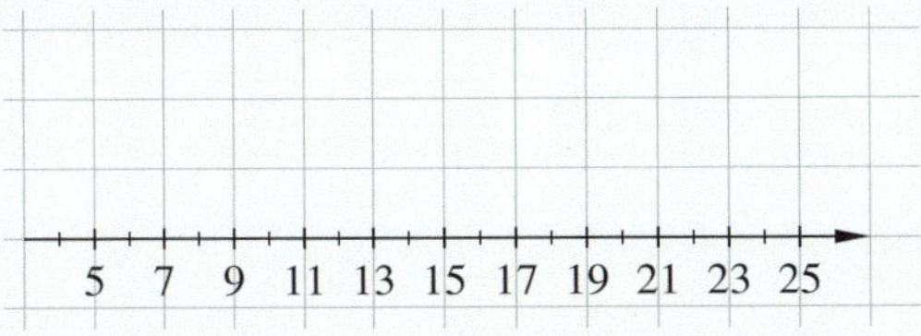

c) Ermittle das arithmetische Mittel der Werte. ________

2 Ordne, wenn möglich, jeweils die Spannweite und den Median zu.

natürliche Zahlen von 4 bis 10	ganze Zahlen von 5 bis 12	ganze Zahlen von −10 bis −2	Zahlen $-\frac{1}{2}; -\frac{1}{4}; -\frac{1}{6};$ $0; \frac{1}{4}$ und $\frac{1}{3}$	rationale Zahlen von −10 bis 1
Spannweite: 6	Spannweite: $\frac{5}{6}$	Spannweite: 8	Spannweite: 7	Spannweite: 5
Zentralwert: 8,5	Zentralwert: −6	Zentralwert: −7	Zentralwert: 7	Zentralwert: $-\frac{1}{12}$

Notiere zu den übrig bleibenden Angaben eine passende Datenmenge mit 4 Werten. ____________

3

① Umfrage zur Verbesserung des Schulessens

Frage 1: Wie findest du das Schulessen?	☐ gut	☐ schlecht
Frage 2: Gehst du fast täglich zum Schulessen?	☐ ja	☐ nein
Frage 3: Magst du auch Essen A nicht?	☐ ja	☐ nein

a) Nenne zwei Ansätze zur Manipulation der Umfrageergebnisse bei diesem Fragebogen.

____

____

b) Verändere zwei Zeilen des Fragebogens so, dass das Umfrageergebnis weniger beeinflusst wird.

____

____

____

Kapitel Prismen

1 Markiere in den Netzen von Prismen die Seitenflächen, die Körperhöhe sowie die Grund- und die Deckfläche. Lege dazu Farben fest.
Hinweis: Prüfe zuerst, ob es das Netz eines Prismas ist.

☐ Seitenflächen ☐ Grund- und Deckfläche ☐ Körperhöhe

a) b) c) d)

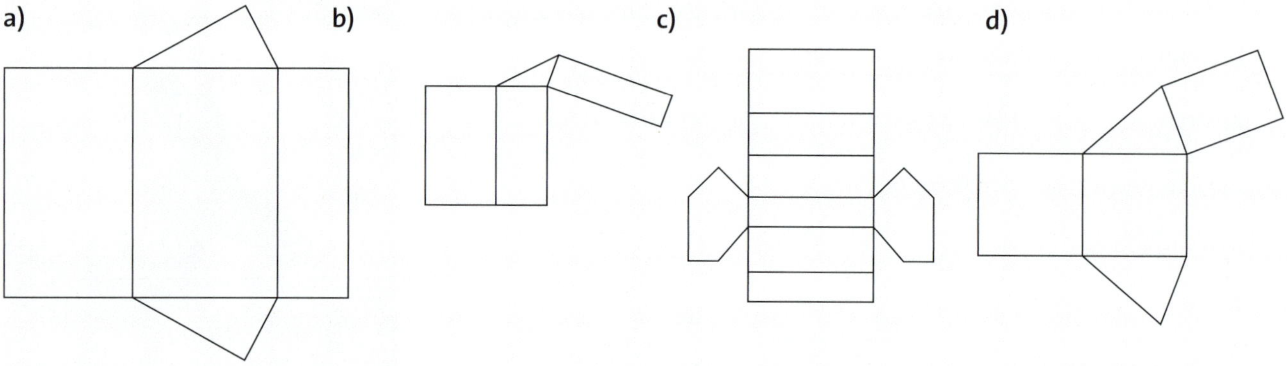

2 Ein Prisma hat als Grundfläche ein rechtwinkliges Dreieck mit 3 cm, 4 cm und 5 cm langen Seiten. Es ist 8 cm hoch.

a) Berechne die Größe der Oberfläche und das Volumen des Prismas.

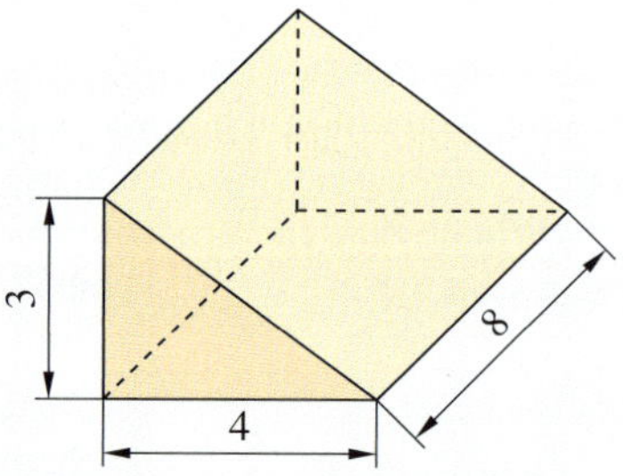

b) Vervollständige die Grundflächen von Prismen mit gleicher Körperhöhe und gleichem Volumen.

Rechteck Trapez Parallelogramm

3 Ein Architekt plant ein neues Kinderbecken für ein Hotel. Es soll groß erscheinen und nicht viel Wasser fassen. Welches der beiden Modelle wird vermutlich gewählt? Begründe deine Antwort.

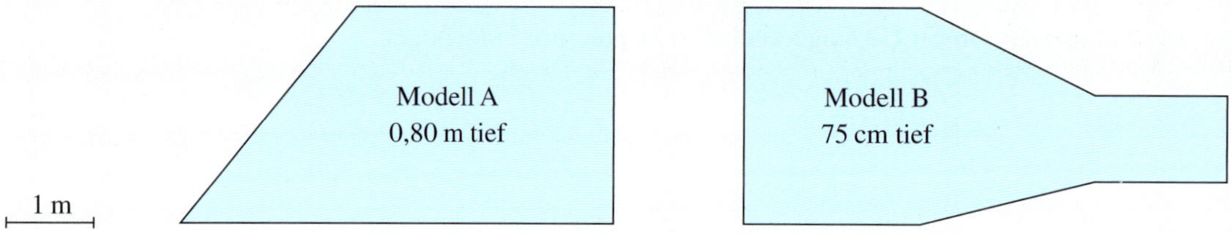

Jahrgangsstufentest

1

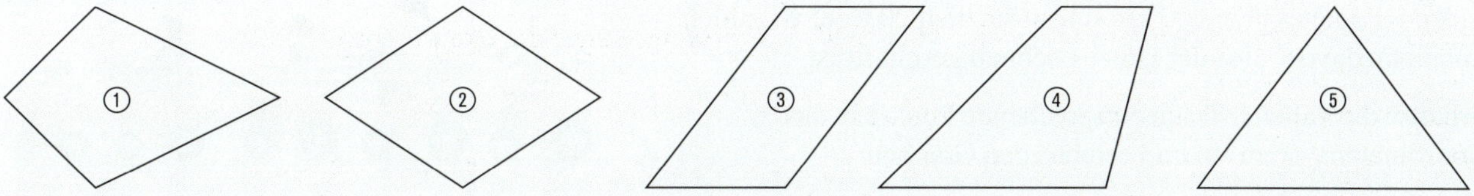

a) Benenne jede Fläche möglichst genau und berechne die Flächeninhalte. Miss die dazu benötigten Strecken.

① ______________________ $A =$ ____________

② ______________________ $A =$ ____________

③ ______________________ $A =$ ____________

④ ______________________ $A =$ ____________

⑤ ______________________ $A =$ ____________

b) Alle Flächen sind Grundflächen von 5 cm hohen geraden Prismen.
Welche der Körper haben gleich große Volumen? ____________

2 Maximilian sagt: „Ich habe von einer Zahl 7 subtrahiert und die Differenz mit 5 multipliziert. Das Ergebnis ist 15.“
Berechne die Zahl. Überprüfe dein Ergebnis mithilfe der Probe.

3 Bankgeschäfte

a) Frau Niklas lieh sich für sieben Monate 1 300,00 € zu einem Zinssatz von 6,2 % p. a.
Berechne den Betrag, der nach sieben Monaten an die Bank zu zahlen ist.

____

____

b) Familie Jensen legte Geld an. Nach einem Jahr bekam sie 252,00 € Zinsen bei einem Zinssatz von 2,1 % p. a.
Wie viel hatte sie angelegt?

____

____

c) Herr Krause erhielt nach einem Jahr 89,20 € Zinsen für 4 000,00 €.
Wie viel Zinsen bekäme er nach zwei Jahren bei Verzinsung mit Zinseszins?

____

____

4 Multipliziere.

a) $7h \cdot (2 + e - 3eh) =$ ____________ **b)** $(4 - f) \cdot (4 + f) =$ ____________

c) $(10 - z)^2 =$ ____________ **d)** $(5 + 2h)^2 =$ ____________

5 Familie Tegen mietet sich für den Umzug einen Lkw.
Der Mietpreis beträgt 120,00 € pro Tag.
Für jeden Kilometer über 600 km sind zusätzlich 20 Cent zu zahlen.
Alle träumen davon, dass der Umzug schnell geschafft ist.

a) Ergänze die Tabelle. Trage entsprechende Punkte in das Koordinatensystem ein und zeichne den Graphen.

Fahrstrecke in km	600	700	800
Mietpreis in €			

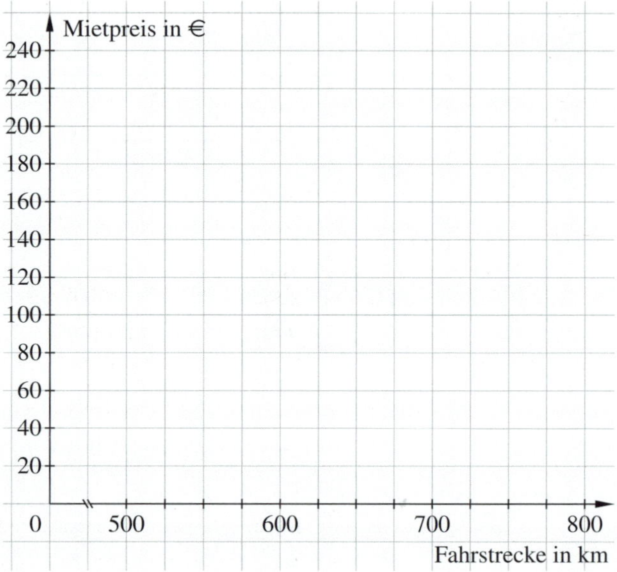

b) Ist die Zuordnung Fahrstrecke in km → Mietpreis in € eine Funktion? Ist es eine lineare Funktion?

____

____

____

____

c) Welche der Gleichungen passen zu einem Teil des Graphen?

☐ $y = 120x + 0{,}2$ ☐ $0{,}2x + 120 = y$

☐ $y - 0{,}2 = 120x$ ☐ $y = \frac{1}{5}x + 120$

6 Trage die Buchstaben der gesuchten Begriffe in die Kästchen ein. Wenn alles richtig ist, ergibt sich ein Lösungswort.

1. Spezielle Rechtecke sind die …
2. Bei einer Funktion mit $y = mx + n$ steht m für die …
3. Die Zinsen für den Bruchteil eines Jahres erhält man durch Multiplizieren der Zinsen für ein Jahr mit dem entsprechenden ...
4. In der Zinsrechnung nennt man den Prozentsatz …
5. Die Graphen linearer Funktionen sind …
6. Ein Körper mit zwei zueinander parallelen und kongruenten Fünfecken ist ein …
7. In der Zinsrechnung nennt man den Grundwert …
8. Eine Fläche ohne Ecken ist ein …
9. Das Ausklammern einer Zahl nennt man …
10. Jedes Prisma hat einen …
11. Wenn durch Einsetzen einer Zahl in die Gleichung eine wahre Aussage entsteht, ist diese Zahl eine …
12. Zum Überprüfen des Ergebnisses macht man eine …
13. Ein Viereck mit einem Paar paralleler Seiten ist ein …
14. Ein Hundertstel ist ein …
15. Bei Laplace-Experimenten sind die Wahrscheinlichkeiten für alle … gleich groß.
16. Boxplots zeigen statistische Kenngrößen, z. B. …
17. Sonderfälle bei der Multiplikation von Summen stellen die … Formeln dar.
18. Zwei Terme mit „=“ dazwischen ergeben eine …

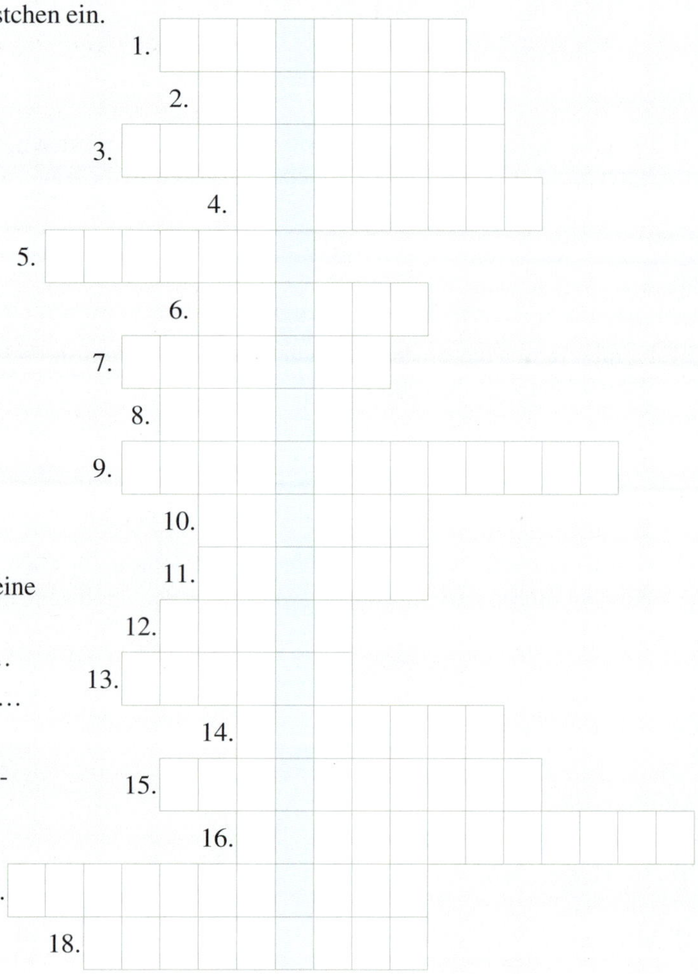